關掉螢幕，拯救青春期大腦

GLOW KIDS

How Screen Addiction Is Hijacking Our Kids and How to Break the Trance

頂尖成癮專家揭發數位科技
破壞大腦功能的恐怖真相

權威腦神經科學暨成癮專家
尼可拉斯·卡爾達拉斯——著
Nicholas Kardaras
吳芠——譯

〈推薦導讀〉

為了村子的未來，我們要照顧好共同的小孩

——本文作者為王智弘
彰化師範大學輔導與諮商學系教授兼本土諮商心理學研究發展中心主任
台灣心理諮商資訊網主持人／世界本土諮商心理學推動聯盟主席
中華本土社會科學會理事長

網路科技一直快速的往前走，因為這是世界經濟發展的強大引擎，可是網路科技的美麗並無法掩蓋因而造成傷害的哀愁，這本書所描述的主題即在於此。網路科技造成傷害的原因，有來自科技產品考慮的不周延，有來自商業利益的一意孤行，有犯罪意圖的蓄意利用，更有人性的脆弱與陰影，當然還有我們的無知與疏忽；這本書透過一個一個的真實案例，讓我們理解、讓我們傷心，也讓我們警醒。

我個人投入網路研究也有二十年以上的歷史了，剛開始是研究網路諮商、網路教學，後來是研究網路成癮，一路走來、不免感概，我們嘗試運用網路科技的便利，也無

法避免要面對隨之而至的傷害，而科技產業，特別是遊戲產業，必須負起企業社會責任，政府與民間要共同關注網路科技發展的方向，以及其所產生的副作用。網路讓地球更像是一個村子，而我們要一起來保護村子裡孩子們的健康成長。

從對網路成癮心理危險因子的研究，讓我們理解到網路成癮不只是行為問題，背後的心理危險因子才是更大的問題。網路成癮問題是冰山的一角，這些心理危險因子包括：一、社交焦慮；二、憂鬱；三、無聊感；四、低自尊；五、神經質；六、課業挫折；七、家庭功能不佳；八、缺乏社會支持；九、敵意；十、衝動控制不良等。不協助孩子去解決其所面臨的心理危險因子，恣意發展的網路科技無論是無心或是有意，都可能讓這些危險因子在孩子身上發展成各種令人擔憂或是心痛的結果。《關掉螢幕，拯救青春期大腦》這本書所記錄與分析的案例，就是這樣一個又一個的遺憾與心痛的結果，這可能發生在美國、在歐洲，也可能發生在亞洲與你我的身邊。

雖然這些社會遺憾與心痛結果的發生，不懷好意的網路遊戲與網路程式設計著實難辭其咎，不過我們的研究中也發現：具有心理危險因子的孩子，確實比較容易被誘發或激發違背社會期待的負面行為。特別是在前述網路心理危險因子的研究中，個人因子的影響力更大於環境因子，而且心理危險因子不只可能預測網路成癮，也可能預測各種心理健康問題與症狀。因此，若不能早期發現需要被協助的孩子，並及早提供協助，在這個商業利益掛帥的科技時代，政府若未能善盡守護國民教育與健康的責任，網路科技業者不能善盡社會責任，父母若未能善盡教養的責任，放棄相對需費力費心經營的親子互動，而任意的讓孩子將目光盯在各種科技產品之上，貪圖這科技保母所帶來的一時便利，卻放任孩子在這充滿各種刺激與風險的科技洪流中載浮載沉，那麼，本書中所提及的憾事，恐怕會在世界各地（當然也包括台灣）不斷的重演。

要讓這些憾事不再發生，我們要從關注問題與建立關係開始。研究發現，即使是重度使用網路，也不見得會網路成癮，只要能夠連結到網路外的人際關係與人際活動，就能降低許多風險。這本書讓我們關注到問題的嚴重性，但更重要的是要政府與民間、網路科技產業與消費者團體、老師與學生，以及父母與子女要建立起合作的關係。一起來面對問題、解決問題。

在這科技的時代，為了村子的未來，我們要照顧好我們共同的小孩。

目錄

幾乎在我們所到的每一棟房子，
都看到他們瞪著螢幕。
他們坐著又盯著又盯著又坐著……
直到他們被螢幕催眠，
但你曾停下來想過嗎，
螢幕對你心愛的孩子做了什麼？
腐化了腦中的感覺！
殺死了想像力！
小孩變得呆滯又盲目
不能想，只能看！

——羅德・達爾（Roald Dahl）

節錄自《巧克力冒險工廠》（*Charlie and the Chocolate Factory*）中由奧柏倫柏人所唱關於麥克・提維（Mike Teavee）的詩歌

前言——科技帶來的麻煩

寇克艦長是最強的。

至少在一九七四年，當我還是個容易受影響的五年級學生時，我是這麼想的。我在看《星艦迷航記》重播時，幻想自己和壞壞的寇克艦長及酷酷的史巴克先生一起待在艦橋上，航向**前人未至之境**；我們以曲速飛行，朝外星球前進，我充滿自信，引來綠皮膚女人的好感——對一個熱血男孩來說，夫復何求？

還有各種超酷的科技！他帥氣地掀開那個通訊器，發出命令：「史考提，把我傳送上去！」我極其渴望擔任他的船員，在我應該專心聽雷格哈特老師喋喋不休地談論五月花號清教徒或數學中的分數……之類的東西時（不管老師在說什麼，都絕對比不上我受《星艦迷航記》啟發所產生的想像那麼精彩），用紙做了數百個那種掀蓋式通訊器。

我曾夢想在未來，現實世界就像科幻故事一樣。那些故事刺激了我的想像，而當時的我還不懂那句充滿智慧的諺語「小心，不要亂許願。」因為，確實，寇克的科技出現了——但我們付出了非常非常高昂的代價。

相信我，我不希望事情是這樣；我希望——我很盼望——世界上有不會引發罪惡感的科技。不幸的是，我們整個社會似乎加入了一場浮士德的交易。是的，我們擁有誕生於數位時代、可以握在手中、令人驚嘆的奇蹟，包括平板電腦和智慧型手機，這些不可思議的發光裝置連結了全球的人類，我們真的能夠一手掌握全人類的知識了。

但我們為這些未來科技付出了什麼代價？整個世代的心靈與靈魂。悲哀的事實在於，這些現代珍寶所帶來的那股「噢，真滿足」的輕鬆、慰藉與快感，讓我們不知不覺把整個世代推入了虛擬的火坑。

拜託，你是不是太誇張了點？你可能這麼想。但是，看看你的周遭。看看餐廳裡帶著小孩的家庭，看看有孩童和青少年待著的地方——披薩店、學校操場、朋友的家裡，你看到什麼？

低著頭、目光呆滯、了無生氣的小孩臉上映照著螢幕所發出來的光。就像科幻電影《天外魔花》裡失去靈魂、面無表情的人，或者《陰屍路》中的殭屍，年輕人一個又一個成了這場數位瘟疫的受害者。

我初次瞥見這場剛剛萌芽的全球疫情，要回溯到二〇〇二年在克里特島的那個夏天。我和新婚妻子計畫到希臘旅行，逃離紐約的忙碌生活。那裡也是我父母與祖先的故鄉。

我們一如往常停留在米克諾斯島和聖托里尼島，之後搭乘渡輪前往地勢崎嶇的克里特島，沿著古老的薩瑪利亞峽谷健行數小時到偏遠的海岸村莊魯特羅（Loutro）。那是個神奇的地方，沐浴著陽光、景色迷人的希臘海灘，傳來泳客在世界上最乾淨的藍色海水裡戲水的笑聲。這個美麗寧靜的地方令人遺忘時間的流逝……沒有車子、沒有便利商店、沒有電視、沒有閃光燈，只有塗白的傳統房屋和少數濱水的小旅店及面朝海灘的餐館。

魯特羅村為人所知的還有一點，它可謂家庭旅行聖地。這個村莊沒有汽車，與世隔絕，對小孩來說是再理想不過的遊樂場。在這個天堂裡，孩子們可以划皮艇、游泳、攀岩，玩抓人遊戲和跳水。

在那裡的第一天，我們在海灘度過了整個早上，然後到一家咖啡館買冰沙喝。我問店裡的服務生洗手間在哪裡，他指引我經過一段陡峭的階梯，往下走到燈光昏暗而低矮的地下室。一到樓下，我就看到黑暗中有個角落散發出奇異的光芒。我瞇著眼睛適應了屋內的黑暗後，才看清光線的來源。這是屬於魯特羅的黯淡版網咖——有張小桌子在悲慘的地下室角落，上面擺放著兩台老舊的蘋果電腦。然後，我清楚看到兩個矮胖美國小孩的黑暗輪廓，他們在打電玩，他們的圓臉被只有幾吋遠的螢幕給照亮了。

我想著，這真怪異；這裡有世界上最美的海景，本地的希臘小孩從日出玩到日落，他們就在幾呎外，但這兩個小孩卻在晴朗的午後時光，窩在黑暗中。

我們待在魯特羅的那個星期，我碰巧有幾次機會再度造訪那家咖啡館，那兩個小孩總待在地下室，臉上映著光。那時我還沒當爸爸，對於那兩個臉龐泛著螢光的矮胖小孩沒有想太多，而且我必須承認，我的評價是，這八成只是糟糕家長養出了不健康的小孩。

但我從沒忘記，當天堂就在那兩個男孩的頭頂，他們卻在可怕的地下室打電玩，臉上出現被催眠般的神情。慢慢地，隨著水龍頭般滴答、滴答的聲音，我開始明白這種被催眠的呆滯目光正四處散播；就像一場虛擬災難，螢光小孩的人數大幅增加。

這會不會只是無傷大雅的沉迷，或像呼拉圈一樣是某種短暫流行的熱潮？有些人說，發光的螢幕甚至可能有益兒童，那是一種互動式的教學工具。

但研究結果並不支持這種說法。事實上，並沒有可靠的研究可以證明，小孩在童年早期接觸較多的科技，將來的教育成果會勝過遠離電子產品的小孩。雖然有一些證據指出，經常接觸螢幕的小孩可能有較強的圖形辨識能力，但沒有任何研究顯示他們後來成為比較好的學生或學習者。

實際上，日益增加的證據顯示，螢光小孩可能在臨床和神經層面受到顯著的負面影響。腦部造影研究說明，發光的螢幕（如 iPad 螢幕）對於腦部快樂中樞的刺激程度，以及提高多巴胺濃度的程度，與性愛相當。正是這種大腦高潮效應，造成螢幕對成人有如此高的成癮性，而小孩仍在發育中的大腦，還不足以應付這麼強烈的刺激，因此更易成癮。

還有，臨床研究已經指出，螢幕科技與注意力不足過動症、成癮、焦慮、憂鬱、攻擊性增加，甚至是精神疾患之間有各種相關性。或許最令人震驚的是，近期腦部造影確切證明，過度接觸螢幕對年輕人發育中的大腦所造成的傷害，就像吸食古柯鹼成癮。

沒錯，小孩在使用科技產品時，他們的大腦所感受到的就像吸毒一樣。

事實上，發光螢幕的藥效之強大，令華盛頓大學開始使用一種虛擬實境電玩來幫助燒燙傷患者的疼痛治療，結果十分驚人。當燒燙傷患者沉浸在遊戲中，他們經驗到一種緩解疼痛、類似嗎啡的鎮痛作用，不再需要真正的麻醉藥品。儘管螢幕科技在疼痛醫學上有這般妙用，但我們其實也在不知不覺間，對小孩施用了這種數位嗎啡。

諷刺的是，我們宣告展開所謂的「反毒戰爭」，卻同時允許這種虛擬毒品——加州大學洛杉磯分校神經科學院院長懷布羅（Peter Whybrow）博士稱之為「電子古柯鹼」；美軍中校多恩博士（Andrew Doan，擁有醫學與神經科學博士學位，負責為美軍進行成癮相關研究）稱之為「數位藥品」；中國研究者則稱之為「電子海洛英」——溜進年幼又脆弱的孩子家裡和教室，渾然不覺有任何負面的影響。

與此同時，中國有超過兩千萬名網路成癮的青少年，有關當局已將網路成癮症視為頭號健康危機，南韓則開設四百家科技成癮復健機構，發放手冊給所有師生與家長，警告大眾螢幕與科技的潛在危害。然而，在美國，對此一無所知、有時甚至腐敗的學校官僚，把發光的平板電腦送到每個幼兒園學童的手上。

有何不可？在教室裡運用科技是一門大生意，截至二〇一八年的總值估計超過六百億美金。當我為了撰寫本書而進行研究時，才發現教室裡的科技是個貪婪、充滿醜聞與聯邦調查局偵查的故事。

就算學校令人失望，無法保護我們的小孩遠離不適齡科技的危害，父母肯定也已經看出螢幕的問題。但很不幸，許多善意的家長不是不明白螢幕傷害性有多大，就是有意識到這可能是問題，但為了方便，而繼續否認問題存在。

畢竟，聽到那麼多人都喜愛的東西實際上是有害的，甚至對小孩的危害更大，著實令人難以接受。我們已經習慣依賴「數位保母」或所謂的「虛擬學習工具」，我們不想知道方便的手機和無所不知的 iPad 會傷害到小孩的大腦——快告訴我這不是真的！

但是不管你願不願意接受，這都是真的。

身為頂尖的成癮專家，我有把握，只要成癮狀況出現在我眼前，我就能辨認出來。而我正看到它出現在我所治療的孩子身上，他們癡迷於電玩、不受控地傳訊息、被催眠般緊盯螢幕，幾乎到了流行病的程度。的確，過去十年來，我為超過一千位青少年進行臨床治療，注意到螢幕造成的危害與上癮作用，導致許多青少年因數位科技而精神萎靡。

但是，當世界各地的小孩盯著螢幕，家長不是忽略這個現象，就是雙手一攤嘆氣道：「現在的小孩就是這樣。」但是，小孩並非一直都是這樣。iPad 發明至今不過十年，眨眼之間，整個世代的孩子都在心理層面受到衝擊，使得神經網路重新連結。

我明白這個論點會遭遇反彈，甚至讓科技愛好者或電玩玩家感到憤怒。但不管是這本書或是我本人，都不反對科技。確切來說，這本書在提供資訊給關心社會的成人，同時警告家長，螢幕接觸過量，會讓**孩童**面臨哪些臨床和神經方面的風險。

我愛科技產品，我也很愛開車，只是我認為我八歲的雙胞胎還不應該開車。所以，各位電玩鬥士，別緊張，我關注的是科技對**兒童**的影響。我不是在提倡讓你們這些大人拔掉插頭，不過你們或許該考慮到戶外走走。沙特納（William Shatner）多年前在《週六夜現場》模仿著名的《星艦迷航記》大會時說：「振作起來好好生活！」我說的不是虛假的生活，更不是《第二人生》[1]，我的意思是保持現實感、走到戶外聞聞玫瑰花香、交朋友、感受大自然的那種生活。

請別誤會，我真的理解那股吸引力。我不但是個成癮專家，還是個康復的成癮患者，我曾經是逃避現實的高手。老實說，就算我已經從成癮問題中康復了許多年，我都覺得要和誘人的智慧型手機維持健康關係，越來越有挑戰性。

因為我經營一家復健機構，治療許多病人，我以「必須讓病患隨時聯繫到我，預防發生緊急狀況」來合理化我對手機的依賴。但事實是，我很難保持不插電狀態，就連度假時也是如此。

就像那些抽菸的心臟科醫師，我並沒有對成癮傾向免疫，它常常悄悄潛回我的生

1 譯注：第二人生（*Second Life*）是一款線上遊戲。

活。這讓我不禁納悶，如果我擁有已發育完全的成年大腦、受了專業訓練，並且本身從事成癮康復工作，我在控制科技產品的使用上都面臨了這樣的困擾，那麼衝動的八歲小孩又該怎麼辦？

不管我們對於成人使用科技產品有何看法，你不需要成為成癮專家或神經科學家（或盧德份子），就能在最新研究與那些隨處可見緊盯螢幕、對周遭無感的小孩身上，看到不適齡科技為生活帶來不可否認的負面影響。

然而，當寫手和部落客還在辯論科技的優缺點，**此時此刻**，持續增加且無所不在的科技，正對孩子造成實際的傷害。

正如已逝、偉大的尤吉[2]所說的，「現在開始，猶未晚矣。」

二〇一六年一月
紐約薩格港

2 譯注：尤吉・貝拉（Yogi Berra），前美國職棒大聯盟球員、教練與經理。

1／螢光小孩入侵

迷失在母體中[1]

約十年前，我經歷了「休士頓，我們遇到麻煩了！」[2]的時刻。沒錯，幾年前我在希臘看到令人不安的危險信號，但直到二〇〇七年，我還沒完全覺察到問題的嚴重性，不明白催眠的發光螢幕能在小孩的神經層面造成多嚴重的傷害，又有著多強的成癮性。

一切在那年十月某個涼爽的午後改變了。我以為我對成癮的了解甚深，畢竟我在著名大學教授這門課，我是博士級的神經科學教授，而且我的臨床專長正是成癮治療，所以我見識過各式各樣的成癮——後來我發現我錯了。

1 譯注：指電影《駭客任務》中電腦所創造出來的虛擬世界。
2 譯注：電影《阿波羅13》的台詞。

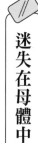

我以為，關於青少年的臨床案例，我再熟悉不過。我在中學提供心理健康服務，治療過數百位青少年；我曾見過遭受性虐待的孩子、染上藥癮的學生、反社會青少年、幫派成員、無政府主義者、戀童癖者、思覺失調症患者、科倫拜（Columbine）校園事件類型的邊緣人、自殘者、強迫症患者和縱火犯，全都出現在我每天的臨床工作中。[3]

但對於丹的情況，我毫無心理準備。這個年輕男孩在二〇〇七年命定的那天被轉介到我這裡來。他走進我的辦公室時神情恍惚，好像迷失了方向，而且極度恐懼。他慢慢坐下，然後在我書桌前緊張又恐懼地環視辦公室。同時，他的頭部一直快速晃動。

我問他知不知道自己在哪，他沒有回答，只是緊張地猛眨眼，頭部晃個不停。

「丹，你知道你在哪嗎？」我再問一次。

沒有回答。

一陣令人難受的沉默之後，他突然看向天花板的燈，瞇起眼睛試著適應，然後再度低下頭，眼睛仍舊眨得厲害，深褐色的眼睛盯著我。他臉上映著驚恐和困惑，我以為只有能看見別人看不到的東西（有時是恐怖的東西，有時是普通的東西）的人，才會露出那種表情。我認出了他的驚恐，面對思覺失調症患者時，我看過好幾次。

這個膚色蒼白、頭髮油膩、穿著印有金屬製品樂團褪色T恤的十六歲高生沒有精神疾病或物質濫用史，卻因為行為怪異而被送到我這裡。

我再度堅持詢問：「你知道你在哪裡嗎？」

他眨了眨眼。這次他終於直視著我，用困惑的聲音結結巴巴，「我們……我們……我們還在遊戲裡嗎？」

不，我們不在遊戲裡。

丹是我遇到的第一個——此後我遇到很多個——遊戲引發的精神病（又稱「遊戲轉移現象」或「俄羅斯方塊效應」）的案例，屬於玩遊戲過量出現的精神病發作，經常結合睡眠剝奪、模糊現實與幻想界線的症狀一起出現。果然，丹每天玩《魔獸世界》（許多狂熱玩家稱之為「*WoW* 快克」）十到十二個小時，已經迷失在母體中。

我後來知道《魔獸世界》是個包含神話情節的角色扮演遊戲，場景設定在艾澤拉斯（Azeroth）這個虛構王國，故事是關於聯盟與部落兩個陣營之間的戰爭。《魔獸世界》的故事極為詳盡，精心編寫的傳說和玩家創造與管理的組織提供了豐富的冒險素材，而

3 原注：為遵守醫療工作的保密義務，本書中所有病人的名字及個案中可辨認身分的細節，都已經過變造。

且有機會和其他玩家（透過語音交談）進行互動。玩家得以投入遊戲世界、人物發展與同伴間的連結。沒錯，《魔獸世界》擁有超過一千萬名訂閱者，是世界上最受歡迎的大型多人線上角色扮演遊戲。

我試著評估丹的狀況時，意識到青少年迷失在電玩世界，對我來說是個全新領域。現實模糊一向屬於迷幻藥的範疇；成癮心理學家習於治療物質所引起的精神病，包括使用 **LSD**、南美仙人掌毒鹼與天使塵。然而，二十一世紀出現的這種心靈受到強烈影響的現象，似乎是數位藥物的副作用。

丹坐在我的辦公室，臉上的恐懼與困惑表露無遺。他同時承受著現實感與自我感喪失（感覺自己不是真實的）的精神症狀，大腦因沉浸在奇幻遊戲中而備受煎熬。透過與這類有解離經驗的精神疾患患者工作的經驗，我知道安心穩步技巧（grounding techniques）會有幫助。基本上，這種技巧可以幫助案主運用五官感受當下的即時性，也就是實際形體的存在。我和丹站在一起大聲拍手，這似乎讓他在一瞬間猛地跳出妄想的世界。我請他抓著一張紙並且揉皺，他照做了。他終於問道，「我們在哪裡？」

「你在我的辦公室和我說話。你還在遊戲裡嗎？」

「不，我想沒有……但感覺很怪，好像我不在自己的身體裡。」

丹跟我描述玩《魔獸世界》的經驗。他嚴重上癮，徹夜掛在線上，不吃東西也不上廁所，想上廁所時，就尿在電腦旁邊的玻璃罐。我後來發現尿在罐子裡對《魔獸世界》的玩家來說不是新鮮事，遊戲的吸引力大到他們可以整天包著尿布玩，就像深入宇宙的太空人或長途貨車司機，只為了不錯過遊戲的分分秒秒。

突然間，他哭了起來。「我很害怕。我不知道發生了什麼事……我瘋了嗎？」他的症狀會短時間好轉又惡化，遊戲中的影像瞬間再現，使他難以承受，因此他被送到精神科急診室。這個可憐的孩子必須在精神病房住院一個月，藉由抗精神病藥物和心理治療來穩定狀況，直到與現實產生連結。

在他住院時，我向他母親探詢他長時間徹夜打電玩的情況。他母親是一位教育程度有限的單親媽媽，在當地的沃爾瑪超市工作。雖然她擔心丹像吸血鬼一樣不正常的作息，但當他窩在房裡打電玩，至少是「安全在家，不像其他小孩那樣在外面鬼混」，她對此感到滿意。

丹出院時，請我幫助他遠離遊戲。我鼓勵他把所有遊戲和設備都扔進垃圾桶，盡量去做喜歡的事。迷上電玩前，他喜歡打籃球——我鼓勵他出門打球。

約一週後，他母親憤怒地打電話來。

「你知道我花了多少錢買那些遊戲和電子設備，你竟然鼓勵他丟掉？你知道嗎！」

我很錯愕：「你兒子住進精神科醫院一個月才出院，他的問題與打電玩有直接的關係，至少受到電玩的影響。他可能還有其他深層問題，我們不知道，但這些遊戲絕對沒有幫助。」

我停頓了一下，努力跟她解釋，丹也希望遠離遊戲。「聽著，史密斯太太，丹希望有人可以幫他遠離遊戲，他在求助！」

從醫多年以來，我通常不太會感到震驚。但這位太太的回應令我震驚：「對，但現在他想去外頭玩，他想去球場打球！天知道在外面會發生什麼事！」

＊＊＊

隨著經驗累積，我越來越清楚，這個電玩現象的重點是，小孩在尋求些什麼，而家長以為打電玩可以讓小孩**安全**待在屋裡，或者他們希望降低使用數位保母的罪惡感，甚至相信電玩和螢幕具有教育性，能夠提高專注力、增進手眼協調，或其他遊戲所宣稱的效果。

不幸的是，自從那次與丹在二〇〇七年的接觸之後，螢幕文化和電玩像野火燎原般擴散，時至今日，二至十七歲的美國小孩中，有百分之九十七都打電玩，也就是說，有六千四百萬個孩子打電玩，而且數字逐年攀升。

是什麼驅動數字的成長，電玩為何這麼有吸引力？

當然，射擊遊戲會讓腎上腺素激增，小孩勢必喜歡這種感覺；《糖果傳奇》這類三消益智遊戲和《我的世界》（又稱「當個創世神」）等難度不斷提高的積木遊戲，也絕對具有高度令人上癮的魅力。但是，我們該怎麼理解《魔獸世界》這類奇幻神話遊戲的爆紅？我逐漸明白，對某些人來說，這種遊戲擁有比純粹的腎上腺素更深層、也更根本的吸引力。

確實，人類心靈天生就有對神話經驗的需求。鼎鼎大名的心理學家榮格與神話學者坎伯（Joseph Campbell）都有大量著作探討人對神話的需求，以及原型經驗如何滋養靈魂。在非常深層的人性層次，我們**需要**神話，包括創世故事、英雄旅程、寓言和道德傳說。然而，整體而言，我們在現代失去了那些東西。

近百年前，榮格寫到當代世界遭到「去神秘化」，而且正經歷意義的匱乏。儘管科學進步提升了生活品質，從醫療到各種家電無所不包，但科學的破壞偶像主義造成了意義的空洞，奪走了我們的神話，告訴我們世界上沒有神也沒有惡魔，沒有天堂也沒有地獄，沒有神秘的至福樂土、聖誕老人或牙仙子。科學告訴我們，世界是個冰冷又機械化的地方，沒有神話或意義——而那是人類心靈不可或缺的命脈。

在這樣的原型沙漠，缺乏神話的年輕人受到奇幻世界的吸引，得以在電玩中出演最基本的原型，也就是英雄的旅程。坎伯在《千面英雄》中描述這種在所有文化的神話中都可以找到的原型：一個英雄必須克服障礙，經歷成年儀式並跨越關卡，以達成他所追求的轉化性目標。這麼說來，今日的許多奇幻神話遊戲，不過就是數位版本的英雄旅程，縮小在一個可以催眠人的發光螢幕中。

我的臨床工作遇到數百位電玩玩家，越來越明白許多孩子在尋求某種更深的連結與目標感。他們在毫無靈魂且制度化的學校裡感到疏離、漫無目標地漂流，生命缺乏意義。但是，他們可以在數位奇幻冒險中找到目標，那裡有怪獸要殺、要擊敗競爭者，還要想辦法贏得獎賞；那裡有一種能夠滿足靈魂的目標感。此外，如果你跟別人一起玩，那更是一種**群體共享**的目標感。

當我跟年輕的案主談話，另一種動力也顯現出來，那就是逃避。想像你正值青春期，常覺得與周遭環境格格不入。或者，你不喜歡自己的外表，或生長在一個失能的家庭。或者，你孤單空虛，經常很憂鬱，你痛恨學校，而且沒有真正的朋友。在青少年階級和啄序的殘酷處境中，你只是個旁觀的局外人，畢竟學校食堂的那張酷小孩餐桌，只坐得下那麼多人。

如果可以，你會不會希望逃離那種生活？母體就有這種魅力。當然，有些古老的替代品，像毒品或酒精，可以幫你紓緩未能融入群體，或對環境不自在的不適感，但是現在的孩子可以一頭栽進充滿魔力的世界，重新創造自我，追求某種崇高的共同目標，不斷射擊直到消滅對手。那麼，你會選擇哪個？當個午餐時旁觀酷小孩餐桌的局外人，還是擁有魔法、征服世界的巫師？

我曾遇過一個遊戲成癮的十六歲男孩馬修，他玩《最終幻想》玩到停不下來。《最終幻想》和《魔獸世界》一樣是奇幻角色的扮演遊戲，故事中有四個名為「光之戰士」的年輕人，分別帶著四種元素球，而這四種元素遭到四元素惡魔的黑暗化。光之戰士必須並肩走上探索的旅程，打敗邪惡力量，讓元素球重現光芒，才能拯救世界。這是個英雄之旅的典型故事。

我現在知道馬修為什麼會被遊戲吞噬了。馬修是個乖巧、敏感、講話輕聲細語的青少年，他和身心障礙的雙親住在破舊髒亂的街區。父親是失能的退伍軍人，母親因為精神疾病出不了門，只能靠救濟金過活。他們的房子髒亂不堪，兒童服務保護人員時常造訪。馬修在學校被同學嘲笑是「蟑螂小子」，有幾次蟑螂真的從他的衣服裡掉到桌上。想弄清楚馬修為什麼寧可把大部分時間花在《最終幻想》中扮演光之戰士，而非當個蟑螂小子，真的一點也不難。

但並非所有用上癮來逃避的小孩都來自失能的環境，也有些小孩來自美滿家庭，擁有慈愛的家長。他們逃離的，未必是惡劣的外在現實，而是內心的惡魔或不安。

強納森就是這樣。他母親是個備受愛戴的教育工作者，父親自己當老闆，對小孩關懷又支持。強納森總是在檢視自己的內心，黑暗的想法越來越多，並且開始探索世界上的極端陰謀論，包括九一一事件真相質疑者、光明會、新世界秩序。他加入一群哥德風小孩，但就連他們都覺得他憤怒的反社會言論太過火了。他因此受到孤立，意欲搬到小木屋裡過沒有水電供應的生活。不過他最後沒有這麼做，而是陷進了母體，一頭栽入《魔獸世界》。

對於社會適應較良好的人，陷阱則在別處。如果你夠幸運，可以在午餐時間跟酷小孩同桌，那麼逃進電玩世界的吸引力可能沒有那麼強。當然，純粹在玩射擊遊戲時提高腎上腺素很棒，但你可是能夠坐到酷小孩餐桌的人，哪裡需要無時無刻逃避孤單？的確，如果你是酷小孩，你可能不會那麼投入電玩遊戲。但是現在有了社群媒體，那可就是另一回事了。

壞女孩——和壞男孩——不再只透過口耳相傳八卦、在背後講別人壞話來維持社交啄序，現在他們的軍火庫加入了臉書、Instagram、Snapchat、推特、Kik及其他社群網站等擴音器供他們使用。

問題就在這裡：電玩之於與人群疏離的小孩，以及社群媒體之於啦啦隊成員，都像海洛英之於毒蟲那樣令人上癮。每一場虛擬的槍戰、每一則簡訊或推特出現，都釋放出些許噴湧的多巴胺，就像古柯鹼那樣，肯定會刺激神經傳導物質。而且，很不幸，有些小孩因為基因和心理上的氣質，原本性格就有上癮的傾向，因此更容易被各種數位多巴胺刺激物給迷住。

但我在多年成癮工作經驗中學到了很重要的一課。就算是「普通」的成人或小孩，也可能上癮，也就是說，沒有糟糕的家庭生活或內在惡魔的小孩，也可能陷入成癮的困境。先別管為什麼要這麼做，只要你喝太多酒或整天都沉迷於活化多巴胺的電玩，你也會漸漸成癮。

令人驚訝的是，數位藥物甚至比非法藥物更容易潛伏在暗處，造成更嚴重的問題，因為我們對此還未提高警覺；同時，數位藥物無所不在，比起遭人痛恨的毒品粉末，人們不斷增強數位藥物的力量，使得它更被社會所接受，也因而容易取得許多。

你不見得會在教室找到毒品粉末，但你絕對會看到平板電腦、Game Boy 和智慧型手機，這些都有令人上癮並改變心智的作用。更令人憂心的是，接觸到這些數位藥物的孩子年紀越來越小、越來越小。

俄羅斯方塊效應

這是個典型的郊區三年級教室：煤渣磚砌成的牆面張貼著美術作品，八歲大的孩子聚成小組坐在一起，認真的年輕教師站在教室前方。

下課時間剛結束，這些小孩都在興奮地悄聲說話，因為閱讀時間即將開始，那代表 **iPad** 要出現了！老師走過去用鑰匙打開放著科技產品的櫃子，請孩子們排隊領取自己的平板電腦；這些快樂的小孩在領取平板電腦時發出微笑和咯咯傻笑的聲音。一回到座位，他們就登入 **Raz Kids** 系統，進入前一天讀到一半的電子書《動物、動物》（*Animals, Animals*）。

「用自己的速度繼續讀——有任何問題就讓我知道。」老師用令人平靜的方式引導閱讀，學生完全沉浸在平板電腦中。一個綁辮子的女孩用手指碰觸螢幕上駱駝的駝峰；一個瘦高的男孩坐得離老師最近，他的臉湊近螢幕，看一張河馬的照片。學生們既投入又聽話，老師充滿關愛又提供支持，看來就像原本預期的一樣，科技—學生—老師的組合以理想方式提高了教學效果。

但幾分鐘之後，幾個學生開始動來動去，輕拍自己的腳；坐在同一組、面向教室後方的兩個男孩已經關掉 **Raz Kids**，開始玩《我的世界》。十五分鐘後，閱讀時間結束了，老師請全班放下 **iPad**。這時看得出來兩個男孩躁動不安，不願意照做，老師必須再次提出要求。當一個男孩默默接受，另一個還在抗議大喊：「不要，我不想放下！」

老師後來告訴我：「當我請他們放下平板電腦，通常都有幾個學生躁動不安地反抗我的要求。讓我心煩的是，在我請他們停止時，他們竟然變得那麼憤怒，尤其是那個男孩，幾乎每次都會發脾氣。」

另一個三年級老師的經驗令人擔憂：「有一天我們在開讀書會——讀一本普通的書——我問乖巧又細心的山姆，對剛才讀的那段文字有什麼想法。但他眼睛直直瞪向前方，表情茫然。我有點擔心地問他，『山姆，你現在在想什麼？』他說，『我沒辦法把PlayStation 4趕出腦袋。』」還有另外一個班上的蓬蓬頭八歲男孩，他談到《我的世界》裡的立方體在他心中揮之不去，每天早上醒來，他腦中就會浮現遊戲的畫面。

就像我那個癡迷於《魔獸世界》的案主丹，這兩個男孩也在經歷較輕微的遊戲轉移現象，或稱「俄羅斯方塊效應」。這個術語是用來形容一種現象：強迫性的電玩玩家會看到遊戲中的形狀或圖案突然入侵他們清醒時的思緒或夢中。這種狀況根據一九八〇年代大受歡迎的同名電玩命名。在俄羅斯方塊中，玩家要把方塊狀的四格骨牌拼在一起。遊戲推出之後，許多人表示自己出現了立方體的幻覺，或另一種情況是，他們覺得真實世界好像由互相連接、可以拼合的形狀所構成。還有些人表示，在視野外圍或夢境中看到掉落而下的四格骨牌。

這種電子入侵心靈的現象，遠不止俄羅斯方塊和四方形。英國諾丁漢特倫特大學教授格里菲斯（Mark Griffiths）和戈塔里（Angelica Ortiz de Gortari）進行了三項研究，對象是超過一千六百位電玩玩家，發現他們都經驗了某種程度的遊戲轉移現象，症狀包括與電玩相關、不由自主的感覺、想法、動作或反射——有時這些現象出現在他們停止打電玩之後的數小時、甚至數天。

有些人自述會聽到電玩中的音效、音樂和人物的聲音，包括爆炸、子彈發射、揮劍、尖叫和甚至呼吸等聲音。有個玩家說，停止打電玩後，他一直聽到某人小聲說著「死」，持續了好幾天；有人會看到遊戲中的影像突然出現在眼前。

你可能會想：有時候讀一本書，也可能在睡覺時夢到書裡的主角，或者做白日夢時，想著電視節目中的某些內容。確實如此。但比起書本或電視節目，互動性螢幕中強烈又過度刺激的數位影像對心靈造成的侵擾更為嚴重。

這個研究中的參與者描述他們在適應現實世界時感到害怕：「我走到戶外，發現樹木環繞著我，我的周遭並沒有電玩中的方塊，那把我嚇壞了。」或者，他們被遊戲的思緒所吞噬：「我滿腦子都是《我的世界》，停不下來，我的生活被它毀了。」還有人對自己搞混現實與遊戲非常擔憂：「我一直擔心我會因為太累，或是無法保持專注，一不小心就轉換到《俠盜獵車手IV》模式，把車開向其他車輛或人，這很恐怖。」

這些經驗顯然比做白日夢時想到剛讀過的書還要極端。格里菲斯和戈塔里的研究顯示有些玩家無法克制地想著遊戲，有些玩家則出現混淆電玩和真實生活的跡象。這些和我在臨床工作上遇到的狀況一模一樣。根據戈塔里博士的說法，這種混淆電玩與真實世界的狀況，看起來可能很像精神疾病：「關於遊戲轉移現象的研究發現，打電玩可能引起類似偽幻覺的經驗。」儘管這些聽覺、視覺和觸覺上的幻覺通常都是暫時的，但某些情況下，幻覺會持續反覆地出現。

此外，就像任何一種毒品，服用越多，後果越糟——數位藥物也一樣。果然，研究發現，打太多電玩，出現遊戲轉移現象的機率較高，經常導致睡眠剝奪，而這又回過頭來使得遊戲轉移現象更為嚴重。同樣重要的是，這個研究的參與者年齡範圍為十二至五十六歲，多數是青少年或成人，不是兒童。就目前對大腦及其發展的理解而言，我們可以預期負面的遊戲轉移現象在幼童身上更加強烈。

除了格里菲斯和戈塔里的研究，還有臨床研究指出，螢幕和電玩會導致以思覺失調症或精神病形式出現的精神疾患。特拉維夫大學的研究者在二〇一一年發表了他們相信是第一份「網路相關精神病」的案例紀錄，顯示科技製造出真實的精神病現象，而且急遽上升的網路使用及其在心理病理上的潛在可能性，已為這個世代帶來不利的後果。

紐約大學精神科醫師高德（Joel Gold）博士與他的兄弟伊恩（Ian，麥基爾大學精神醫學研究者兼教授）正在研究科技為現實服務的面向，是否也可能造成幻覺、妄想和真正的精神病。史丹佛大學的阿布賈烏德（Elias Aboujaoude）正在研究，在《第二人生》一類遊戲中很受歡迎的數位化身，是否可能在臨床上符合另一個自我，而這經常可以連結到過去所謂的多重人格疾患（在《精神疾病診斷準則手冊》中稱為「解離性身分疾患」）。這是個深刻的提問：在遊戲中創造出化身的小孩，是否正苦於某種多重人格疾患？他們是否變成數位化的「變身女郎」[4]？

過度刺激的螢幕和電玩影像不僅對年輕人的精神和心理健康有深層強烈的影響，也會影響腦中的神經生物機制。

除了腦部造影研究顯示螢幕成癮可與物質成癮相比擬，二〇一六年還有一篇研究發表在《分子精神醫學》（*Molecular Psychiatry*）期刊，說明電玩影響了腦中微結構特性的發展，與未來心理健康的負面結果有關。該研究檢視一百一十四位男孩與一百二十六位女孩正在打電玩的大腦，用擴散張量影像測量「平均擴散度」，或腦中不同部位的微結構特性，結果發現打電玩直接或間接擾亂了較佳的神經系統運作……這關係到語文智力的發展，而且打太多電玩與大範圍腦部微結構及語文智力發展遲緩，存在著關聯。

簡言之，小孩打越多電玩，腦中關鍵部位的平均擴散度越高，而高平均擴散度就等於較低的組織密度和細胞結構的減少。這不是好事。

4 譯注：《變身女郎：西碧兒和她的十六個人格》（*Sybil*）一書中描述了解離性身分疾患。（繁中版由野鵝出版，2000年）

神經生物機制需要經過長時間演化才能適應環境，我們現在用的大腦基本上還是那個適合打獵和採集生活的大腦。大腦不是設計來應付近期發展出來、不斷轟炸我們的數位科技所帶來的視覺刺激。我在大學教授神經心理學課程，這個領域的研究充分理解腦部發展是個脆弱的歷程，刺激不足與過度，都很容易干擾這個過程。現在，研究顯示過度刺激的螢幕影像可能在孩童的意識中留下不好的印記，並在想法和夢境中揮之不去，而且確實會「擾亂」孩子們的腦部發展。

然而，人們依然不斷把越來越多螢幕交到越來越小的孩子手上。

上癮的孩子

顯然，今日的數位螢幕與昔日那長了天線的無害電視螢幕不一樣。雖然人們在過去也擔心電視帶來的影響，但身歷其境與互動性數位螢幕對年輕心靈的催眠完全不同。有研究顯示，數位螢幕活化了多巴胺，因此有更高的潛力使人上癮，效果比電視更強，也造成如注意力不足過動症、攻擊、情感性疾患，以及剛討論到的精神疾病。

一位母親告訴我，她有次半夜走進七歲兒子的臥室，察看他睡得如何，結果大為驚恐。他玩《我的世界》玩到陷入恍惚，正坐在床上，大大的眼睛布滿了血絲，死命盯著遠方，發光的 iPad 就放在旁邊。她恐慌不已，不斷搖晃兒子的身體，讓他脫離那種狀態。這位媽媽是受過高等教育的專業人士，她盡力教養孩子，確保孩子在成長過程中得到支持與協助，長成健康快樂的大人。她無法理解那個健康快樂的小男孩怎麼會對遊戲如此上癮，落入僵直性木僵狀態。

令人難過的是，對許多兒童來說，《我的世界》已經成為童年代名詞。沒錯，這個遊戲的註冊使用者超過一億人，是史上最暢銷的電腦遊戲。這個遊戲由一家瑞典小型軟體公司設計，最近以二十五億美元賣給微軟，最為人稱道的是可以像樂高一樣發揮創意建造物體。

遊戲中以 3D 方塊代表泥土、石頭等不同的貴重礦物，玩家需要蒐集材料建造遮蔽處，度過野獸出沒的晚上。結束一天之後（實際時間為二十分鐘）繼續重複這些循環，打造越來越複雜的遮蔽處，為求生存而儲備重要的資源。

但是這個遊戲在各方面（包括臨床和神經層面）都是令人上癮的藥物。它的擁護者會用「教育性」這種神奇的詞彙平息憂慮的聲浪，卻無法提供研究證據，顯示電玩可以增進學習。當然，有證據說明電玩可以增進空間覺知與圖形辨識——但代價為何？

新的「奇蹟」解藥，只會讓原本的問題雪上加霜，這種例子不勝枚舉。中國九世紀的煉丹術士發明了火藥作為長生不老的萬靈丹，結果非但沒有延長壽命，如我們所知，火藥比其他過去創造出來的東西終結了更多生命。佛洛伊德相信古柯鹼是魔法藥物，可以治療憂鬱和嗎啡成癮——它本身不會造成嚴重成癮；海洛英起初也被譽為奇蹟藥物，德國人在一八七〇年代發明海洛英時，把它當作「安全而不會上癮」的嗎啡替代品，但我們都知道後來的結果。

大體上，電玩——特別是教室裡的電玩——是個問題。這種「教育性」解藥其實是披著羊皮的數位藥物，在神經和心理層面都會造成傷害，只有些微的益處——當然，製造商的說法不是這樣。真的，這和一九五〇年代美國發生的事殊無二致，當時大菸草公司告訴我們，香菸對你很好，還有駱駝老喬教小孩吞雲吐霧——又酷又好玩！

只是，《我的世界》怎麼會是令人上癮的數位藥物？

遊戲中持續增長、永無休止的「無限可能性」對小孩創造出有高度催眠效果的吸引力。這股催眠般的力量加上刺激而具有高度激發性的內容造成「多巴胺增生」效應，而多巴胺是成癮動力的關鍵。我們腦中最原始的部分（延腦和小腦）孕育古老的多巴胺酬賞路徑。每當一個動作的結果使人感覺很好，例如找到食物或在網路或電玩中發現新玩意，多巴胺就會釋放出來，引發愉悅感，並造成「得到越多就越想要」的上癮循環。

此外，這個遊戲也創造出接觸新事物的機會，而大腦天生喜歡探索新事物。加州大學洛杉磯分校神經科學與人類行為學院院長懷布羅將電腦和電腦遊戲稱為「電子古柯鹼」，並形容這種尋求新奇的成癮動力：「我們的腦部天生傾向尋求立即性的酬賞。有了科技，新奇事物就是酬賞。基本上，我們對新奇事物上了癮。」

《我的世界》令人容易上癮的原因，不只是堆疊類似樂高的積木所導致強迫性尋求新奇及多巴胺增加；它將原型意象與基本的行為心理學相結合，創造出一個依賴酬賞系統的遊戲，讓小孩玩個不停。由於酬賞（礦物）隨機分配在「地球」上，玩家永遠不知道哪次敲下鎬子會得到稀有的黃金或鑽石。就像吃角子老虎機，酬賞的供應為變動比率制，而這種方式最容易使人形成癖好與上癮。只要隨便問個曾把硬幣一個接一個投入吃角子老虎機，強迫性賭光養老金的人就知道了。

還有一個層面是，它會激發荷爾蒙。

根據美國海軍中校多恩博士的說法，「有刺激就可能上癮，因為感覺很好。當腦受到刺激，激發機制也會透過下視丘刺激腦下垂體，所以下視丘—腦下垂體—腎上腺軸（HPA軸）也受到了刺激，這就是打電玩必備的腎上腺素。這時血壓上升，手心冒汗，瞳孔縮小，身體緊張起來進入一種應戰或逃跑的模式。加上多巴胺酬賞路徑的多巴胺反應，讓人想再次追逐那股飆高的腎上腺素。」而且，每個神經科學家都會告訴你，腎上腺素加上多巴胺可是強效又令人上癮的組合。

電玩正在扭曲古老的神經—荷爾蒙網絡。我們的祖先只在緊急情況才會處於戰或逃的狀態，進而激發短暫劇烈的腎上腺素分泌（如被獅子追趕），但今日科技讓腎上腺素和戰或逃反應在一小時又一小時的電玩中永無休止地保持高度警戒。持續的腎上腺壓力會造成免疫系統受損，發炎增多，皮質醇和血壓飆高，還有行為方面的影響。

懷布羅博士說，「持續的壓力反應會使人變得有攻擊性、過度警覺、活動過度。」他將科技成癮的症狀和臨床上的躁症作類比，包括講話語速快、對得到新東西感到興奮，接著就是失眠、易怒和憂鬱。

這種成癮性的腎上腺激發不是意外效果。電玩是個複雜精細、總值高達數十億元的產業，廠商全力投入於創造出令人上癮的產品，瞄準對此毫無招架之力的孩子和青少年，就像在桶子裡射魚一樣。

多恩博士說，遊戲產業的研發部門把焦點全放在讓遊戲「盡可能刺激小孩」這個目標，因為這樣可以加強成癮效果，賣出最多的遊戲。「遊戲公司僱用最優秀的神經生物學家和神經科學家，在測試玩家身上裝電極。如果玩家的血壓沒有達到目標——通常是在打電玩幾分鐘內沒有上升到 180/120 或 180/140，或是沒有流汗、膚電反應沒有增強，就必須改進以達到所期望最強的上癮和反應。」

如果一個東西可以使小孩的大腦和神經系統達到強烈的刺激程度，它可能同時具備教育性嗎？就像《我的世界》的擁護者想讓我們相信的那樣？教育科技記者根西（Lisa Guernsey）從女兒身上發現：「我和這個遊戲（《我的世界》）之間有激烈的愛恨情仇。前一分鐘我還為它鼓勵小孩發揮創意的潛力而著迷，下一分鐘我就對孩子大吼大叫，用荒唐的方式威脅他們。」她女兒會無法克制地玩上數小時，而八歲的兒子說，「我喜歡《我的世界》勝過回家作業。」

其他家長則變成了「『我的世界』寡婦」，這個暗中作惡的遊戲使他們因為失去小孩而痛心，並組成支持團體。也有人創立「『我的世界』戒斷無名會」，這個十二步驟方案的對象，是生活被「具教育性」卻容易上癮的遊戲方塊吞噬的人。根西提出警告：「當你日後回想，你可能會對自己讓這個榨乾時間的東西進入家門而感到懊悔。」

強尼為什麼無法專心

不管是否令人上癮，你附近的學校已經出現電玩教室。科技公司的說法很簡單：現在的小孩已經無法維持傳統教育所需的注意力和持久度，所以需要用多一點刺激來為學習體驗增添樂趣，用更多鈴聲和咻咻聲和閃光燈，來吸引小朋友的注意。

這開啟了成癮和注意力不足過動症的惡性循環，只要給孩子越多刺激，就得用更多刺激來讓孩子維持專注。就像藥癮會發展出耐受性和去敏感化，被過度刺激的小孩需要越來越強的視覺刺激，才能保持投入。

我們做個小小的實驗。請正在閱讀本書的成人讀者去觀看一部你認為最緊張刺激的動作片，讓腎上腺素動起來，好比說連恩・尼遜演的《即刻救援》系列。或者，請你花兩個小時上網，用最快的速度瀏覽頁面。兩小時後，請你挑本最喜歡的書來讀。然後觀察自己的反應，讀了多少頁之後，你的注意力已經開始渙散？我想多數人都撐不了太久，因為過度刺激的神經系統需要時間才能冷靜下來，你不能從五檔直接切換到一檔。

身為一個大人，你的腦和神經系統已經發育完畢，負責控制執行功能、包括衝動控制的額葉皮質也完全成形，腎上腺和神經系統發展成熟；你的專注能力從童年開始就深植於體內。但對你來說，只不過持續幾小時經歷了電影快速激烈的場景變化，或在網路上迅速切換內容，你已經變得很難保持專注。

想像一下，如果你在過度刺激的螢幕上花費大把時間，就像那些每天花七小時注視螢幕的小孩。你是否會認為注意力不足過動症的「流行」，以及注意力不足過動症的案例在過去三十年上升了八倍，或許與此有關？的確，研究證實了注意力不足過動症與螢幕之間的關係。這原本來自電視的影響，近期則發現因為 iPad 等互動性螢幕盛行，注意力受到的負面影響更形嚴重。

在兩個小時過度刺激的實驗後，根據你受刺激過後注意力飄移不定的狀態，別人會判斷……嘿，或許你無法應付這類需要深度思考的閱讀經驗，你是個適合閃光燈和鈴聲與咻咻聲的學習者，所以，別逼你讀書了。真可惜，你就是沒有應付這種事的專注肌肉，所以我們為你制定了一份菜單，讓你持續觀賞麥可．貝的飛車追逐電影，佐以《俠盜獵車手》電玩遊戲和一些關於卡戴珊家族的超快速網路超連結。如此一來，你的專注能力會發生什麼事？給你個提示：會衰退。

這正是教育體系發生的事。學校被教育科技公司強迫灌輸一種說法：現代小孩再也沒有傳統教育中所需要的注意力廣度了。因此他們丟給學生越來越多閃動刺激的光影，進一步腐蝕他們原本就因被餵食高刺激菜單而受損的專注力。這個「教室裡的電玩」運動形成了一種奇怪的夥伴關係，由教育界人士和遊戲設計者共同組成，被賦予塑造小孩課堂體驗的責任。

這背後存在數額龐大的金錢。除了《我的世界》和微軟、比爾與梅琳達・蓋茲基金會，還有麥克阿瑟基金會投入數百萬資金到「玻璃實驗室」——一個研究在教室裡運用電玩的科技公司。為了不在「打造電玩般的教室」的競賽中落後，媒體大亨梅鐸投入數億元到Amplify，這間由克萊恩（Joel Klein，曾任紐約市教育局長）所經營的教育科技公司在布魯克林的「遊戲」部門雇用了六百五十二人。

在這裡，「視線追蹤」等先進技術和瞳孔放大測量技術，被用來測量小朋友對螢幕內容的認知反應。他們為每個孩子建立數據檔案，宣稱可以客製化與最佳化每個孩子的學習和遊戲經驗，最後這份大數據可以得知小孩的每次眼動紀錄。幸好，Amplify徹底失敗。梅鐸將股份賣給克萊恩，克萊恩的公司進行了大規模裁員。在把教室電玩化與平板化的策略上，這些投機的教育科技公司嚴重錯估情勢。但不幸的是，還有許多教育企業家垂涎三尺排著隊，準備加入這場他們眼中的教育科技淘金熱。

真實經驗VS.數位經驗

除了未經證實就宣稱科技可以帶來較佳教育成果，有些科技擁護者令人震驚地聲稱，身歷其境的遊戲可以呈現較佳的**自然體驗**。根據《遊戲相信你：數位遊戲如何讓孩子變得更聰明》（*The Game Believes in You*）一書作者托波（Greg Toppo）的說法，類似《瓦爾登湖》（*Walden, A Game*）的3D遊戲可以捕捉到作家梭羅在書中描寫的瓦爾登森林美景，比文字本身更加逼真：「於是，比起閱讀原著，學生或許更能了解梭羅在森林裡的生活樣貌。」

當然，諷刺之處就在於，梭羅的重點是激發讀者投入真實的大自然，而非製造出森林池塘的虛擬實境。簡言之，數位世界竄奪了真實生活經驗的位子。不幸的是，當我們跨入母體時，我們偏愛模擬的東西勝過真實世界，這不僅產生了社會問題，就發展和教學的觀點而言，如果小孩屈服於這股偏好就麻煩大了，因為沉浸在大自然與體驗真實生活，向來是健康兒童發展歷程不可或缺的一環。

這股推動虛擬教室的力量會干擾必要的發展歷程；玩一個名叫《瓦爾登湖》的遊

戲和走進**真實**池塘邊的森林，是不一樣的。正如《失去山林的孩子》一書作者洛夫（Richard Louv）所指出，長期接觸電子產品而與大自然真實世界失去連結的小孩，可能在發展過程患上「大自然缺失症」；同樣地，哈佛大學生物學家威爾森（Edward O. Wilson）提出的「親生命性理論」也斷言，人類會因為未能與自然連結或接觸自然而受害。

一項康乃爾大學研究指出，小孩在家中接觸到越多的大自然，包括室內植物和窗外景象，所受負面壓力影響的程度越低。另一項紐約州人類生態學院的研究發現，接觸大自然讓兒童的注意力產生深刻的差異，而且身處綠地會使兒童思考更清晰，也更能有效因應壓力。

令人難過的是，由於現代社會發生了根本性的轉變，對多數小孩來說大自然已經變得跟擁有魔法和獨角獸一樣稀罕。數萬年來，人類基本上過著農耕或狩獵採集的生活，兩者都是以自然為基礎的生存方法。甚至到了一九〇〇年代早期，北美仍有百分之九十的人口住在鄉村。現代社會有超過百分之九十的人住在被白噪音淹沒的城市區域，而在這個資訊時代，我們的感官超載了。

結果，科技跑得比人類的生物機制快，整個在社會一轉眼間經歷了極大的震盪，生物機制的演化與適應卻不夠快。就像《男孩的心靈》（*The Minds of Boys*）一書作者古里安（Michael Gurian）所言，「就神經層面而言，人類還未追上今日刺激過度的環境，這就是為什麼許多神經科學家和心理學家從理論上推測，我們正在目睹一場精神疾患的大爆發。」

密西根大學醫學院的尼爾（James Neel）博士提出的節約基因糖尿病假說，可與這個概念作類比。根據這個理論，儲存脂肪的「節約基因」在人類身上發展出來，經過數千年的演化，讓人類得以在艱苦時期存活下來。但我們的生物機制在面對高熱量的新飲食型態時適應得不夠快，起初覺得獲得充足的熱量是件很棒的事，直到生理機制和基因無法追上這種新飲食方式。於是，我們看到許多疾患的大爆發，如糖尿病、肥胖、高膽固醇和心臟病，食物增加成了看似有益的發展結果帶來的副作用。

科技的強大發展也是類似的道理，雖然它經常是有益的，也改善了生活品質，但對我們的大腦（尤其是孩子的腦）來說太過刺激，也出現得太快，我們還未演化成可以適應感官受到連續轟炸的狀況。如同節約基因糖尿病假說，我們開始看到數位時代帶來的臨床副作用，越來越多人罹患注意力不足過動症、科技成癮、情感性與行為疾患、精神病，全都是新奇的螢幕科技所導致的結果。

除了臨床疾患，現代螢幕媒體過度刺激與快速，讓小孩對**真實大自然**失去耐性，即便在他們真的接觸到大自然的時候。

教育學教授孟克（Lowell Monke）說：「當我和老師及家長談到大自然對小孩的生活多麼重要時，他們氣餒地表示，現在年輕人被帶到池塘邊或森林時，通常沒什麼耐性。他們是看探索頻道長大的，那種節目把數百小時的畫面濃縮成半小時的刺激片段，所以孩子預期在大自然中不必花力氣就能看到鹿在喝水、魚兒跳躍、水獺玩耍、熊大聲咆哮。」

廣闊而慢動作的大自然，就是比不上快速刺激的影片或電玩。簡單來說，數位世界創造出一種壓縮時空的效應，把又大又慢的巨型真實世界縮小成精巧濃縮的快節奏螢幕體驗。孟克博士形容，「真正的空間太大了，真正的時間過得太慢了，比不上小孩在看影片或打電玩得到的興奮感。」當你可以透過遊戲掌握學習重點，誰還有耐性讀完一整本書——真正的大自然？

然而，如果希望能在發展與教育方面有所獲益，只有透過真實而完整的體驗才能辦到，不能走那條催眠人心的數位捷徑。當小孩覺得某個東西是這麼引人入勝、令人著迷，而偏好它勝過真實事物時，我們就必須問，這個東西的教育性是什麼？孟克說，

「當人們偏好模擬版本勝過真實事物，我們必須質疑其教育價值為何。」

甚至連許多以自然為主題、教育電玩中的祖父級經典如《奧勒岡小徑》（*The Oregon Trail*）的教育性，都令人懷疑。《奧勒岡小徑》在一九七〇年代開發出來，銷量超過六千五百萬，並從一九八〇年代中期至二〇〇〇年代中期搭配學校電腦販售。有人認為這個遊戲對學生有害，因為它將強而有力的一段歷史體驗簡化為平淡無奇的遊戲。

教育者沒有透過讓學生**閱讀**美國移民史中困難與漫長艱苦的奮鬥——這趟旅程結合了原始大自然令人震懾的美，加上天寒地凍與危及生命的殘酷飢餓——來刺激豐富的想像力，反而讓學生玩一場聚焦在計算資源與分數的愚蠢遊戲。於是美國移民史艱苦奮鬥的意義消失了，變成「誰得最高分？」的 2D 電玩。

把真實 3D 世界化約為平面發光的 2D 表徵，剝奪了孩子運用多感官學習的機會。兒童心理學家蒙米尼（Peter Montminy）說，「小孩渴望探索世界，而且是直接透過感官經驗來吸收周遭訊息。也就是說，他們充滿吸收力的心靈，是藉由可以看到、聽到、觸摸、品嘗和抓住的大自然、物體，以及人之間的多感官互動而建構起來的。」這些都不可能靠電玩模擬來辦到。

就算孩童無法直接體驗某些事，至少在閱讀過程中也會激發想像力，這是另一個發展關鍵。如果他被動盯著 2D 螢幕，而非創造出內在的心像，那麼他的心像已經被程式給設計好了。麻省理工學院媒體實驗室創辦人尼葛洛龐帝（Nicholas Negroponte）主張閱讀可以增進想像力：「互動性多媒體只為想像力留下了很小的空間，就像好萊塢電影，多媒體敘事包含了非常具體的表徵，留給心靈之眼的空間越來越少。文字則正好相反，它可以觸發影像，喚起隱喻，透過讀者的想像與經驗賦予豐富的意義。當你讀一本小說，內心會湧現許多顏色、聲音與動作。」

姑且不論孩子的想像力被壓抑，他們在玩《奧勒岡小徑》時，到底有沒有**學到**東西？我的案主艾瑞克是個非常聰明但遊戲成癮的十七歲高四生，多年來經常玩這個遊戲。他笑答：「我完全沒有學到任何關於奧勒岡小徑的事。這個遊戲應該要教我的事，早已經消失在遊戲中。」遊戲成癮讓這個天資聰穎的年輕人中學差點輟學。

如果你在 YouTube 搜尋「《奧勒岡小徑》電玩」，可以找到一支四分四十六秒的影片教你怎麼玩，作者是個暱稱「NickelsandCrimes」的年輕人。他自言玩這個遊戲長大，熱心地傳授觀眾玩遊戲的訣竅。在影片一分五秒、開始提供說明前，他坦言：「這個遊戲很棒的一點在於，它本來應該是充滿教育性的大冒險，讓你學到奧勒岡小徑的一切，還有當時走過那裡的人多辛苦……但只要你玩對方法，就什麼也學不到，所以，放心玩吧！」

對，放心，我們的孩子什麼也學不到。在這個新的電玩教室，學習只是選項，但娛樂和刺激卻無所不在。雖然搭配「教育性」與「參與式」之類時髦用語，在美好的「教育性」螢幕特洛伊木馬之中，其實藏著臨床與發展性疾患。

更糟的是，大量接觸螢幕會鈍化感官。根據德國心理學會與杜賓根大學聯手進行一項超過二十年的縱貫性研究，發現我們以每年百分之一的驚人速率喪失感官覺察能力。一九六〇年代，在大學工作的老師注意到，一九五〇年代電視數量大增後，學生的感官覺察能力嚴重下降；比起過往世代，他們對周遭環境中的訊息變得不敏感，也損害了學習能力。這個研究對四百位大學生進行感官測試，持續二十年，累積了八千位參與者，結果讓人大感震驚：大學生一年比一年變得不敏感：「對刺激的敏感度以約百分之一的速率下降。」

根據極富遠見的教育先驅皮爾斯（Joseph Chilton Pearce）在二〇〇二年的著作《超越的生物學》（*The Biology Of Transcendence*）中所描述：「十五年前，人類可以區辨三十萬種聲音，今日小孩能區辨的聲音不超過十萬種。二十年前，參與者平均可以偵測同一顏色三百五十種不同的深淺，如今只剩一百三十種。」

研究總結是，大腦要意識並反應，越來越需要「極大的刺激」。只要看看周遭世界和媒體廣告，就會發現生活中越來越多閃光燈和刺耳聲響，目的就是要攫取敏感度下降後的注意力。

請注意，那項德國研究來自一九八〇年代晚期，遠早於我們冒更大風險接受身歷其境的互動式螢幕的過度刺激。這不禁讓人猜想，如果敏感度每年下降百分之一的趨勢因互動式螢幕而持續（而且很可能加速），那麼今日受到螢幕轟炸的小孩，他們的感覺敏銳度能有多高？再過幾年，如果不對著他們大吼大叫或閃動光影，他們還聽得到或看得到嗎？

嘿，別擔心。過度刺激的發光螢幕可是有「教育性」的。

至少在我們創造出一整個世代的孩子、讓他們成長於過度刺激且令人上癮又難以區辨現實的景象中時，商家還以花言巧語向我們販售商品，蘋果、微軟和 Amplify 等大科技公司不當操弄關愛的家長，讓他們相信 iPad、平板電腦、智慧型手機和《我的世界》之類催眠人心的遊戲是很棒的教育工具，會讓小孩更聰明。投機的科技公司、渾然不覺的校方再結合受騙的家長，醞釀了這場低垂著頭、臉龐映光的疫情。只要你稍微有點觀察力，對這些年來螢光小孩入侵的現象一定不陌生。

諷刺的是，對科技最有警覺心的家長，就是i文化的發明者。當大家發現科技之神賈伯斯是個低科技家長時，無不大吃一驚。二〇一〇年，一位記者猜測他的小孩一定很喜愛剛上市的iPad，賈伯斯卻答：「他們還沒用過iPad。我們限制小孩在家使用科技的時間。」傳記作者艾薩克森（Walter Isaacson）在二〇一四年九月刊載於《紐約時報》的文章中揭露：「賈伯斯堅持每晚在他家廚房又大又長的餐桌上吃晚餐，討論書本、歷史和各式各樣的事，沒有人拿出iPad或電腦。」

幾年前，賈伯斯接受《連線》雜誌訪問，對在教室中使用科技表達明確的反對意見，他不再相信科技是教育萬靈丹：「我大概是世上最早捐贈電腦設備給學校的人，但我發現我們不能期待用科技解決教育問題，不管多少科技產品都無法解決。」

《連結失敗》（*Failure to Connect*）一書作者兼教育心理學家海莉（Jane Healy）長年研究學校中的電腦使用，她像賈伯斯一樣，曾經預期在教室使用電腦對學習大有助益，但是不久之後，她開始感到失望。現在她強烈主張「花在電腦的時間，可能會阻礙各種面向的發展，從動作技能、邏輯思考到區辨現實及幻想的能力。」

反對在校使用科技的賈伯斯和海莉並不孤單。二〇一一年《紐約時報》報導，許多矽谷科技公司執行長和工程師都讓小孩去上拒用科技產品的華德福學校。在洛思阿圖斯的半島華德福學校，大部分學生的家長都在Google、蘋果、Yahoo工作，但這些精通科技的家長堅持在教室內不使用科技產品，因為他們比其他人更了解科技，及其危險性。

伊戈（Alan Eagle）是Google高級主管，擁有達特茅斯學院的資訊科學學位。他說，「我從根本上拒絕中小學教育需要科技輔助這個概念。」這些精通科技的家長理解小孩發展健康心靈，以及透過體驗的創造性活動來學習的重要性，也明白電腦會抑制、而非促進小孩大腦的發展。

另一位華德福學校的家長羅倫（Pierre Laurent）是微軟的前高級主管，同時也是兩個青少年的父親。他說，「我愛電腦。電腦可以做很多好事，但過度使用就會變成科技的奴隸。我在兒子滿兩歲後才允許他享有螢幕時間。後來我讀了一本叫《心靈的成長》（*The Growth of the Mind*）的書，作者解釋了人類在小時候如何透過與世界互動來學習，因此我們決定讓小孩長大一些再接觸螢幕，這麼做只有好處。」

羅倫等到小孩十二歲才讓他們使用智慧型手機和電腦。他不認同只要在孩子還小時，限制螢幕使用的時間就可以，也暗示電玩遊戲都是故意設計得令人上癮，具有催眠效果：「每天看螢幕一個小時還行，但數位產品的設計就是要持續吸引你的注意，散發一種把人迷住的效果。那些產品看來好像在安撫小孩，讓他們忙個不停，但對年幼孩子並不好。」他不避諱地談起一九九〇年代在英特爾的工作，他與同事和許多公司投入一場稱為「眼球爭奪戰」的激烈競爭，盡可能攫取小孩的注意力，創造出最具催眠性和令人上癮的產品。

許多家長被誤導，以為如果小孩離開子宮時，手上沒有拿著平板電腦，就會在這個科技世界裡落後。伊戈先生反駁道：「在Google和其他這類環境，我們都盡可能把科技做到不用大腦也能輕易使用，小孩長大一點之後，不可能搞不懂怎麼用。」

我們知道比爾．蓋茲曾參加需要親手實作的童軍，十三歲前沒用過電腦；賈伯斯是個機械工，運用手眼協調親手打造東西（這種活動對神經突觸連結的發展最好）而且十二歲前從未用過電腦。其他科技天才如Google創辦人布林（Sergei Brin）和佩吉（Larry Page）、亞馬遜創始者貝佐斯（Jeff Bezos）和維基百科創辦人威爾斯（Jimmy Wales），他們上的都是不使用科技或低科技的蒙特梭利學校，這些學校大力鼓勵與自然經驗的連結。

美國廣播公司電視台由華特斯（Barbara Walters）主持的特別節目《二〇〇四年十大精彩人物》中，佩吉和布林將他們成功歸因於蒙特梭利的教育。設計出開創性系列遊戲《模擬市民》的萊特（Will Wright）說，「蒙特梭利教導我發現喜悅，證明你可以透過……好比說，玩積木，對畢氏定理之類的複雜理論產生興趣。」

我們越來越清楚，現在的小孩需要的不是更好的電子裝置，以便在過度競爭的高科技世界拔得頭籌，他們需要的是敏銳的心智。但我們卻把越來越多科技產品丟給越來越小的孩子，即便所有研究都明確顯示螢幕會使發展中的大腦變得**遲鈍**。

喜劇演員兼社運者龐史東（Paula Poundstone）在二〇一五年十一月二十九日的《哥倫比亞廣播公司晨間新聞》針對螢幕成癮議題錄製的節目中，尖銳批評了這種觀點：「閱讀紙本比觀看螢幕更有利於大腦保存資訊，比起用電腦做筆記，手抄筆記的學生考試成績更好。但藝術、音樂、運動、遊戲、健康的飲食和綠地，這些我們已知有助大腦發展的事物，每年在學區審查預算時都岌岌可危。只要有人提議把螢幕設備從教室中撤除，大家就會倒抽一口氣，主張未來世界需要這些東西！我們的小孩在未來世界需要的是**功能健全的大腦**，讓我們優先考慮這點吧。」

拒絕科技的華德福家長和龐史東的擔心合情合理。接觸科技產品不只和臨床疾患及感覺敏銳度鈍化有關，米庫拉克（Marcia Mikulak）博士在一九八〇年代的開創性研究進一步證實，生活在科技越進步的社會，小孩不但感官越遲鈍，而且比起所謂「原始社會」的小孩更不擅學習。

米庫拉克在兩個平行研究中檢視不同文化的兒童，從巴西、瓜地馬拉和非洲某些沒有文字的部落到歐美各國社會，發現原始社會兒童對環境的敏銳度比起其他兒童，高出近百分之三十。一九八〇年代晚期的研究顯示，來自瓜地馬拉和沒有文字且低科技社會的兒童，學習能力非常強。而讓這些「資源匱乏」的兒童處在類似北美和西歐的學習環境，他們表現出的學習能力比高科技社會的同儕**高出三到四倍**，並且具備優秀的專注力、理解力和記憶力。

換句話說，越少使用科技產品，等於越強的心智，也等於較佳的學習力。

在此澄清，我——及本書——並不反對科技，也不反對在日常生活中使用科技，或把科技產品當作學習工具。問題在於**接觸科技的年齡**。過度刺激的螢幕對幼童大腦造成傷害，因為他們的腦還未發展到準備好處理這種程度的刺激。有句古老的佛教諺語呼應了這個概念：在達到無我境界前，必須先有我。也就是說，一個人必須先擁有自我，才能超越自我。科技的道理也一樣，人需要充分發展大腦，包括認知、注意力、語言、情緒、空間、檢驗現實等心智能力，然後大腦才能超越那些範疇，處理過度刺激與身歷其境的螢幕。

然而，多數父母顯然被誤導，為了不讓小孩在進入好學校的比賽中落後，因此讓小孩及早接觸科技，越多越好。這就是關鍵：如果螢幕和不適齡科技只是無效的學習工具，沒有教育功能，那麼我們頂多拒絕浪費大把鈔票在這上頭（每年一百三十億），同時削減越來越多教師和精進課程的預算。

然而，無效的介入是一回事，**有害**的介入又是另一回事。

雖然科技公司和受騙的學校單位採取的倫理準則不幸與醫師不同，但他們鐵定違反了希波克拉底誓詞中「不造成傷害」這個原則，證據顯示，我們**正在傷害孩子**。

無論你同意與否，現實就是，在發光螢幕的文化中，我們已經把具成癮性並能改變心智的電子藥物，送到最無辜脆弱的孩子手上了。

2／美麗E化新世界

我收到一封來自洛杉磯知名藝人凱西的電子郵件，語氣憂慮。她亟欲找人幫助她螢幕成癮的十七歲兒子馬克。凱西顯然財力雄厚，她已經在洛杉磯拜訪了十三位精神科醫師和心理師，但竟沒有一個人對螢幕成癮有理解。他們非但沒有幫上忙，凱西說，「事實上，因為不了解這個議題，造成的傷害還比較大。」

馬克五歲開始玩電腦，他母親還以為電腦具有教育性，結果害孩子陷入可怕的螢幕成癮，毀掉了生活。凱西說，馬克很小的時候，只要一待在螢幕前，神情就變得完全不同，連車上的全球定位系統都能催眠他。他十歲時發現了電玩的存在，一切都完了。他偷母親的錢去買電玩和遊戲機，如果你限制他，他就變得暴力而且充滿攻擊性，然後他對學校和從前的嗜好都失去了興趣。凱西說，「他以前很喜歡打鼓，現在整套鼓就放在那裡生灰塵……他不再是從前那個小孩了。」

凱西嘗試向十三個治療師求助失敗後（「讓這個男孩玩他的遊戲吧；如果你把遊戲

搶走，他會陷入絕望」；「電玩對男孩的社交很重要」），竭盡所能閱讀關於螢幕成癮的資料，最後拔掉了所有電子設備的插頭。學校完全不配合她讓馬克戒掉螢幕的努力，迫使她為馬克註冊了另一所治療寄宿學校，希望讓馬克遠離電子產品。

「這些學校多半被科技給支配了！」凱西氣惱道，「我去最好的治療學校面談，這些原本應該了解科技成癮的學校都說，科技的確造成問題，但如果是為了讓功課進步，使用電腦無可厚非……所以電腦在學校還是暢行無阻。」

但是馬克的案例證明他無法應付電腦，就算是為了學業進步。他騙母親說，學校出的作業要查資料，請母親讓他使用被鎖住的電腦，然後花好幾個小時上網瀏覽各種網頁，結果凱西發現他口中的學校作業根本不存在——馬克就像一個真正的成癮者，只是**需要那道螢光**。

馬克已在寄宿學校戒除螢幕近一年，狀況還不錯，甚至考慮上大學，這是一年前難以想像的事。我們擬定一個計畫，要聯合學校的政策，慢慢地在學校作業中加入電腦的使用；我也和凱西為馬克擬定一項科技計畫，讓他在五月搬回家時啟用。「這和任何一類成癮一樣，而且某些方面來說更糟，因為這種類型才剛出現，沒有很多前例可以參考如何處理。」凱西說，「我們需要嚴肅看待這個問題，不幸的是，對於這個問題，目前並沒有很多協助管道或很強的意識。」

電子索麻

電子螢幕可能擁有類似毒品的成癮性，這並非嶄新的概念，但許多人可能為此感到震驚，就連受過專業訓練的治療師也不例外。在賈伯斯穿著他的註冊商標黑色高領毛衣向全世界介紹 iPad 之前的二十五年，也就是一九八五年，極富遠見的紐約大學教授波茲曼（Neil Postman）寫了一本預言性小書《娛樂至死》，指出我們生活的世界就如同赫胥黎的《美麗新世界》，只不過令人成癮的萬靈丹不是書裡的藥物**「索麻」**，而是新興電子媒體——電視。

這個想法非常激進，意思是，電視是像古柯鹼一樣的毒品。

波茲曼相信這種視覺媒體就像索麻和古柯鹼一樣具有高度的成癮性，把整個社會的人變成追求享樂的無知者。這個充滿智慧的預言早在這個世界連一眼都沒見過 Xbox、智慧型手機、iPad、平板電腦或筆記型電腦時，就已經寫下了。

事實上，以今日標準而言，波茲曼所提這些暗中造成危害的科技都顯得古老，電視機加上熱賣的 Sony 特麗霓虹，就是當時的 iPad。而一九八五年這場電子災難中最受大眾歡迎的內容是什麼？是那些根本稱不上邪惡的《歡樂酒店》、《天才老爹》、《朝代》和《邁阿密風暴》影集。但波茲曼的遠見就在於此——他的視野超越大眾。雖然一九八五年的人八成不認為觀賞《歡樂酒店》中泰德．丹森的搞笑，會預示未來變成因類似索麻的科技而死氣沉沉的反烏托邦社會，但到了二〇一六年（又稱「iPad 後六年」），難道我們對科技的影響及成癮問題就沒有多一點的認識？事實上，如果電視是像索麻一樣的古柯鹼，那麼我們完全可以把力量更強、過度刺激又具互動性的 iPad，視為電子媒體中成癮性更高的快克。

此外，波茲曼不認為電子媒體**只是**具有成癮性的藥物，他和傳播學家麥克魯漢（Marshall McLuhan）一樣，相信電視也標記了人類發展的重大轉變，不只從根本上影響了溝通的方式，也影響了思考的方式。自從電視影像取代文字書寫成為主要的溝通媒介，我們投入深度理性論述及針對嚴肅複雜的議題進行辯證的能力（這是從數百年閱讀文化演進而來的）便遭到了破壞，當語言文字被膚淺的視覺影像取代，我們的思維也嚴重被簡化。

波茲曼聰明又有想法，一向不好情緒化與戲劇性，卻因為在教育領域看到的景象而深感煩憂。他在紐約大學聲譽卓著的斯坦哈特教育學院擔任教授，同時身兼文化與傳播系的系主任，對教育了解甚深。「除了令人上癮，」他說，「從教學角度而言，電子媒體在課堂上既無效也不合宜。」他相信當時剛問世的個人電腦就像電視一樣，是以被動淺薄、由上而下的形式傳遞訊息，而非透過閱讀複雜的論述，並投入動態的認知互動。此外，電腦的「個人」層面也令他擔憂，因為那表示排除了老師和同學互動的辯證參與，而這種靠討論達成的學習方式，一向只能藉由**團體完成**，而非個人。

在波茲曼以《娛樂至死》掀起波瀾的十年後，他接受電視節目《麥克尼爾／雷爾新聞時間》的訪問，主題是「電視這種可怕的電子媒體」，提及其中的諷刺之處。他解釋了反對在教室使用個人電腦的原因，同時他也反對個人電腦——及廣義的個別化學習，因為這讓學習缺少團體動力，而團體動力正是教育或社會化過程中重要的一環。

今日環境充斥著線上教育和擁有萬名學生的虛擬教室，這些學生各自在電腦螢幕前「在一起孤獨」，我想如果波茲曼博士活到現在，看到科技以大眾傳播形式在教育領域迅速擴張，他會怎麼看待？

波茲曼對媒體和科技的看法也引發爭議。一九八二年他在《童年的消逝》一書中把不久的未來描繪成一幅反烏托邦景象，指出電視這種新媒體將使童年走上愛德索車款的失敗之路：「我認為以電視為中心的媒體環境，將導致童年在北美快速消失，而且童年可能無法存續到這個世紀末。事態嚴重的程度，達到了第一級社會災難。」

波茲曼以先見之明指出，電視讓孩童接觸到那些過去視為禁忌的性與暴力等成人概念，在電子砲火的猛攻下，兒童與成人的分界遭到破壞。快轉三十年，過去劃歸為成人議題的內容在電視出現後解禁，接著，網際網路任由所有人自由取用訊息，進一步擴大解放的程度。雖然網路使得知識民主化，卻無庸置疑讓小孩暴露在資訊中、性化小孩，並讓他們加速朝成年階段發展。在 YouTube 時代，任何一個拿著平板的小孩都可以看到這個世界發生的所有事物，從兇殺紀實到色情影片，我們還需要懷疑「童年」這個古老概念正悄悄溜走嗎？

最近我帶領了一個以九年級生為對象的治療團體——他們基本上都是好孩子，只是有些情緒問題——他們不時討論著在網路上看到了哪些斬首和肢解的影片。「你們爸媽沒有在家裡的電腦上封鎖那些內容嗎？」我天真地問。帶頭的傑克露出神祕的笑容，「家裡？我們都在學校看。我們把安全防護軟體停用了，很簡單。」

青少年光是瞥《花花公子》雜誌一眼，就足以幻想一整年，那樣的日子已經過去了。現在每天都有未經過濾的影像串流進入小孩的心眼，在他們心中留下永久的陰影。我有一位十四歲案主因為無法消除曾見過的影像而深感困擾，他貼心提醒我，「卡爾達拉斯博士，不要看那個網站，你永遠無法把那些影像趕出腦海。我就是這樣。」

但是，就在科技與開放取用的資訊奪走孩子的純真、並模糊童年概念的同時，很矛盾地，它也讓青春期不斷持續下去。歷史學家克羅斯（Gary Cross）形容這個現象為「延遲社會成年」。科技時代，青春期被重新定義、延長到二十幾、甚至三十幾歲。波茲曼在數十年前已預見這個現象，就在他明白過度刺激的發光螢幕會令人上癮的時刻——如果小孩迷上螢幕，他可能終生都被迷住，持續處於追求享樂的青春期狀態。

除了電視，還有誰或什麼是讓這種吊兒啷噹、情緒發展受阻的男孩無法成為男人的罪魁禍首？克羅斯把矛頭指向電玩，「二〇一一年，二十五到三十四歲的男性中有近五分之一的人和父母住在一起，其中許多人打電玩，平均年齡是三十歲。」《養男育女調不同》作者薩克斯（Leonard Sax）博士在《浮萍男孩》一書中，以大篇幅討論這種停留在青春期的萎靡不振，他也把電玩文化視為「賴家王老五」的罪魁禍首。

按薩克斯的說法，電玩不只令人上癮，也無法產生韌性或適應真實世界所需的耐性與動力。真實人生裡，如果你在運動場上輸掉了，你會好好療傷並且消化經驗，從中學習，再次披上戰袍上戰場，這些都可以培養韌性並促進成長。但當你在電玩中輸掉了遊戲，你只要按下重新開始的按鈕，遊戲又開始了。

精神科醫師班斯奇克（Mark Banschick）補充，「我在精神科診療室躺椅上看到，逃避已成這個世代的風格，至少很大一群人是如此。男孩尤其熱愛電玩，他們發展出一種想立即獲得滿足的期待，導致對學校功課和日常雜務難以負荷。大腦是個不斷發展的器官，而我們一直在用腦部垃圾食物餵養男孩（某種程度上，女孩也是）。」一個三十歲的青少年，才十歲就在 YouTube 上「什麼都見識過了」，這是怎麼回事？被性化之後的小孩像個大人，但三十歲的大人卻像個青少年，我們的社會怎麼會變成這樣？

這或許有點陰謀論，但波茲曼相信，具有成癮性的電子媒體潛藏著政治含義，就像《美麗新世界》一書中索麻作為社會控制的機制，電子鎮靜劑也讓大眾變得容易接受壓迫。我在臨床工作中有機會親身面對數百個有色人種的貧窮家庭，也曾因為 Xbox 對某些年幼而被消權的男孩所產生政治層面鎮靜劑效果感到震撼。

新科技：好的、壞的與醜惡的

當然，波茲曼並非第一個對新興傳播科技抱持警覺、甚至預示災難來臨的人。歷史上有許多恐懼科技的緊張大師對科技產品帶來的禍害提出警告，從打字機到電報、廣播和電影，這些發明都曾招致批評，被指稱將終結文明。

甚至，回溯到古希臘和蘇格拉底時代，也可以找到「新媒體會令我們步向終點」這種說法。蘇格拉底和波茲曼不同，他對書籍和文字的評價不高，提倡以口語述說故事，他認為書寫文字有損記憶力，會把人變成笨蛋：「〔文字〕毀壞記憶並弱化心靈，解除了……使之變得更強壯的工作。〔文字〕是不符合人性的東西。」

除了記憶力衰退，蘇格拉底也擔心書本會造成資訊在沒有作者或老師在場的情況下傳播。他和波茲曼一樣相信學習必須涉及師生間的投入，並包含施與受的互動，這個過程是動態的（即辯證法）。但和波茲曼不同的是，蘇格拉底相信書本是靜態的訊息傳輸。據這位全雅典最有智慧者的說法，只有傻瓜才會因為在沒有老師的情況下從書上學了些東西，就自以為擁有智慧：「〔書本〕講了很多事，卻沒有教導那些事，這會讓學生看似懂很多，實則一無所知。」

我們很幸運，柏拉圖跟他的老師蘇格拉底作法不同。柏拉圖寫下文字，而且非常多產。這就是為什麼（很諷刺地）我可以「在書中」讀到蘇格拉底對書本的厭惡……就像波茲曼「在電視上」大談電視媒體的可怕。或許就像蘇格拉底、麥克魯漢和波茲曼等一票哲學家告訴我們的，科技確實無可避免地改變了我們，而這種改變總是伴隨著某種程度的損失。

但新科技有沒有可能像某些人說的那樣，或許能帶來一絲好的改變？或許吧，只是代價高昂。《成癮生物學》（*Addiction Biology*）期刊在二〇一五年刊登了一項由美國猶他大學醫學院和南韓中央大學合作的研究，針對兩百位電玩成癮的男性青少年進行腦部掃描。根據韓東賢（Doug Hyun Han）博士的說法，這是目前檢視強迫性電玩玩家與非玩家腦部差異最全面的一項研究。

結果發現了無可辯駁的證據，電玩成癮的男孩的腦部連結的確跟別人不同。長期打電玩與大腦網絡中幾組區域的超連結增加有關，困難的是判斷這些改變是好是壞。「我們看到的多數差異可以被視為是有益的，然而這些益處很可能和問題是一體兩面。」猶他大學醫學院的神經放射學副教授安德森（Jeffrey Anderson）博士說。

我們來瞧瞧一些腦部變化。

好的變化是，有些改變有助於遊戲玩家回應新資訊。在遊戲成癮的男孩身上，有些處理視覺或聽覺的大腦網絡在「顯著網絡」中協調性提高了。顯著網絡幫助個體聚焦於重要事件，必要時可以縮短採取行動所需的反應時間，例如緊急跳出一輛移動中的車子。這種較強的協調性有助於玩家在遊戲中對來自敵人的攻擊產生更快的反應。安德森博士說，「這些大腦網絡之間的超連結，可能強化了注意到目標、辨認環境資訊的能力，這種變化能幫助一個人思考得更有效率。」

而沒那麼好的變化是，有些腦部變化也和注意力渙散、衝動控制不佳有關。安德森說，「這些網絡的連結性太強，可能導致注意力渙散。」我們都知道，擁有快速反射、反應時間短的人，可能有點神經兮兮和難以專注。

至於壞的變化是，遊戲上癮者的背外側前額葉和顳頂交界區這兩個腦區間的連結協調性提高了，這種腦部變化也見於患有思覺失調症、唐氏症和自閉症等精神疾患或發展問題的人。

我必須補充，注意力渙散和衝動控制不佳，也是成癮的徵兆之一。撇開好處不談，網路遊戲疾患者是如此癡迷於電玩並嚴重成癮，以至於常常不吃不睡，只為了沉迷在遊戲中，對身心都造成損害。

所以，簡單摘要如下：小孩打電玩成癮到不吃不睡的地步，也承受著罹患注意力不足過動症和類似思覺失調症狀的風險——但他們能迅速反應和射擊目標！歸根究柢，問題在於成本效益比，到底擁有一個重新連結過的大腦，好讓你可以把圖案和目標看得更清楚並且反應更快，值得用罹患衝動控制疾患（如成癮或注意力不足過動症）的風險來交換嗎？何況還可能罹患更嚴重的精神疾患如思覺失調和自閉症？暫時不談自閉症，我們在前文提及，遊戲確實可以引發遊戲轉移現象和幻覺，我們真的想讓孩子冒這種風險，以便在面對電玩刺激時加快反應速度嗎？

研究結論目前還不清楚這個問題是雞生蛋、還是蛋生雞：到底是持續打電玩導致大腦重新連結，還是腦內線路不同的人容易被電玩吸引。但我將在下文指出，一項來自美國印第安納大學醫學院腦部造影研究，先掃描了未打電玩者的腦部，接著讓他們打電玩幾星期之後，再掃描一次他們的腦部，結果顯示腦中出現了直接肇因於打電玩的神經生物學變化——大腦被改變了，而且有趣的是，改變的狀況和藥癮造成的變化相似。

我們來看看科技**可能**帶來的益處。湯普森（Clive Thompson）在支持科技的著作《雲端大腦時代》中頌揚了不少科技的美德。除了科技作為工具帶來的好處，如低口語自閉症者用鍵盤來溝通，或在許多情況下，科技對身心障礙者是非常有用的工具，湯普森還討論到一些情況。當科技和人類共融，運作起來比人類沒有科技時更有效率。

舉例來說，他談到一種出色的科技與人類共融形式，也就是西洋棋的半人馬。這種神祕生物由人類和電腦合組成一個棋手／團隊，這種人機合作的力量和早前人類對抗機器的模式形成強烈的對比，例如卡斯帕洛夫（Garry Kasparov）曾在一九九七年對上超級電腦「深藍」，結果吞下屈辱的敗仗。

然而，卡斯帕洛夫在一九九八年想出這個「如果打不倒對方，就加入對方」的點子，也就是和原本的死對頭電腦共同合作。由一人和一台電腦組成的隊伍，和其他半人半電腦的團隊互相較量，後來被稱作「進階西洋棋」。第一場錦標賽在一九九八年舉辦，卡斯帕洛夫參與了其中一個半人馬隊伍，結束賽事後，他將比賽過程類比為學賽車的經驗，「如同厲害的一級方程式賽車手會非常了解他的車子，我們也必須學習電腦運作的方式。」

但卡斯帕洛夫的半人馬隊伍輸給了另一個隊伍，其成員包含了實力不如他的人類棋手——之前卡斯帕洛夫曾輕鬆擊敗他四次，但他顯然較懂得「駕馭」科技。事實上，排名較低的棋手經常比排名高的棋手和科技合作得更好，湯普森說，這是因為他們更能憑直覺知道什麼時候該依靠電腦的建議、什麼時候又該憑自己的技藝來決定下一步。但是，知道何時該聽從電腦，可以提升人類的技能嗎？雖然人與科技共融可能達到較佳的成果，但等式中的人類那一半，會不會因為過分依賴電腦而越縮越小？

為了回答這個問題，我們來看看另一個人類與電腦共融的案例，也就是飛行電腦導航系統，這個系統經常為飛行員駕駛飛機。問題是，依賴飛行電腦的飛行員（傾向使用線傳飛控的飛行員）駕駛飛機的技巧，會勝過常以手動駕駛的飛行員嗎？二〇〇九年，英國克蘭菲爾德大學工程學院的艾柏森（Matthew Ebbatson）執行了一個飛行研究計畫，飛行員必須模擬發動機故障的波音噴射機在惡劣天氣中降落，接著用特定指標評量飛行員在這場演習中的技能表現——例如維持正確的空速。他檢視這些實際的飛行紀錄，發現飛行員依賴自動駕駛的程度，和他們的技能之間存在著相關性；飛行員越是依賴科技，手動駕駛的技能就退步得越嚴重。從人類與科技整合的案例看來，顯然科技並未提高人類技能。

如果你不相信這個研究結果，那不妨問問自己，萬一你搭乘的飛機被閃電擊中，而且損害了飛機的電子系統，這時你希望飛行員有手動駕駛的經驗，還是，他是一個擅長線傳飛控的高科技達人？

湯普森也寫到，其他所謂提升人類能力的科技工具，例如「延伸心智」理論認為，人類智力之所以佔有優勢，是因為「我們一直將部分的認知功能外包，運用工具為我們的思想在越來越高深的領域搭建鷹架。印刷書籍擴大了記憶，便宜的紙張和可靠的筆讓我們可以快速外化我們的思考。」所以，印刷書籍真的擴大了我們的記憶嗎？蘇格拉底鐵定強烈反對這句話，因為他的信念剛好相反。

湯普森也提到了智慧型手機或硬碟等數位工具，並談到它們對認知產生劇烈的影響，以及伴隨今日科技而來的強大外部記憶。雖然我們同意科技提供了不可思議的資料儲存及外部記憶容量，但這些外部記憶工具真的可以**擴大**記憶力，或以任何方式納入人類的能力或技藝嗎？你可以很快用智慧型手機做個實驗。請問，你可以在不看聯絡人的情況下，寫下十個手機裡最常撥打的電話號碼嗎？多數人肯定做不到。我們很容易忘記最常撥打的電話號碼，因為我們再也不需要記得號碼了（外部記憶裝置包下了這個工作）。不到十年前，情況不是這樣；多數人記得經常撥打的電話號碼。

你可能會說，那有什麼大不了？我不像以前一樣記得那麼多電話號碼，是因為現在有便利的電子裝置而越來越少運用記憶力，這會造成什麼傷害？事實上，記憶就像語言，是需要練習和運用的技能，否則會開始衰退。就如同蘇格拉底的理解，記憶也是可以透過練習提升的技能。藉助於當代科學的發達，腦部造影研究清楚顯示，記憶練習確實可以強化大腦功能，增加灰質。

二〇一一年《當代生物學》（*Current Biology*）刊登一項腦研究，對象是一群具備強大記憶力、令人敬畏的專業人士——倫敦計程車司機。倫敦的計程車司機必須記住被稱為「知識大全」的內容、超過兩萬五千條像迷宮一樣的街道布局，還有數千個地標的位置，包括劇院和知名酒吧。

倫敦知識大全測驗系統在全球定位系統出現前就被發展出來，有志成為倫敦計程車司機的人經常得花三四年準備執照考試，考試的困難度超越律師資格考和醫師執照考，許多應試者考了十二次才通過，而且最終只有一**半**的受訓司機可以成功拿到執照。

因此，倫敦大學學院神經造影中心的馬奎爾（Eleanor Maguire）和巫雷特（Katherine Woollett）覺得研究這些「近乎」記憶奇才的大腦，很具啟發性。這些計程車司機並非**生來**就有高超的記憶力，而是**發展出來**的。這個研究選出七十九位計程車受訓司機，另有一個控制組，包含了三十一位非計程車司機的駕駛者。總共一百一十位的參與者在研究之初進行腦部掃描，並執行記憶測驗。最初，兩組人沒有任何差異，記憶表現相當。

幾年後，七十九位受訓者中，只有三十九人通過考試，於是馬奎爾和巫雷特把參與者再分三組：接受訓練並通過考試、接受訓練但沒通過考試、沒有接受訓練也沒參加考試者。在最初的磁振造影及記憶測試後三年，這個研究再次對所有人進行磁振造影及記憶測驗。結果發現，通過考試者的腦部出現明顯變化，比起訓練開始前的大腦，海馬迴的灰質增加了。我們知道海馬迴的作用對記憶獲取是不可或缺的關鍵，在阿茲海默症患者身上，海馬迴是最早受損的腦區之一。

有趣的是，曾經準備考試但沒通過的那群人，並沒有出現灰質增加的現象。沒準備考試的控制組也一樣。因此我們可以推測，有準備考試卻沒考過的那群人，或許只是準備程度不足以通過考試，或者造成理想的腦部變化。

不過，這個研究清楚顯示，準備充分並通過考試者，他們的神經生理機制確實產生了有益的變化。此外，改變大腦永遠不嫌晚。馬奎爾教授說：「人類大腦有可塑性，就算成年也能在學習新任務時有所調整。」

如今我們有全球定位系統，不再需要記住街道位置和路線；我們有智慧型手機，它可以幫我們記住……嗯，**所有東西**，還有其他科技幫我們處理各種事情，煮飯、打掃、晚餐訂位、開飛機、開車……或許不久它們就可以幫助我們思考。但人性會不會隨著科技進步而衰退呢？

科技從外部幫我們記憶事物，讓我們不需要用到記憶肌肉，這是對記憶力有所幫助，還是削弱了記憶力？與電腦共融的半人馬棋隊，有沒有讓身處其中的人類成員變得更強，還是由電腦負擔了大部分的沉重工作？那些幫我們算數的計算機或幫飛行員自動駕駛的電腦等科技裝置雖然方便，但這些奇蹟到底是提升技能的工具，還是讓人過份依賴、造成技巧退步的枴杖？或許就像梭羅所言：「人類已經成為工具的工具了。」

當我們一邊探討科技在生活中的影響，一邊受益於另一種科技工具——先進的腦部造影以可靠的方式向我們證明科技對大腦有負面影響。說來諷刺，我們用科技證明了科技對我們有害。

湯普森在《雲端大腦時代》中打趣道：「如果你想知道與大腦相關的神經科學，以及科技如何重新連結大腦，本書會讓你失望。」他痛批腦部造影研究尚未成熟，並懷疑它的益處，因為我們才剛開始慢慢了解大腦。他的結論是，「這個領域還太新，關於網路如何改變我們的大腦，現在下結論（不管預示災難或烏托邦式的結論），都太輕率。」

無可否認，我們對大腦的瞭解並不完整，但神經科學已經走得很遠了。下文會檢視幾個經同儕審查的有力研究，顯示科技對腦部有害，而且傷害方式和藥癮作用類似。

所以，波茲曼在《娛樂至死》中的預言是否正確——新興電子媒體是不是索麻？三十年後，在這個 iPad、智慧型手機、平板、筆記型電腦、Google 眼鏡、推特、臉書、Oculus Rift 虛擬實境頭盔，以及天知道科技界還會發明什麼東西的年代，把科技視為毒品是否太荒謬？數位科技是否成為電子海洛英？答案是肯定的。互動式發光螢幕確實已變成一種強力藥物，因為美軍真的把它當作一種數位嗎啡來使用。

3 數位毒品與大腦

數位嗎啡

「我的身體著火了……我沒辦法說話，或是看清楚周遭的東西，我無法解開安全帶或打開門。我相信是守護天使把我拉出卡車。」布朗（Sam Brown）中尉躺在德州聖安東尼奧魯克軍事醫療中心的燒燙傷病房，描述二〇〇八年發生在阿富汗坎達哈的可怕事件。當時他的悍馬車被爆炸裝置擊中，他被火焰吞沒，全身有百分之三十遭到三度嚴重灼傷，他必須進行醫療性昏迷來撐過去。

雖然他的雙眼看來和照片中那個剛從西點軍校畢業的英俊軍校生殊無二致，但現在他臉上多了燒傷留下的疤痕。他在二〇一二年接受國家廣播公司採訪時說，「我真的以為我會死掉，我的直覺反應是在空中揮舞雙臂，並且對著上帝大喊。我記得當時想著，燒傷致死需要多久的時間？」

但爆炸和燒傷都只是這個漫長而痛苦過程的開端。據布魯克軍事醫療中心麻醉科醫師說：「燒傷的復健過程可能持續數週至數月，情況嚴重者長達數年，就像山姆這樣。」

山姆必須忍受超過二十四次的手術，但最劇烈痛苦的是每天護理傷口及後續的物理治療。事實上，以這些程序令人難以忍受的程度，使得山姆的長官必須用命令強迫他接受治療。就像許多燒傷患者，麻醉止痛藥是唯一能讓每天例行的痛苦獲得緩解的藥物，雖然麻醉鴉片劑有類似釋放腦內啡所產生的鎮痛作用，但也具有高度成癮性。當山姆開始擔憂他對麻醉劑的依賴，醫師提議一種實驗性療法來幫助山姆減緩痛苦：一款名為《冰雪世界》的電玩。

《冰雪世界》是卡通畫面的虛擬實境遊戲，場景設定在寒冷的冰上世界，企鵝列隊來回行走，背景播放著保羅．賽門輕快的歌曲〈你可以叫我艾爾〉。玩家包裹著塑膠製虛擬實境頭戴式裝置，用搖桿對著可愛的企鵝扔雪球。

山姆接受我的訪問時說，「一開始我很懷疑效果如何，但我願意嘗試。」這個遊戲幾年前由華盛頓大學的帕特森（David Patterson）和霍夫曼（Hunter Hoffman）研發，這兩位心理學家長年研究非鴉片類的疼痛處置方法，尤其針對西雅圖港景燒燙傷中心的燒傷患者這類對象。他們發現，當患者沉浸在虛擬實境的遊戲中，疼痛程度會大幅減輕。

軍方在二〇一一年執行了這項研究，確實得到了戲劇化的結果：對於承受劇烈痛苦的軍人來說，《冰雪世界》的效果比嗎啡好。我們還沒能確切掌握電玩鎮痛效果的機制，有人歸因於「認知上的分心」，但從柯普（M. J. Koepp）的研究得知，電玩可以提高多巴胺濃度達百分之百——這還是一九九八年的老派 2D 電玩，而非身歷其境的虛擬實境 3D 遊戲。有沒有可能，山姆不是「認知分心」，而是神經傳導物質受到刺激，釋放出可以止痛的多巴胺，或許還有腦內啡？海軍的多恩博士表示，確實有增加腦內啡的機制，雖尚未確知運作方式，但他支持螢幕就像「數位藥物」的概念。

關於此事，山姆說，「打電玩時我感受到的疼痛，鐵定少於使用嗎啡。我想我的多巴胺或腦內啡增加了。」連霍夫曼博士也對電玩疼痛處置療法感到訝異，「運用非藥物的東西能巨幅降低疼痛，真是典範轉移。」他說。

腦部造影研究最終證實，接受《冰雪世界》虛擬實境治療的燒傷患者，他們處理疼痛的腦區確實經驗了較少的疼痛，這些發現使軍方開始把虛擬實境和電玩當作數位藥物來治療疼痛。

＊＊＊

多數人聽到電玩的效力比嗎啡強，都會嚇一跳。雖然這在疼痛處置和燒燙傷治療領域是個了不起的進展，卻不免令人質疑，比嗎啡更加強效的數位藥物，對七歲小孩（或透過發光螢幕攝取類似數位藥物的十四歲小孩）的腦部和神經系統會產生什麼作用？以及，進一步來說，如果刺激的螢幕確實比嗎啡更強而有力，那是否同樣容易上癮？

數位成癮的迷幻世界

我站在暴雨中猛力敲著雪松木屋頂農舍的房門，內心忐忑不安。雖然這棟房子有些老舊破損，但外表看上去完全像一般的郊區房子，可能住著二到三個孩子的幸福家庭，加上一輛停在車道上的棕色休旅車，旁邊是獨立籃框和籃板，十足「奧茲與哈里特」的場景[1]。

但是，我知道在那棟看似無害的房子裡住著彼得，他是個有時會變得暴力的十八歲電玩隱士。這位數位版霍華・休斯（Howard Hughes）過去四年來閉門不出，被遊戲成癮養大的心魔給困住。我之所以不安，是因為雖然我能自在應對精神疾病和成癮問題，但在少數必須登門拜訪進行評估時，我會比較緊張，因為你永遠沒辦法知道踏進大門之後會發什麼事。或許最令人不安的是，如果出了什麼狀況，對方佔有主場優勢。

根據彼得的檔案及我與他母親的通話內容，我了解到彼得從小就焦慮，但在父親幾年前過世之後開始憂鬱，引爆點是他九年級時因為惡作劇惹出大禍，而被停學整整一年。他獨自待在家裡，逃入 Xbox 的世界，結果原本的週末消遣變成每天十六個小時的成癮狀態。他完全停不下來，還演變成懼曠症，無法離開家門或上學。

少數他必須離開家的時刻——如看醫生——他的母親和兄弟得施用鎮靜劑，在踢打和尖叫中將他強行拖出門。如果拔掉遊戲機插頭，他會出現暴力行為，用拳頭把牆壁捶出一個洞，或朝母親扔東西；而這位可憐的母親只好為此申請保護令。他的母親顯然不堪負荷而且精疲力竭，她進入一種順從模式，任由兒子沒日沒夜打電玩，並隨時為他準備食物。

精神科醫師確診彼得罹患焦慮及懼曠症，他的學區依規定每天派家教到家裡為他上課兩小時，讓他接受最低限度的教育。他的學區也試著聯繫相關機構尋求幫助。問題是，十八歲的他在法律上已經成年，可以拒絕治療和介入。此時，學校請我到他家做評估，確認他的狀況，勸服他接受治療。

在雨中站了一兩分鐘後，他母親終於來應門。我一踏進門就感到身處錯亂的時空，因為她梳著低蜂巢頭，正好配上木鑲板及一九七〇年代的家具，還有放在相框裡、早已消失的幸福家庭。她因為有人前來協助而高興，溫暖地問候我，一股腦兒傾訴彼得的狀況，我真心同情她在努力工作的丈夫過世後試圖振作，獨自撐起這個家。我問她能不能跟彼得談談。

「他剛起床，在客廳吃我做給他的早餐。」

當時是下午一點鐘。

她帶我進入客廳，彼得坐在一把阿奇・邦克[2]會為它感到自豪的椅子上。自從我上次在學校見到他，到現在我們已經四年沒見了。彼得顯然長大不少（不管縱向或橫向），體重至少增加四、五十磅。他神情恍惚地盯著巨大笨重的電視，畫面正大聲播放

1 譯注：指美國一九五〇到一九六〇年代的長壽影集《奧茲與哈里特歷險記》（*The Adventures of Ozzie and Harriet*）。
2 譯注：阿奇・邦克（Archie Bunker），美國電視影集《一家子》（*All In The Family*）中的人物。

《警察》影集。他面無表情地聚焦在螢幕上，身體近乎僵直，我不確定他在看電視，還是只盯著那個方向出神。他穿著骯髒的白T恤和紅色運動褲，前方擺著一盤蛋、培根和吐司；他們養的拉布拉多犬正在啃咬盤裡的食物。

我慢慢坐到他身旁，他一直盯著前方。

「嗨，彼得，我是卡爾達拉斯博士，記得我嗎，幾年前我們在學校見過？」

他從眼角掃了我一眼，盯著電視的同時，幾乎難以察覺地點了點頭。

「我只是想來看看你過得怎樣，也許和你聊聊。你覺得呢？」他再次以幾乎無法察覺的姿勢點了頭。

我問他一連串關於童年、學校、家庭和焦慮的問題，他的回應多半是一兩個字的低聲咕噥，但當我將話題轉到遊戲，情況改變了。他認真看著我，「……我喜歡玩《現代戰爭2》……還有《現代戰爭3》。」他咕噥著，但咬字清楚多了。

「你為什麼喜歡打電玩？」

尋找字眼時，他碰到了困難，試了幾次都講不出來。

我說，「彼得，試著完成這個句子：『打電玩的時候，我最喜歡的是……』」

他點頭試著回答：「打電玩的時候，我最喜歡的是……是……我愛特技……我愛使出特技的感覺。」他臉上半微笑著，可以看出他正在幻想這個叫作「特技」的東西。他坐直身子，帶著強烈的熱忱說，「我愛那種感覺。我這輩子做其他事情時，從未有過那種感覺。」

「什麼是特技？」我問。

他試著吐出一些形容詞，但因為無法用口語描述這個崇高的東西而感到挫敗。不久他靈光一現，臉上亮了起來：「我……我可以給你看看嗎？」

「好啊。我想看。」

他慢慢起身，緩步——可以看出他不習慣走路——走進隔壁昏暗的房間。我跟著他走進他的「黑暗之心」[3]，胃部一陣緊縮。這個昏暗又鑲了深色木頭的房間就是通往數位戰爭遊戲的入口，而他的一生都圍繞著這個遊戲打轉。

房裡有三個巨大的電腦螢幕，連接著放在桌上的兩台遊戲裝置，簡直就像我見過的飛行模擬器。他打開電源，螢幕活了起來，發出閃光燈和機關槍開槍的聲音。他解

3 譯注：《黑暗之心》（*Heart of Darkness*），康拉德（Joseph Conrad）著名的航海小說（此書繁體中文版由聯經〔2006 年〕、印刻〔2013 年〕出版）。

釋，他和另二十個玩家同屬一個遊戲戰隊。他給我看一些特技片段。根據我收集到的資訊，特技就是複雜的花式狙擊動作，玩家用一連串旋轉動作加上控制器的各種組合創造出獨特的「無瞄準鏡」必殺射擊。這個複雜的動作經常需要花上幾星期的時間，彼此協調配合才能達成。再來，特技的聖杯就是把畫面錄成 YouTube 影片，讓你的戰隊大受歡迎，登上 SoaR 等 YouTube 遊戲頻道。

我看著他沉浸在虛擬戰場，完全變成另一個人，不再是幾分鐘前坐在客廳裡僵直的年輕人。他現在是個有能力的突擊隊戰士，投入一場必須擁有敏捷靈巧的身手才能執行的任務，從一個缺乏熱情或目標的小孩變身為一個戰隊成員，他與同伴一起戰鬥，達成令人驚嘆「噢，真是太強了」的特技。他的母親告訴我，她這個平常不說話的兒子第一次使出特技時突然大聲吼叫起來，害她以為他被攻擊了。

那個電玩房就像彼得的動力源，他在房裡生龍活虎，但一離開房間就「咚」一聲跌回他的阿奇．邦克椅，迅速變回僵直的彼得。過程轉變之劇烈，讓我想到薩克斯出色的著作《睡人》，描述嚴重的僵直性患者因為新的「奇蹟」藥物左多巴而在短時間內活了過來；也就像勞勃．狄尼洛在一九九〇年同名電影中所飾演的那樣，只是最終又回復僵直狀態。

兩者唯一的差別在於，彼得並非一開始就呈現僵直狀態，沒錯，他焦慮又憂鬱，但他過去相對功能正常，賦予他生命力的左多巴——他的電玩——似乎不是奇蹟**解藥**，反而**導致**他在不打電玩時呈現僵直萎靡的狀態。當然，電玩看似賦予他生命力，他卻將所有清醒時間花在奇幻的數位戰區和戰隊一起奮戰，企圖達成高潮般的特技。但是如果他不打電玩，他也無法踏出家門，整個人一團糟。

從任何臨床定義而言，他都是個成癮者，只是讓他成癮的是螢幕，或者更具體來說，他對活化多巴胺的互動世界上了癮，而螢幕是通往那個世界的入口。我收拾筆記向他和他母親道謝後離開，我不想待太久。沉浸在一個你能完全掌握、充滿互動且令人興奮的戰場，確實極有吸引力，只是我並不想變得像黑暗之心中的寇茲上校一樣，陷入太深。

有趣的是，彼得的案例可以作為先天與後天實驗的完美對照。他有個同卵雙胞胎兄弟，並沒有像他一樣陷入電玩成癮的迷幻世界，心理調適比他好很多。我向彼得和他母親建議幾項心理健康方案，希望幫助他脫離電玩、離開家，重新與真實世界連結。不過我在寫這本書時，彼得已經拒絕了所有建議，他的生活重心仍然是《現代戰爭》的戰場。

許多成癮者周遭都有深感害怕、陷入困境並縱容成癮行為的家人，他的母親就是這樣的例子，選擇繼續供應他的所需，確保他一開口要求食物，托盤便盡忠職守送進他的遊戲間。

成癮之謎

彼得為什麼被困在成癮的迷幻世界？沒錯，他有情緒和心理問題，但他為何如此癡迷而不可自拔地被遊戲世界吞噬？

我們得先了解「成癮」是什麼，才能充分理解**科技成癮**。

假如我們看看電視節目，一定堅信這世上到處都是「愛情成癮者」，或是對《權力遊戲》影集和熱瑜珈上癮的人，但多數人理解的成癮，是以病態方式攝取某種物質或投入某項行為，也就是不顧負面結果，以強迫性方式持續成癮的行為，例如酒精中毒的歌手艾美．懷恩豪斯或吸毒成癮的演員約翰．貝魯西。

不過，負面結果的範圍很廣（根據定義，成癮未必導致死亡）——只要問問彼得就知道了。在成癮治療的領域，我們通常認為成癮是一個人不顧後果，如失業、危害人際關係、對健康或學業造成負面影響，而持續攝取有問題的物質或進行有問題的行為。但這除了幫助我們診斷成癮的標準之外，成癮究竟是怎麼回事？我是說，它的**本質**是什麼？

許多臨床工作者和研究者對成癮本質的理解，都像包裹在神秘氛圍的謎中謎，難以將之歸類：成癮是一種壞習慣、缺乏意志力、疾病、精神疾患、道德缺失、遺傳，還是心理狀態？相關病因理論非常多。除了臨床定義，許多人認為成癮有點像最高法院大法官史都華（Potter Stewart）在一九六四年的那句老話，當時他試圖定義「猥褻」這個主觀概念：「我只要看到，就能認得出來。」我認為成癮也是如此，多數人一看到，就能認得出來。

或許更重要的是，如果我們試圖理解成癮，那就該進一步問，為什麼有人會上癮，他是怎麼上癮的？這是個重要問題，如果我們要理解 iPad 怎會變成**電子古柯鹼**，就需要了解老式古柯鹼粉末是怎麼讓人強迫性上癮的。

我認為大家多半知道為什麼有人想追求吸毒的快感，為什麼有人願意抽大麻或吸古柯鹼，或許不少人都曾經淺嚐心智擴張的滋味。拜託，我們前兩任總統都承認年輕時用鼻子吸過一兩條呢！但他們怎麼沒有像某些人那樣淺嚐後就徹底成癮？是因為遺傳，還是創傷或艱苦童年造成的結果？或許成癮者的神經化學物質失衡了，又或者，會上癮的人只是衝動控制不佳、意志力薄弱？

不了解成癮的人經常問，人怎麼可能無法控制地攝取某種物質或投入賭博、性愛、上網等行為，甚至到了自我毀滅的程度？感覺很不合理。

是的，當然不合理，因為**上癮不是理性的**。

不管你怎麼定義理性，彼得的行為絕對不是理性的。我剛展開心理健康職涯時，在長島一家醫院的復健機構工作，被分配到與一位剛接受心臟移植的病人進行初步晤談。雖然心臟移植現今已經很普遍，但依然屬於高風險、涉及廣泛的複雜醫療程序，需要醫療追蹤和藥物管理，畢竟病人胸腔內跳動的可是另一個人的心臟。所以我的病人麥可抵達時，帶著一個圓鼓鼓的皮包，裡面是他每天服用的藥物，從免疫抑制劑到抗生素無所不包。

我和四十二歲的麥可碰了面，護士幫忙清點數量龐大的藥瓶，我覺得他親切友善、聰明、幽默又愛笑。事實上，如果我不知道他的心臟狀況或成癮史，我不會覺得他有任何問題。

初步晤談後，我對他的故事有了更多的了解。深具魅力的麥可曾在一家高壓的大城市餐廳擔任廚師，多年來靠著夜裡喝一杯來紓解壓力，不料某一刻，酒精變成了古柯鹼，又從古柯鹼換成快克。斷斷續續的快克成癮不只阻礙了他的事業發展，也對他的心臟造成不小危害，必須進行心臟移植。他強調，他的心臟科醫生要他起床和下樓梯時都得小心，才不會損及新的心臟。還有，如果再吸快克，就會死掉。

隔天早上我上班時，麥可已經能起床走動了，正在護理站簽署違抗醫囑自願出院的文件。他看起來不再是前一天跟我談話的那個理性的人，此刻麥可睜大了眼睛焦躁不安。

「麥可，你在做什麼？」我問。

他迴避我的目光，低聲咕噥了幾句。

我又問了一次，「你在做什麼？還記得我們昨天談的？你要戒毒，救自己一命？」

他漲紅了臉，滿身大汗地看著我，「我要吸快克……」然後把黑色旅行袋甩到肩上，緩緩走向電梯。那次之後，我再也沒有見過他。他的決定衝動而不理性，但那天之前，我才剛和一個清醒又思慮周全的人談話。發生了什麼事？沒有簡單的答案。

從一個我稱之為「完美風暴」的成癮模式出發，許多不同的因素如遺傳、環境、心理和神經生物機制匯集在一起，才會爆發成癮現象。但重要的是，沒有任何人的成癮風暴和另一個人一模一樣，每個人的成癮都是由不同強度的因素，以不同方式組合而成的獨特混合體。

我們知道某些人更容易出現成癮行為，或許可以說，這些人的人格具有上癮傾向。進一步來說，我們知道家族中有成癮史，可能會使人容易上癮；另外，成癮者的子女出現成癮問題的機率，是一般人的八倍。目前不清楚的是上癮的原因。專家不斷爭論成癮風險提高，到底是遺傳的結果、對成癮行為的模仿，或純粹是失去功能的家庭動力導致容易成癮的情緒和心理狀態。也許，以上皆是。

我們知道創傷及虐待和成癮高度相關，有些資料估計這些因素讓一個人成癮的機率提高了四倍。根據依附理論，成癮者在童年可能沒有受到持續或適當的養育，長大後產生共依附傾向，與外在實體形成病態的依附關係，這個關係包括人、酒精、古柯鹼或iPad——都是為了填補童年的匱乏。

由於上述原因，成癮心理學普遍接受問題不在於特定物質或行為，而是背後由遺傳、心理、環境和神經生物因素組成的完美風暴，使人容易上癮——任何一種癮。

哈佛大學的薛佛（Howard Shaffer）是一名頂尖的成癮專家，他發展出成癮的「症候群模式」，將成癮類比為危害免疫系統的病毒，並將各種成癮的表現比擬為伺機性感染。也就是說，一個具有成癮傾向的人接觸到這些東西後，才會「受到」感染。例如，具有成癮傾向者的成癮免疫系統較弱，接觸到酒精之後，就比較容易酗酒；如果有成癮傾向的人接觸到止痛藥，就會對止痛藥上癮。

雖然成癮重點在於一個人有多麼容易受到成癮性物質及／或行為影響，但我們確實知道某些物質或行為對脆弱的人有著較強的吸引力；例如冰毒的成癮性就比酒精高。為什麼？誠如國家心理衛生研究院前院長海曼（Steve Hyman）問道：「為什麼大腦喜歡鴉片勝過花椰菜？」為什麼比起其他東西，我們的大腦更受特定物質（或行為）的吸引？高度刺激的科技為什麼會像高成癮性藥物？

在理解成癮之謎的路上，我們必須探索一些有趣的概念，包括多巴胺搔癢、髓鞘化和老鼠樂園。

多巴胺搔癢

為了理解成癮機制，我們必須先認識腦部的酬賞系統，以及能活化多巴胺的物質或行為對酬賞路徑的影響。

一種物質或行為能活化多巴胺的程度，和其導致上癮的潛力高度相關。多巴胺這種令人感覺良好的神經傳導物質，正是成癮過程中的關鍵元素。當人的行動可以滿足需求或實現欲望，多巴胺就會釋放到伏隔核，這個位於大腦半球下方的一叢神經細胞與愉悅及酬賞有關，也被稱為腦部的快樂中樞。

簡單來說，進行活化多巴胺的行為會提高多巴胺的濃度，於是酬賞路徑受到活化，等同於督促行為者重複剛才的行為，以再次感受到愉快的多巴胺酬賞。我稱之為「多巴胺搔癢」。

多巴胺搔癢在演化層面有其功效，它是一種生存機制，因為提供酬賞，所以能激勵我們吃東西或繁殖等必要的生物功能。吃東西和性愛讓人感覺良好，因為能增加多巴胺。我們記住了這種感覺，並繼續進行這些活動，以再次享受愉悅的快感。

自然的活化多巴胺活動（包括吃和性）通常要付出努力、等待或依靠某些生物功能，但賭博或打電玩等具有成癮性藥物或行為在酬賞歷程中另闢捷徑，多巴胺大量湧入伏隔核，卻沒有產生任何生物功能。不幸的是，演化並未發展出簡單方法來抵擋多巴胺的攻勢，所以上癮後，多巴胺開始減少或關閉，讓那些被多巴胺淹沒的受體細胞得以稍微喘息。透過自然途徑製造多巴胺的能力下降時，成癮者就需要攝取令他上癮的物質或進行上癮行為，只為了維持多巴胺的濃度。

雪上加霜的是，長期接觸成癮物質或行為，對額葉皮質會造成負面影響。額葉皮質是大腦的決策中心，它和衝動控制有關，又被稱為「剎車機制」。上癮損害了我們克制不去碰成癮物質或行為的能力，讓「說不」變得更困難。

研究顯示，有成癮傾向的人，多巴胺和其他愉悅感相關的神經傳導物質基礎濃度較低，所以容易對可以增加多巴胺的物質或行為著迷，因為他們的腦比其他人更加渴望那種感覺。

我們知道某些物質或行為容易帶來多巴胺搔癢。例如吃東西（尤其是巧克力等令人嘴饞的食物）可以提高多巴胺濃度達百分之五十，性愛可以提高百分之百，吸食古柯鹼提高百分之三百五十的多巴胺，而攝入冰毒提高多巴胺的程度高達百分之一千兩百。這就是為什麼我們說冰毒活化多巴胺的作用是最強的，在上述物質中最容易上癮。

那麼，虛擬經驗可以活化多巴胺到什麼程度？據柯普在一九九八年的突破性研究，電玩增加多巴胺的程度和性愛相當，約百分之百，而且當時研究使用的是古老的一九九八年電玩，而非今日流行的七十二吋液晶顯示螢幕、超逼真和過度刺激的遊戲。

這麼說吧，如果年幼孩子接觸了像性愛這種不合適又刺激的東西，我們肯定會很驚恐，但我們卻無意間任由這些孩子每次打電玩都達到腦部的虛擬高潮。瞭解到這點，我們還會對小孩為什麼著迷於電子產品感到困惑嗎？就像多恩博士說的，「問題在於，打電玩提高腦內多巴胺的濃度與性愛相當，電玩對年輕心靈產生高風險，因為電玩綁架了他們的思想，讓他們無法說不。」

當我們試著了解電玩的成癮潛力，還有一個重要因素要留意：「酬賞時制」（又稱增強時制）。心理學家用這個術語來描述多巴胺搔癢的酬賞供應模式或頻率。自然而然活化多巴胺的活動需要時間與努力，如果我吃了一塊巧克力蛋糕而得到多巴胺搔癢，我們可以說這個過程有累積期（拿到蛋糕和切蛋糕）、實際投入期（吃蛋糕）和平靜期（消化蛋糕）。同樣說法也適用於性愛，包括性興奮、胡搞一下然後性高潮，精力充沛的人可能再來一次。無論是哪些情況，我不會在幾小時內持續不斷得到酬賞。

然而，藥物和虛擬的刺激，卻可以一遍又一遍快速重複。我可以不停玩《我的世界》或在遊戲中射擊目標，讓多巴胺噴湧而出，這正是成癮在製造腦部持續高潮的快速酬賞時制所引發的強大威力。成年人或許擁有足夠的意志力，能克制不去使用像性愛般強而有力的科技產品，但是人類大腦額葉皮質直到二十出頭的年齡才會發育完成，因此孩童實在沒有足夠的神經生物配備去應付那麼強烈的刺激。

因此，當孩童經驗了那種愉悅、彷若電子高潮的多巴胺搔癢，他們一次次按下「再玩一次」的按鈕。電玩有多麼令人欲罷不能？根據製造商的資料，《決勝時刻》系列（大受歡迎的射擊遊戲）玩家總共玩了兩百五十億個小時，也就是在這個遊戲中，透過射擊手的眼睛觀看和控制槍枝的時間，加起來是兩百八十五萬年——比人類存在世界的時間還長！這還只是一**個遊戲系列**而已。

數十年前播出的《銀河飛龍》影集頗受歡迎，有一集〈遊戲〉很有預言的味道，生動描繪了令人上癮的大腦高潮效應。企業號船員拿到一組頭戴式虛擬遊戲，可以製造出強烈的亢奮感。他們對裝置上了癮，在迷幻狀態中走來走去（和如今戴著 Google 眼鏡的人並無二致）而當他們昏迷於亢奮中時，差點被另一個物種給統治了。

成癮不只和多巴胺有關，另外還有「髓鞘化」現象，這是成癮歷程另一個與神經機制相關的因素，可以幫助我們理解科技成癮。

髓鞘——腦內的高速頻寬

二〇一一年，加州大學洛杉磯分校的先驅神經學家巴茲佐奇斯（George Bartzokis）針對腦部疾病提出突破性的「髓鞘模型」，證明另一個與成癮相關的重要腦部現象，就是髓鞘扮演的角色，又稱「白質」。

談到大腦，多數人會想到「灰質」，這個由一千億個神經元[4]所組成的網絡形成了大腦，使腦部呈現粉灰色。但除了灰質，腦部還有白質，也就是由膽固醇組成的白色脂質，就像電纜的絕緣材料般包裹著數兆個神經元上的枝幹狀稱為「軸突」的部分，而軸突在神經元之間互相連結，形成運作的單一神經網絡。

沒有髓鞘化，我們的腦會慢得像撥接上網那樣令人難以忍受。巴茲佐奇斯說，「想想網際網路的原理。髓鞘化提高了軸突的效率，擴大了頻寬。軸突能做越多事，我們的腦就能做越多事。」

腦部可以快速運作，但髓鞘之所以如此重要，還有其他原因嗎？

人類在不斷的成長和學習下，髓鞘化也是健康發展歷程中的一環。聖地牙哥大學心理學家麥吉文（Robert F. McGivern）說，「如果你拿到一顆非常年幼的腦，好比三或四歲，這顆腦正根據經驗形成組織，你可以訓練這個小孩很早開始學習閱讀，他大腦中負責閱讀的腦區會形成許多髓鞘。」於是透過髓鞘，閱讀能力被深植腦中。

新生兒出生時有數十億個腦細胞，每個腦細胞——或神經元——都附有名為「樹突」的分支，向外延伸和其他神經元連結。當神經元之間通過電訊號，突觸會受到刺激。當突觸一次次受刺激，在常常使用的腦區中形成髓鞘，神經連結模式就被深深植入腦中。神經學家稱之為「在積雪山丘滑雪橇」現象：第一次接觸到某個東西，或第一次學習某技能，就像在剛下過雪的雪地乘雪橇，在地上畫出新的軌跡。此後，滑雪橇時都會傾向跟著先前的溝紋前進；我們在學習時，與那些活動相關的腦區會形成髓鞘，就像反覆順著相同的軌跡滑雪橇一樣。

4 原注：巴西神經科學家霍札（Suzana Herculana Houzel）博士的研究顯示，人們常說的「一千億」這個數字其實是高估了。她運用一種獨特而創新的歷程分析已死亡的健康大腦，發現人類神經元的實際數量比較接近八百四十億。

腦部造影研究證明這種深植腦中的髓鞘化歷程確實存在，而且經過適當刺激的幼童腦和未接受合適刺激的腦之間，有實質的差異。沒有經過反覆接觸及經驗刺激的神經連結會衰退，呈現用進廢退的狀態。

學語言也是這樣。嬰兒接觸到語言的複雜性時，致力於語言運作的神經路徑產生髓鞘化——在積雪山丘滑雪橇——並深植腦中，使所學到的語言內容永久存在，而且可以輕鬆活用。但如果在生命初始的關鍵幾年沒有受到語言刺激（缺乏雪地上的軌跡），那麼語言發展之窗就會關閉，大腦也會喪失把語言深植腦中與髓鞘化的能力，語言連結也就逐漸衰退了。

有趣的是，腦部造影技術顯示，並非只有神經路徑刺激不足（如從小與人類社會隔絕的孩子）會導致神經方面的差異和發展問題，iPad和電玩等發出閃光、過度刺激的螢幕也可能損害神經路徑中的髓鞘，因為髓鞘極容易受到干擾；負責製造髓鞘化所需膽固醇的寡突膠質細胞很容易因頭部創傷、環境壓力源、毒素、壓力荷爾蒙、特定藥物及過度刺激等因素，而受到損傷。過度刺激對髓鞘造成的損害，會導致什麼問題？我們的注意力和專注力、感受到同理心及區辨現實的能力，都可能在發展的關鍵時期受到影響。

這正是為什麼巴茲佐奇斯在新千禧年之初的髓鞘模型研究這麼重要，因為他證明髓鞘化在健康大腦發展的關鍵角色。同理，他也證實了髓鞘受損和許多腦部疾患之間的相關性。巴茲佐奇斯相信髓鞘化的異常，會引發生命週期中許多不同的神經精神疾患，從嬰兒和兒童的注意力不足過動症及自閉症，到青少年和成年早期的思覺失調症和藥物成癮，再到年長者的阿茲海默症都包括在內。

巴茲佐奇斯的研究結果，是這類研究中第一個證明藥物成癮會損害髓鞘的實徵研究。他於二〇〇二年發表在《生物精神醫學期刊》（*Journal of Biological Psychiatry*）的文章中，比較了三十七個古柯鹼依賴的男性大腦，以及五十二個無藥物依賴的控制組的大腦，參與者年齡介於十九到四十七歲。結果顯示，古柯鹼對腦部的髓鞘化造成了負面影響。巴茲佐奇斯說，「四十或四十五歲的古柯鹼成癮者的平均白質體積，等於十九歲人的平均值。」

更早的研究發現，健康的腦會持續生長和髓鞘化直至五十歲，而吸毒會妨礙髓鞘的生長與發展。巴茲佐奇斯推斷，「白質與年齡相關的（健康）擴張，出現在正常的控制組身上，但沒有出現在古柯鹼依賴者的身上。」其他包括酒精、鴉片和大麻的成癮研究，同樣呈現髓鞘化減少的結果。

如今，在巴茲佐奇斯的研究完成後十年間，已有腦部造影研究讓我們看到接觸科技會改變大腦結構和髓鞘化現象，而且改變的方式和藥物作用一模一樣。是的，你小孩的學校以為 iPad 對一年級學生是很棒的學習工具，其實它正把你小孩的腦變得像藥癮者的腦。一個由中國科學院雷皓博士率領的研究團隊在二〇一二年發現，被診斷為網路成癮症的人，腦中與注意力、決策及產生情緒的腦區出現髓鞘整合異常情形。他們比較了十七位網路成癮症患者及十六位健康控制組參與者的大腦，結果暗示網路成癮可能和其他種類的物質成癮或衝動控制疾患，產生同樣的心理和神經機制。」

換句話說，**在大腦中，螢幕成癮看起來就像藥物成癮**。

二〇一三年，標題為〈網路成癮青少年之腦部功能性連結減少〉的研究刊登在《公共科學圖書館》期刊，研究對象為十二位診斷出網路成癮症的青少年及十一位健康參與者，推斷網路成癮和廣泛而顯著的功能性連結減少相關，而功能性連結又和腦中白質／髓鞘化有關，因此電玩和髓鞘化有關。

二〇一四年九月刊登在同一期刊的文章〈網路成癮症患者的腦部功能性網絡遭到破壞：靜息狀態功能性磁振造影〉，也發現電玩玩家有類似的髓鞘化和連結性問題，指出網路成癮症患者的功能性連結遭到顯著破壞，尤其是額葉、枕葉和頂葉之間的區域。網路成癮症造成功能性連結的破壞，這種破壞可能產生行為障礙。

＊＊＊

還有一項了不起的研究，由美國印第安納大學醫學院於二〇一一年完成。這項研究中，參與者一開始先接受腦部掃描，然後打暴力電玩一週之後，再次進行掃描，結果證明，光是打電玩一**個星期**，就能造成腦部的變化。沒錯，只要一個星期，就能測量到這些現象。

這個研究對象是二十八位十八至二十九歲、過去很少接觸暴力電玩的年輕男性，他們被隨機分配成兩組。第一組成員在家打射擊電玩十個小時，持續一週，此後不再玩這個遊戲。第二組在這兩週內都沒有接觸電玩。這些人在研究開始時先進行功能性磁振造影分析，並於第一和第二週接受追蹤檢查。打了一週暴力電玩後，電玩組成員的左側下額葉和前扣帶迴皮質的活化程度都低於他們的基準線，以及控制組的測量結果。

「隨機分配的青年樣本在打暴力電玩一週之後，特定額葉腦區的活化程度較低。」主要研究者王洋博士宣稱，「受影響的腦區對於控制情緒及暴力行為很重要。」王博士提到的腦區就是受藥物成癮影響的腦區，而且這個研究首次證明了持續打暴力電玩一段時間，和這些執行功能相關腦區的後續變化之間，存在直接的關係。

有趣的是，一週之後，電玩組不再打電玩，腦中的執行區域回復為較接近控制組的狀態，這表示腦部的可塑性顯然在運作。但如果一個人持續打暴力電玩呢？「暴力電玩對腦部功能有長期影響，」王教授說，「打電玩更長時間之後，這些影響可能轉化為行為的變化。」最近這個研究結果將接觸螢幕和神經生物學的變化連結起來，讓腦科學領域的學者振奮不已。倫敦國王學院的生物精神醫學系主任舒曼（Gunter Schumann）告訴英國廣播公司：「史上第一次研究顯示經常上網或打電玩的人，腦區間的神經連結和腦部功能都起了變化。」神經學家格林菲爾德（Susan Greenfield）女爵相信，電玩成癮甚至導致她形容為「兒童失智症」的狀態。

看到這些腦部造影研究，有些人無可避免提出那個雞生蛋或蛋生雞的問題：「到底是接觸螢幕導致了腦部變化，還是本來就有潛在腦部異常問題的人，容易受到成癮的遊戲和螢幕吸引？」因為多數腦部研究都在檢視玩家的腦，並沒有先將接觸問題遊戲之前的狀態設為基準線，所以這個問題是合理的。我們知道物質成癮會形成惡性循環：有時腦部具潛在異常或化學失衡的人較可能自行用藥而變得物質成癮，成癮狀況進一步損傷腦部神經解剖構造或神經化學機制，然後進一步加劇成癮。

青少年精神科醫師鄧可莉（Victoria Dunckley）如此描述這個現象：「針對遊戲與

網路成癮研究提出雞與蛋的問題很合理，但研究指出，來自雙向的影響造成了惡性循環。換句話說，脆弱的腦容易受到螢幕成癮的影響，而成癮問題所導致精神病理的狀況，又使得上癮更加惡化。」

事實上，王博士的研究確實做了腦部造影的前後測，顯示過度接觸螢幕和腦中額葉區域的異常，存在著因果關係。所以，雖然原本有腦部疾患者較容易受到遊戲吸引可能是真的，但打太多電玩也會改變腦部構造，就算正常大腦也是如此。

我們已經透過多巴胺和髓鞘化探討了成癮的神經生物學，現在來看看環境在成癮的完美風暴中扮演的角色。

老鼠樂園：成癮與籠子

先天VS.後天。我們從小學就聽過這個詞，用來框架關於人性的兩種競爭理論。生物決定論VS.行為是由學習而來或由環境塑造。近來大家的共識是拒絕用「或」這個字，在這兩者間二選一，而偏好用具有包容意義的「與」，因此變成：**先天與後天因素**創造出一個完美風暴，決定了我們是誰和我們的行為。

加拿大的亞歷山大（Bruce Alexander）博士在一九七〇年代做了簡單精巧卻富啟發性的實驗，證明環境在塑造我們是誰和我們的行為上有多重要。他對六〇年代針對老鼠的成癮研究抱持懷疑的態度。這個較早的實驗中，可憐的囓齒類小動物被放在史金納箱裡，單獨監禁在小又窄的籠中。牠們經常挨餓，只有在推動箱邊的桿子時，才能得到一小團食物。這個實驗中，老鼠被管子栓在箱裡，管子從箱頂連接手術用的針頭，植入老鼠的頸靜脈。沒錯，實際狀況和聽起來一樣恐怖。老鼠推桿時，嗎啡帶來的甜美解脫感馬上湧入牠們細小的血管（其他實驗則用了古柯鹼水）。

毫無意外，可憐的老鼠就像在大西洋城玩吃角子老虎的退休人士那樣按著嗎啡壓桿，無可救藥地上了癮。那個「藥物導致成癮」的研究後來用在反毒戰爭的媒體宣傳上，被用來大肆宣傳非法藥物的邪惡。對多數人而言，證據就在於：藥物等於無可救藥的藥癮。但亞歷山大博士為這種結論感到擔憂。如果成癮的力量在於藥物本身，為什麼並非所有用藥的人都會上癮？老鼠處在自然狀態下，是一種具有高度社會性的生物，牠們的天性不適合被孤立在史金納箱裡；有沒有可能，前述實驗只顯示了一隻孤立而受困的老鼠，可能比「自由」的老鼠更容易選擇用麻醉劑來逃避難以忍受的存在狀態？

老鼠和人類一樣有強烈的社會性，而且如同亞歷山大博士的理解，單獨監禁經常讓人精神失常。我們知道，如果被隔離的囚犯可以取得令人麻木的藥物，他們一定會服用。所以，這些也被監禁的老鼠會對藥物成癮，有沒有可能不是因為嗎啡，而是那個把牠們孤立起來的史金納箱？

亞歷山大博士設計了包含兩組老鼠的研究：一組被隔離在史金納箱；另一組則在被稱作「老鼠樂園」的地方玩耍，這個開放的區域充滿了老鼠喜愛的東西，有平台供爬行、可以躲在罐子裡，還能在滾輪上跑步。噢，而且那裡是男女合校。老鼠顯然跟人一樣享受性愛。

結果令人震驚。籠裡的老鼠變成成癮者，但老鼠樂園的老鼠卻沒有。事實上，牠們幾乎沒有觸碰隨時可以取得的藥水。因此成癮重點不在於藥物令人上癮的吸引力，而在於老鼠的生活狀況，沒有健康的社交和連結，老鼠更容易上癮。

那麼人類呢？

亞歷山大博士猜測人類不必關在籠裡就能成癮，但成癮者是不是感覺「被關住了」？多年後他在人類身上測試。基於倫理考量，他並非把人關起來並提供藥物，但他研究了另一個「自然發生」的實驗，並檢視了對原住民的殖民行為，以及他們被佔領的保留地的歷史紀錄。

加拿大和美國原住民曾經等同於被關在史金納箱，他們的傳統文化和正常社交都遭到剝奪。他發現這些原住民在被殖民前甚少有成癮紀錄，「過去的成癮紀錄少到很難用文字或口述歷史證明曾經存在。但原住民被殖民之後，酗酒情況非常普遍，在某些保留地，幾乎每個青少年和成人都有酒癮或藥癮，或是曾上癮然後戒掉了。」

研究者過去把原住民的高酗酒率怪罪於「遺傳的脆弱性」，英國移民引用種族歧視的資料表示「印第安人就是沒辦法對抗酒精」，然後在保留地強行實施嚴格的禁酒令。然而我們可以看到，有些保留地開放飲酒，原住民可以輕易保留他們的傳統文化，這些地方也有飲酒過量的例子，但並未普遍酗酒。

現在，多數成癮專家已經拒絕用遺傳的脆弱性來解釋成癮。沒錯，老鼠樂園——和原住民被殖民史——證明當社會性動物受到身體、心理或文化隔離時容易上癮，包括行為成癮，如過度使用網路。亞歷山大說：「從老鼠樂園來看成癮現象，就知道如今的成癮洪水來自社會過於個人主義、競爭過度、瘋狂又充滿危機，多數人在社交和文化上都感到孤立。透過藥物成癮、某些習慣或消遣可以讓人鬆口氣，逃離不舒服的感覺、麻痺感官，並用上癮的生活型態來取代充分實現的人生。」

根據這種觀點，這場發光螢幕的疫情，重點不是螢幕，而是孩童棲居在令人孤立、過於個人主義、競爭過度、瘋狂又充滿危機的社會。

我在訪問布朗中尉關於使用虛擬實境療法的經驗時，他談到許多軍人對電玩上癮，並提出富有洞見的觀察。「聽著，大家都在尋找生命的意義。有些遊戲就能給你意義。不管是在《最後一戰》和戰友共同出任務或其他什麼，如果你沒有目標感，遊戲可以填補那個空洞。」「或許我在一開始沒有上癮，只是因為我的手沒辦法好好操縱控制板。」

今天有多少孩童感覺漂泊無依又漫無目的？除了亞歷山大博士提到的競爭過度和「過於個人主義」，還加上壓力、失去社會連結，以及發光螢幕帶來可以逃避現實的誘惑，結果就是……科技成癮。

最新研究說明科技成癮對年輕人的影響勝過成人：《美國藥物與酒精濫用期刊》（*The American Journal of Drug and Alcohol Abuse*）發現百分之八點二的美國人有網路成癮，但根據《網路成癮評估與治療指南手冊》（*Internet Addiction: A Handbook and Guide to Evaluation and Treatment*），屆於大學年齡的網路使用者中，網路成癮影響了超過百分之十八的人。

* * *

虛擬科技上癮對臨床人員來說並非新概念。一九九九年格林菲爾德（Peter Greenfield）出版了《虛擬成癮》（*Virtual Addiction*）一書，當時離腦部造影出現還有好些年，也遠早於這個熱愛且盛行i科技的世代。格林菲爾德憑藉著古老的臨床標準，判斷許多人正和科技產品發展出越來越有問題——甚至成癮——的關係。

這點不該被低估。腦部造影很具啟發性，但精神科醫師、心理師和心理治療師還是透過臨床症狀、而非腦部造影來診斷精神疾患。我在臨床工作上診斷過數百位酗酒或成癮者，沒有一個人是透過磁振造影得到的診斷。

我認為如果一個人以強迫性方式使用某種物質或投入某種行為，到了對生活產生負面影響、甚至毀掉人生的程度，那麼說這個人離成癮不遠了，並不過分。為了了解過度刺激的螢幕之成癮性及催眠力量，我與一位了不起的成癮研究者兼神經科學家——及已康復的電玩成癮者——碰面，進行訪談。

4／神經科學家及戒癮成功的電玩玩家[1]

寫這本書時，我被引介給安德魯．多恩博士，我相信他有獨特觀點可以增進我們對科技成癮的理解。原因是，多恩博士不僅畢業於約翰．霍普金斯大學醫學院，還擁有神經科學博士學位，並曾針對科技成癮做了廣泛研究，同時也是一名已康復的電玩成癮者。據我所知，他是**唯一一位曾經電玩成癮的神經科學家**。更令人印象深刻的，他還是美國海軍中校及海軍和國防部成癮研究負責人。

這位和善、仁慈、身材健壯且備受尊崇的醫師竟曾經是個體重超標且內心充滿憤怒的電玩成癮者，讓我很吃驚。有趣的是，當他明白遊戲成癮正在毀掉他的生活，更意識到科技成癮有更黑暗的面向，因為他發現許多涉入暴力事件（殺人和自殺）的退伍軍人，也是暴力電玩的玩家，而且經常有**睡眠被剝奪**的情況。

1 原注：訪談中的意見和觀點來自多恩博士，不必然反映美國海軍或國防部的官方立場或政策。

我認為他的成癮故事可以幫助我們更理解，為什麼連聰明的醫學生都會被螢幕成癮所誘惑。以下訪談由我們的對談及他在二〇一四年九月接受威廉斯（Vee Williams）訪談的內容裁剪編輯而成，很具啟發性。

問題：談談你的遊戲成癮。最糟的狀況是什麼？

大概十六年前，我正在讀醫學院，那時我對電玩嚴重上癮。超過十年、以及就讀醫學院期間，我每週打五十到一百個小時的電玩……我把遊戲當成數位藥物，幫我減輕焦慮、處理壓力。當我在線上與人交鋒，就有一種腎上腺素激增的快感。

我一天到晚都在打電玩，當那只是個嗜好。後來我開始發現問題……我沒怎麼睡覺。當時我每天的固定行程就是去學校。我在霍普金斯領全額獎學金，我常看著那些輸家開玩笑，他們必須付錢讀醫學院，但我享有全額獎學金。某種程度來說，我狂妄又自大。

我每天五點回家，幫小孩準備晚餐（我有兩個年幼的孩子），然後關心一下我妻子，花點時間跟她相處。她是個護士，值班很辛苦，很早就上床睡覺，也許八點半。然後我心中就大喊著「太棒啦！」我會溜下床——雖然晚餐前已經玩了幾個小時，但我還是從八點半玩到凌晨四點半，聽到清晨傳來的鳥叫聲幾乎是一種習慣。接著，我睡上幾個小時，然後重複一天的循環。我每天打電玩八小時，上學八小時。基本上，我有兩份全職工作。

我是個有功能的成癮者，問題是，我一直處在睡眠剝奪的狀態，非常易怒。我經常對太太大發雷霆，於是她帶著孩子離開，還拿到了保護令。我以為我只是脾氣不好，答應她會努力改進——你知道，求她回來，我們一起上教堂，我答應接受婚姻諮商之類的。

當然，我否認電玩成癮，因為沒有診斷，對吧？我是個醫科生，但從來沒聽過這種成癮，所以那不是成癮，只是一種嗜好。我試著節制，但癮頭增強了，所以我本來一天玩四小時，後來四小時變成六小時，又變八小時，然後十小時、十二小時。不知不覺中，我又像過去那樣隨時都在打電玩。

最後，造成改變的事發生在二〇〇三年，我當時已經上癮了十一年，終於因為玩即時戰略遊戲不停點擊滑鼠而得到腕隧道症候群。我很愛玩《星海爭霸》和《魔獸世界》，一個星期點擊滑鼠八十個小時，疼痛從我點擊滑鼠的手指蔓延到前臂，我的皮質醇濃度經由HPA軸飆高，我也因此變胖了。我沒有運動，於是身上累積了更多體脂肪，最後HPA軸全都失調，所以很容易受到感染。我的臉上長滿痘痘，出現肥胖紋，最後我的腋下遭到感染！

除了腕隧道症候群，腋下感染延伸到我的手臂。最糟的是，我的血壓因為玩遊戲腎上腺素激增而升高。我的血壓很高，膽固醇也高。而且，因為我一直坐著，還長了核桃大小的痔瘡。我氣壞了，我是個年輕男人，為什麼會像孕婦一樣長痔瘡？我說的可是那種會出血發痛的痔瘡。

經歷了這三重奏——你知道，腕隧道症候群、腋下感染和痔瘡，我在退伍軍人醫院動手術。我想天啊，我正在毀掉自己的事業，如果不吞服強烈的止痛藥，我幾乎無法正常作息，甚至無法完成醫生的工作。

我想也許我不該再打電玩了。當然我還是把打電玩稱為「嗜好」，但這個嗜好讓我得了痔瘡、腕隧道症候群和腋下感染。我終於在二〇〇四年完全戒除電玩。

但二〇〇七年，我復發了。我的一個住院醫師留了一張《魔獸世界》的光碟在我桌上。現在我知道我喜歡玩即時戰略遊戲，也對角色扮演遊戲很狂熱。那時我想，也許我可以節制一點玩，因為我已經是主治醫師，賺了不少錢，生活壓力沒那麼大，不需要用它來逃避。

不。我錯了。我玩了那個遊戲一年……然後所有舊習慣都回來了。我的兒子當時剛進入青春期，有一天我吼他動作太慢，結果回頭一看，他在大哭。我兒子只盼著跟我待在一起，但因為我玩那些遊戲易怒又成癮，我所有惡劣的一面都回來了。

我的婚姻回復到過去的狀態，我和孩子的關係受到傷害，脾氣一來，我還會踢我們養的狗。我睡得不多，所以滿腹牢騷，因為這種成癮必須付出代價，而多數上癮的玩家會用睡眠來交換，但仍熬到半夜兩三點才睡。我也是。我在開車時打瞌睡、甚至睡著。我的通勤時間是單程六十分鐘，結果過了五分鐘我才醒來，完全不知道身在何處。你知道嗎？再這樣下去我可能會死掉。

我終於明白我上癮了，我開始用「上癮」這個詞。然後你猜怎麼了？我看到我兒子在十二、十三歲時也上癮了，他半夜爬起來玩《決勝時刻》。你知道在別人身上看到自己的狀況是什麼感覺？真的很火大，對吧？就這樣，我因為兒子做了和我一模一樣的事而感到火大！

我們最終讓他脫離遊戲，他整個人**活了過來！**他不再是那個沒安全感的小孩。我以前不怎麼花力氣在他身上，他過去在學校受了挫折都跑進廁所哭。但我們收走電玩之後，他發現自己熱愛田徑。現在有十五所第一級別（Division I）學校邀他入學，他變得有自信，一切順利多了。

整個過程中，我目睹遊戲如何傷害了他，所以，我確信如果你對這個東西上癮，它會毀掉你的生活。它幾乎毀了我的生活，也毀了我兒子的生活，還有他的自信和機會。

＊＊＊

多恩博士用「數位藥品」來形容數位螢幕及它對腦部的作用。他相信這種螢幕藥物是可以提高多巴胺的刺激物，會過度激發 HPA 軸的運作。他也相信有些螢幕畫面比其他藥效更強。電視的刺激程度是最輕微的，然後是類似《俄羅斯方塊》的遊戲，《決勝時刻》或《魔獸世界》之類高度刺激的遊戲最嚴重。

從自身經驗和他在軍方的工作中，他逐漸了解睡眠剝奪在遊戲成癮中扮演的角色。「如果是喝酒，嚴重酒醉者通常會陷入昏睡。但是電玩成癮者必須醒著才能玩。睡眠剝奪的結果是 HPA 軸失調。」HPA 軸失調和憂鬱、焦慮、精神病發作及精神疾患直接相關。

多恩博士描述一個被他治療過的海軍陸戰隊士兵，他犧牲睡眠時間打電玩，有殺人傾向，老是想要砍別人的頭。多恩博士說，解決方法是收走電玩，並開給他因為打太多電玩、受電玩刺激而失效的安眠藥。「經過睡眠和休息，他的殺人意念消失了。」

如果沒有切斷電源和睡眠，那個海軍陸戰隊士兵會不會出現暴力行為？我們無法確定，因為人類行為很難預測。但多恩相信，許多患有創傷後壓力症候群並自殺或殺人的退伍軍人，也受到暴力電玩和睡眠剝奪的影響。「這些軍人中有很多都是年輕的孩子，在入伍時就已經是電玩玩家。他們在基地沒辦法喝酒或吸毒，因為那得接受檢測，所以他們持續打上好幾個小時的電玩，加上戰鬥創傷和睡眠剝奪，簡直是一場災難配方。」

多恩博士會開始關注退伍軍人的暴力行為和電玩的相關性，是因為惡名昭彰的華盛頓海軍工廠槍擊犯亞歷克西（Aaron Alexis）所犯下的攻擊事件，他在二〇一三年開槍殺死了十二個人。亞歷克西似乎有精神病症狀（幻聽，並相信自己被電磁波影響），同時也是受到睡眠剝奪的電玩玩家。他一天打暴力電玩長達十六小時，在槍擊案發生前幾週曾到退伍軍人醫院掛急診，希望用藥物解決失眠問題。是不是睡眠剝奪和電玩導致精神病症狀把他逼到極限，不得而知，但另一個殺人的海軍陸戰隊病人在停止打電玩與補充睡眠之後回復了「正常」。

多恩博士用五隻手指和手來比喻遊戲對腦部神經造成的影響。「觀察一下左手。大拇指代表與電玩及科技帶來益處相關的皮質區，包括快速分析技巧、增進手眼協調，或許還能提升反射能力。食指代表與溝通技巧相關的皮質區。中指代表和家人朋友產生社會連結的行為。無名指代表辨識自己與他人情緒的能力（同理心）。最後，小指代表與自我控制有關的皮質區。」

基本上，打太多電玩只會發展（或過度發展）腦中的一個部分，也就是大拇指所代表快速反射及圖形辨識的區域。但是玩家長大之後，行為就可能造成失衡，因為隨著腦部發展成熟，最終可能製造出一個腦中全是大拇指的青年，他擁有快速分析技巧和快速的反射，但溝通技巧不成熟、和人連結性不強、缺乏同理心，而且自我控制不佳。」

最後，多恩博士提到一件事，是多數人想到遊戲時不會考慮的：當恐怖分子在社交媒體、網路論壇和線上遊戲招募新成員，可能會造成國安威脅。電玩玩家是很容易招募的對象，「網路成癮者往往孤獨又寂寞，在招募新成員時，是很容易得手的目標。」

＊＊＊

多恩博士用極具說服力的親身經歷，描述他在遊戲成癮中陷得越來越深，以及他的健康和家庭生活如何承擔了上癮的後果，聽起來就像一個藥癮者的故事。包括他戒癮一陣子之後又復發時，他採取的合理化方式（自認可以有所節制）都是藥物成癮的常見情節。

儘管有多恩博士的故事，以及越來越多研究顯示數位媒體對腦部的作用就像毒品，依然有人「否認」螢幕成癮存在，甚至許多心理健康專家也不明白這個發展中的問題可能有多麼深層和嚴重。沒錯，對某些人來說，電玩可以是一種嗜好，但很多人也可能對電玩成癮，這是毋庸置疑的。

此外，我們應該知道，螢幕成癮和這類臨床疾患並非只受到來自電玩的影響。在這個超連結世界中，還有幾個罪魁禍首，包括社群媒體和簡訊。你可能會問，身為社會性動物，藉由科技來輔助人際之間的連結，有什麼問題？

5 嚴重斷線——簡訊與社群媒體

「我要在你們睡著時，把你們都給殺了！」十三歲女孩激動地揮動雙手，用腳踢了她父親，還咬了他的手臂。不到一週內，海蒂二度因為父母收走她的Chromebook，讓她無法連上社群媒體網站而暴怒。這也是她第二次被送到精神科急診。

當她父母約翰與梅蘭妮打電話給我，請我協助他們的女兒時，他們形容海蒂是個乖巧、快樂、有愛心的女孩，老師很疼愛她。她喜歡接觸優秀的同學，喜歡踢足球和健行，會和爸爸——那個被她咬的人——一起騎登山車。

約翰和梅蘭妮是支持小孩發展的紐澤西郊區家長，他們擁有大學學位並經營科技事業，對於海蒂的社群媒體成癮毫無所覺。「一切開始於她七年級時帶著學校發的Chromebook回家。」學校給她這台Chromebook表面上是用來學習，內部下載了Google雲端教室，但不幸的是，裡面也包含了Google Chat通訊工具和許多對話群組。

這個「教育性」的特洛伊木馬進入家裡後，約翰和梅蘭妮發現海蒂越來越關注那台

Chromebook 裡的社群媒體聊天室，而且每晚都花好幾個小時待在聊天室。Chromebook 平台在安裝了聊天室之後，約翰和梅蘭妮沒辦法將它停用。海蒂開始把所有心思放在內容不雅的 YouTube 影片，然後迷上《Squarelaxy》，那類似《我的世界》的破關遊戲，可以和其他玩家同時上線。

最後，海蒂的父母發現她和全國各地的陌生男孩聊天，當他們質問海蒂，她承認和一個德州男孩聊天，對方誇口說前晚才剛用衣架殺死母親。她問父母能不能去拜訪那個男孩。約翰和梅蘭妮越來越擔心他們乖巧的女兒受到不良的影響，所以向學校求助。學校建議他們使用一個叫做 OpenDNS 的過濾工具來封鎖有問題的網站。海蒂的父母擅長使用科技，但他們發覺 OpenDNS 一點用也沒有，海蒂的問題持續惡化。

經過一整年的 Chromebook 及社群媒體成癮，海蒂從天真無邪、喜歡和父母相處的女孩，變成一個讓父母束手無策，被性化、滿口髒話的暴力討厭鬼。而且經過兩年住院，她成了一個有精神科病歷的女孩。我目前正和充滿恐懼的約翰和梅蘭妮探討海蒂的治療選項。

你可能納悶，社群媒體所創造出來人際連結的「奇蹟」，怎麼會在小女孩身上變成可怕的問題？

＊＊＊

暢銷書作家海利（Johann Hari）站在對 TED 觀眾來說很熟悉的紅點上，望向倫敦英國皇家科學院的觀眾席。他正在發表一場充滿說服力又廣受好評的演講（觀看次數近四百萬），主題是成癮。他討論到一種新的成癮典範，強調人類連結的重要性，並大量談及亞歷山大的成就及他的老鼠樂園研究。演講結論是，他漸漸明白「成癮的反面不是戒癮——**而是連結**。」觀眾的鼓掌歡聲雷動。

社會連結。這不只是人類最不可或缺的一部分，也是幸福與健康的關鍵成分。但幾分鐘前，海利在演講時看向群眾，「這麼說聽來很怪……我一直在談失去連結是成癮的主要驅動力，會讓成癮越來越嚴重，這實在很奇怪，因為現今社會無疑是有史以來連結最緊密的環境。」

他說的沒錯。目前確實是曾經存在的社會中連結最緊密的，每秒發送七千五百則推特、在 Instagram 上流傳一千三百九十四張照片、超過兩百萬封電子郵件及觀看超過十一萬九千支 YouTube 影片。而且我們不斷發送簡訊，彷彿賴以維生，美國人每秒傳送六萬九千則簡訊，每天在美國境內傳送的簡訊超過六十億則；全球的數量則是每天兩百三十億、每年八點三兆則簡訊。

另外，如同所有人的猜測，年紀越小的人傳越多簡訊。根據二〇一一年皮尤研究中心民調，十八至二十四歲擁有手機的人中，普通一天平均交換一百零九點五則訊息——每個月超過三千兩百則簡訊——但成年人口的使用者在典型的一天中，平均只傳送或接收四十一點五則訊息，每天傳送與接收簡訊的中位數則是十則。

至於社群媒體，根據二〇一五年《數位、社群與行動》（*Digital, Social and Mobile*）的報導，超過二十億人都擁有活躍的社群媒體帳號，誰想得到年輕又彆扭的馬克・祖克柏在二〇〇四年從哈佛宿舍改變了世界？除了社群媒體，地球上還有三十億人口是活躍的網路使用者。

真是緊密的連結。對於人類這樣一個天生需要社會連結的物種而言，這應該是件很棒的事，人人臉上高掛微笑。但我們卻這麼憂鬱而寂寞，到底是怎麼回事？事情不該這樣——人與人之間的連結越多，我們應該更快樂滿足才對。但事實並非如此，就像海利在 TED 演講指出的：「現在是人類史上最寂寞的社會。」

近期的研究支持了這個理論，也就是隨著社群媒體和科技讓我們連結得更緊密，我們也越來越憂鬱。在二〇一四年發表在《社會指標研究》（*Social Indicators Research*）

的資料，心理學系教授、同時是《Me世代》和《自戀時代》的共同作者圖溫吉（Jean M. Twenge）分析了來自全國近七百萬個青少年和成人，發現自述有憂鬱症狀的人比一九八〇年代多。

據研究，比起一九八〇年代，青少年有睡眠困擾的機率高出百分之七十四，因為心理健康問題而尋求專業協助的機率則提升為兩倍。另外，現代人罹患憂鬱症的機率是一九四五年的十倍，女人與青少女又是男性的兩倍。更糟的是，世界衛生組織預測憂鬱症在二〇二〇年將僅次於心臟病，成為全球造成失能的主因之一，因為自殺率在過去五十年提高了百分之六十。

這不合理，如果我們是天生需要連結的社會性動物，為什麼連結得越緊密反而越憂鬱？我們先從人類對於連結的需求來瞭解。如果一個人沒有和別人接觸，身心都可能生病，事實上，他可能會瘋掉，這就是發生在舒爾德（Sarah Shourd）身上的事。這個三十二歲的美國女子和朋友在伊拉克庫德斯坦登山，因為不小心迷路而跨越伊朗國界，被伊朗軍隊逮捕了。她遭指控從事間諜活動，在德黑蘭的艾文監獄被單獨監禁，獲釋前有一年多的時間和外界只有極少的接觸。

莎拉表示，單獨監禁兩個月後，她的精神開始失常，她聽到不存在的腳步聲、看到閃光燈，一天中大部分時間裡，她都趴在地上透過門縫聽外面的聲音。「我在視線餘光看到閃光，但轉過頭卻什麼也沒有。」她在《紐約時報》寫道：「有一次我聽到有人尖叫，直到友善的警衛把手放在我臉上，試著讓我清醒過來，我才明白尖叫的是我自己。」

人類不適合孤獨。生物學家相信人類之所以演化成社會性動物，是因為和他人共處有演化上的好處，一個群體存活下來的機率大於一個四處漂蕩的獨行俠，這導致人類天生形成社會／部族連結，也決定了群體成員的社交或情感生活。

身為社會性動物，我們透過與他人接觸，形成社會脈絡與文化脈絡，藉此尋求目標與意義，支撐情緒狀態。如果沒有群體作為鏡子幫助我們在脈絡中理解自身感受與自我概念，不用很長的時間，我們就會像看著一面哈哈鏡，這種扭曲的知覺和非理性想法非常類似於精神病的狀況。

幾項實驗證實了孤立會造成瘋狂。其中惡名昭彰的例子不僅把人孤立，還進行感覺剝奪。一九五〇年代，心理學家海伯（Donald Hebb）及其研究團隊最初動機是想了解俄羅斯與北韓軍方所謂的「洗腦」，於是付費招募了一群參與者，主要是大學生，費用是每天二十元，讓他們待在隔音的小房間裡幾個星期，不與人接觸。

這個研究的目的是排除社會接觸和知覺刺激，觀察人在完全孤獨時會產生什麼行為。為了讓參與者可感覺、看到、聽到或觸碰的東西減至最少，他們被戴上半透明面罩、棉質手套，並用硬紙板做成長過指尖的袖套。他們也必須躺在U型海綿枕以減少噪音，房裡還設置持續嗡嗡作響的空調來掩蓋多餘的噪音。

不到幾小時，這些參與者開始渴望刺激，自言自語、唱歌或吟詩，以打破單調的狀態。又過了不久，許多人變得情緒激動和焦慮，連簡單的數學和字詞聯想測驗都無法完成。但是，焦慮不安和對認知產生負面影響還不是最糟的，令人震驚的是，當人處在孤立狀態而把刺激降到最低時，會產生精神病。他們開始出現幻覺，看到光點、線條或形狀，甚至有人自述看到松鼠肩上背著袋子行走或一列眼鏡走過街道。他們似乎無法控制自己看到什麼：一個人只看到狗，另一個人看到嬰兒。

除了幻視，有些人出現幻聽，聽到音樂盒或合唱團的聲音。有人出現觸幻覺，感覺到手臂被槍枝射出的小球擊中，另一個人伸手去碰門把，結果覺得被電擊。

參與者變得迷茫且痛苦，無法繼續下去，導致實驗不得不中斷。海伯原本預期觀察六個星期，最後只有幾個人撐過兩天，沒有人撐過整星期。海伯在《美國心理學家》（*American Psychologist*）期刊中說，「實驗結果令人不安，僅是將一個健康大學生的視覺、聽覺和身體接觸奪走個幾天，就足以使他心神不寧，動搖生命的根基。」

二〇〇八年，臨床心理學家羅賓斯（Ian Robbins）和英國廣播公司合作，在實境節目《徹底隔離》中複製海伯的實驗。節目中，六位參與者被關進曾作為核戰碉堡的隔音間裡四十八小時，得到的結果類似。參與者感到焦慮、產生劇烈情緒、妄想，心智功能顯著惡化，而且變得精神失常並且出現幻覺。

其中一位參與者是喜劇演員亞當・布倫（Adam Bloom），他在十八小時後出現妄想的症狀，害怕被困在碉堡中，二十四小時後，他開始不停來回踱步。羅賓斯博士表示，「這種行為常在動物被監禁時出現，人類也不例外，以此為自己提供身體上的訊息輸入。」

過了四十個小時，布倫開始精神失常，他生動描述看到五千個空的牡蠣殼，「我清楚看見牡蠣殼上的珍珠光澤。」他解釋，「然後我感覺那個房間好像要從我下方起飛。」另外兩位參與者也描述了他們的幻覺。在郵局工作的米奇在看到蚊子和戰鬥機在旁嗡嗡作響時嚇壞了，心理系學生克萊兒不介意看到小小的車、蛇或斑馬，但因為突然感覺還有別人在房裡，而感到害怕。

我們的靈長類動物表親就像人類一樣難以適應與世隔絕的生活，最生動的例子來自心理學家哈洛（Harry Harlow）一九六〇年代在威斯康辛大學麥迪遜分校的恆河猴實驗。他讓幼猴在出生後單獨隔離數個月，甚至長達數年。這些猴子三十天後變得極其不安，隔離一年後，社交能力完全被毀掉了，沒辦法彼此互動。

孤獨可以讓人——和猴子——瘋掉，但問題不只是孤獨。在童年的關鍵發展時期，沒有與他人進行正確接觸或得到支持，可能會導致深層情緒與心理問題，從精神科醫師鮑比（John Bowlby）於一九三〇年代在倫敦兒童輔導診所的觀察中可以證明這點。鮑比治療了許多情緒障礙的小孩，他發現孩童與母親分離會經驗到強烈的痛苦，就算有其他照顧者餵養他們，也無法減輕焦慮。

這些研究讓我們清楚看到人類需要社會連結的程度，就和需要氧氣一樣強烈。有趣的是，人類似乎也有其他心理需求，例如酬賞和渴求新奇事物。我們對新事物的需求又稱為「喜新性」，演化生物學家認為，人對探索新事物的喜好的確隱含著維繫生命的意義。就像蓋勒格（Winifred Gallagher）在著作《新東西》（*New: Understanding Our Need for Novelty and Change*）中指出，人類大腦在生物層面傾向尋求新奇事物，用以幫助我們在災難性的環境變動中存活，「我們對於回應新事物極有天分，這使得我們能區別於其他生物，在八萬年前免於絕種，並促使我們從長久的狩獵採集時期，經過農業和工業時代，進入資訊時代。」

蓋勒格指出，嬰兒從匍匐爬行起，便開始尋求不同的新鮮事物，這個特質激發了一種維持生命和提升生活品質的創新能力，讓人類發明了弓箭、冰箱到電腦等各種事物。不幸的是，這種與生俱來對新奇事物的渴求在資訊時代可能令人難以承受，因為每個超連結、推特、簡訊、電子郵件和 Instagram 上的照片都是體驗新事物的機會；就好像酗酒者置身酒舖，或熱愛巧克力的人走進威利．旺卡的巧克力工廠，太多尋求新奇的機會，反而讓人因過度刺激而精疲力盡。

至於人類對酬賞的需求呢？我們知道人類喜歡可以活化多巴胺的酬賞，演化機制透過「多巴胺搔癢」，激勵人去追求某些能夠維持生命的活動，如吃東西或性愛，因為多巴胺令人**感覺良好**。但數位刺激也讓人感覺良好，而且能夠以類似方式點燃我們的多巴胺酬賞路徑。

那麼，把人類對於連結、酬賞和新奇事物等相互交織的需求玩弄於股掌之間的現代數位科技，到底帶給我們什麼？最簡單的答案就是上癮。或者，至少很容易螢幕成癮。懷布羅博士說，「大腦本來就傾向尋求立即的酬賞。有了科技後，新事物就是一種酬賞。基本上，我們對新事物上了癮。」可以帶來多巴胺搔癢的簡訊和社群媒體不斷更新，餵養腦中的享樂路徑，正是問題所在——許多成人和小孩發展出強迫性、成癮性的簡訊與社群媒體使用習慣，這些東西能逗得多巴胺酬賞路徑開心，滿足了對新東西的渴求。然後，就像所有成癮者，沒有這些東西，就會出現戒斷症狀。

簡訊效應

二〇一〇年，一項馬里蘭大學的研究要求兩百位學生放棄使用社群媒體二十四個小時，包含簡訊。許多學生表現出戒斷、渴望使用與焦慮的跡象。「傳簡訊和即時訊息給朋友，讓我感到慰藉。」一個學生說：「如果無法享受這些東西，我會覺得孤單，好像與外界隔絕了。」另一個學生直接說，「我明顯上癮了，那種依賴很難受。」

根據發表在美國心理學會《流行媒體文化心理學》（*Psychology of Popular Media Culture*）期刊、針對千禧世代通訊習慣進行的研究：「簡訊使用者在過去十年劇烈增加。」許多傳簡訊的青少年都有類似上癮的症狀和行為。這些青少年和強迫性賭徒有許多共通之處，包括失眠、無法中斷活動，以及為掩蓋花在這件事的時間而有說謊傾向。

令人震驚的是，這項超過四百位八年級與十一年級生的研究發現，只有百分之三十五的青少年與他人進行面對面的社交，而高達百分之六十三的青少年如今主要透過簡訊與人交流，平均每天傳送一百六十七則簡訊。這個研究澄清了「強迫性傳簡訊」和只是「大量傳簡訊」的差異，傳訊的頻率本身不等於強迫行為，就好像用藥過量不等於上癮，關鍵在於那種物質或行為對一個人及生活造成的**影響**。

專精於簡訊研究的蘭德曼（Kelly Lister-Landman）解釋：「強迫性傳簡訊必須包含試圖停止而失敗，有人挑戰他的行為就變得充滿防衛，而且因為無法中止傳訊而感到挫折。」儘管男孩和女孩傳訊息的頻率相當，但女孩出現問題的機率顯然高於男孩，百分之十二的女孩符合「強迫性傳簡訊」的標準，跟男孩的比例是四比一。這顯示女孩對於傳簡訊的行為在情緒／心理層面的依附較為強烈，因此更難控制。以酗酒來比喻，就是兩個人喝一樣多的酒，但無法停止喝酒或會因喝酒而說謊的人，飲酒問題較嚴重。

強迫性傳簡訊甚至導致一種稱為「簡訊頸」的病徵，竟然還有一個醫療機構專門治療這種問題。脊骨神經醫師費斯曼（Dean Fishman）博士發現大量年輕病人湧入診所，主因都是與使用手機有關的頸背和肩膀疼痛，於是在佛羅里達州開設了專門的研究機構。費斯曼博士說，「我注意到因疼痛而走進診療室的小孩，多半隨時在看手機。」不僅如此，他發覺這種盯著手機的姿勢很容易造成問題，「他們採取頭部前傾姿勢。父母們對這種姿勢原本不甚在意，但我將之稱為簡訊頸以後，大家變得反應熱烈。我決定申請商標，幫助大家改善拿行動裝置的姿勢。」

強迫性傳簡訊也導致其他問題。研究發現，強迫性傳簡訊和學習行為不佳有關，早前的研究也說明「傳簡訊過度」（每天傳送一百二十則簡訊）對行為和心理造成影響。根據凱斯西儲大學醫學院二〇一〇年的研究，百分之二十的青少年都屬於傳簡訊過度，他們出現不健康行為和心理問題的風險較高：嘗試喝酒的機率是普通人的兩倍，使用非法藥物的機率高出百分之四十一，性行為的比率將近三點五倍，曾有四個以上的性伴侶的機率高出百分之九十。

我們該怎麼解釋這些傳簡訊導致行為問題的統計數據？首先，一個人「強迫性」傳簡訊或傳簡訊成癮，顯示他有衝動控制的問題。較難控制衝動的人自然在其他生活領域較為衝動，包括嘗試藥物、飲酒過量和性行為。

這有點像推論一個體重超重者（排除甲狀腺問題）可能也有其他自我控制問題或強迫性行為。的確，從薛佛博士的症候群模式得知，容易成癮的性格以許多不同方式展現，強迫性傳簡訊並沒有「導致」另一個問題行為，只是反映出一種衝動的性格類型。不過，從另一角度來看，根據社會學習理論，人類會模仿同儕的行為。假如我有數百個同儕都在傳簡訊和使用社群媒體，那麼我接觸某些問題行為的機率也會提高。

例如，我和十個孩子作朋友，其中有一個人抽大麻，還有多重性伴侶，這對我的行為造成影響的機率很小。如今透過社群媒體，我和數百個小孩做朋友——如果其中有四十或五十人有多重性伴侶，或服用維柯丁（Vicodin）或贊安諾錠（Xanax）呢？群體對我個人行為的影響力就增強了。

社群媒體與真實連結的錯覺

不過，比起以數位途徑產生連結的成癮，更令人擔憂的，也許是電子連結似乎**無法滿足**我們對真實人際接觸根深柢固的需求。實際上，數位世界產生社會連結是一種**錯覺**，因為有個媒介讓多巴胺受體持續高度連結，我們就像帕夫洛夫的狗，以為下次叮咚聲響起就能保證隨著簡訊、即時通、推特、臉書動態或Instagram照片的到來，而產生新奇愉悅感。

或許就像海利在TED演講的結論，「我越來越常覺得，我們（以為）擁有的連結，就像是對人際連結的一種**搞笑模仿**。」他解釋，「如果你的人生出現危機，你會發現坐在你身旁的不是推特上的追蹤者，讓情況好轉的不是你臉友，而是現實生活的好友。你們有過深刻、細緻、實際接觸的面對面關係。」

海利的洞見受到牛津大學人類學家兼演化心理學家鄧巴（Robin Dunbar）博士的支持。近二十年前他提出著名理論：一個人可以擁有一百五十個認識的人，但只和差不多五個人維持**親近的關係**——我們的腦就是應付不了更多人。一百五十被稱為「鄧巴數字」，也就是任何人在認知極限內可以維持穩定關係的人數。

他在研究靈長類動物的理毛習慣和社會群體時發展出這個理論，當時是一九八〇年代，馬基維利智力假說（Machiavellian Intelligence Hypothesis，現稱「社會腦假說」）正當紅：大型靈長類動物透過生活在複雜的社會群體中，以發展出大型的腦——有特別大的新皮質。社會群體越大，新皮質就越大，尤其是額葉。所以理論上，如果新皮質的大小隨著社會群體的大小而改變，那麼從新皮質的體積應該就能預測靈長類動物或人類的群體大小。鄧巴教授計算了新皮質體積與腦部總體積、平均群體大小的比率，然後提出一個神奇數字：一百五十。他指出，只要超過這個數字，我們的社會腦就難以應付和處理。

但鄧巴數字代表了橫跨一定範圍的幾個不同數字；一百五十人代表普通朋友或認識者的人數上限。這個數字隨著鄧巴稱之為「三的法則」的精準公式而產生：下一步是我們稱為朋友的人，大概五十個左右——你經常看到他們，但不太把他們當成真正親近的朋友。再下一步是十五個人組成的圈子：遇到大部分的事情，你可以向他們求助或傾訴。最後，最親密的鄧巴數字是五個人：**你最親近的朋友**，最信任的小圈子，當你遇到嚴重情況（比如凌晨三點遇到危機）時，你會打給他們。

鄧巴發現這些數字在整個人類史上非常一致：典型的狩獵採集者社區約一百五十人，小村莊的平均規模歷來也是如此。有趣的是，社群媒體並沒有改變這種狀態。印第安納大學的岡薩爾維斯（Bruno Gonçalves）想知道推特有沒有改變使用者可以維持的人際關係數量，結果發現，每個人追蹤並維持穩定連結的人數，依然介於一百到兩百之間。

重要的是，我們保持面對面接觸的那一小群親近朋友的人數。鄧巴把這種特性歸因於所謂的「共享經驗效應」：當你和某人一起大笑或流淚、一起參加社交活動或共進晚餐、一起**體驗人生**，就會加深社群媒體無法取代的社會連結。

在社群媒體中，你可以「分享」資訊給臉友或對某篇文章「按讚」，你可以和許多人在 YouTube 觀看同一支黑猩猩跳舞的爆笑影片，但這和你們一起做某件事不同，這就是鄧巴所謂「共享經驗的同步性」。實際生活中的友誼或許包含了臉友無法取代的**生理**層面。鄧巴也關注身體接觸的重要性，他說：「我們低估了碰觸在社會世界的重要性。」靈長類動物在理毛時，腦內啡系統會受到活化，人類當然也是。鄧巴在一系列研究中證明，身體輕輕觸碰會觸發腦內啡反應，而那對創造人際的連結非常重要。鄧巴表示，我們的皮膚有一組神經元對於輕撫產生反應，對其他種類的觸碰則不會。「我們認為這就是那些神經元存在的目的。」就像多巴胺會刺激吃東西和生育，腦內啡在身體接觸時釋放，似乎可以刺激人類的觸碰與連結。臉友無法拍我們的背、揉我們的膝蓋或擁抱我們。

鄧巴也十分關注數位世界對孩子發展的負面影響。我們知道童年經驗對發展社會互動、同理心及人際技巧的腦區非常重要，如果過早剝奪了一個孩童互動與觸碰的經驗，例如，他的社會互動多半是透過螢幕來進行，那麼這些腦區便無法充分發展。

數位環境下的螢光小孩長大後是什麼樣子？「完全無法預測。我們還沒見過從小和臉書類媒體一起長大的世代。但不難想像這些人社會性較低。這很不妙，因為人需要提高社會性，我們的社會已經變得如此巨大了。」

多麼諷刺，在這個社群媒體時代，我們的社會性卻受到阻礙。如同海利指出的，我們創造出真實連結的搞笑模仿，臉書上有五百個好友給我們一種與社會緊密連結的錯覺，但被犧牲的往往是面對面的真實友誼。

如果一個人——特別是小孩——沒有真實生活的連結，而且本來就感到與人疏離和沮喪，那會發生什麼事？連結的錯覺造成的傷害比帶來的益處更多。已經有幾個研究推翻了「把偉大的社群媒體當作有意義的社會連結」這類迷思，因為社群媒體和情感性疾患及較高心理健康問題發生率有關。

擁有十二億活躍使用者的臉書沒有為人類帶來幸福，反而導致一種名為「臉書憂鬱症」的現象。一個人在臉書上擁有越多好友，憂鬱症機率越高。另外，一個人在社群媒體上花越多時間、傳越多簡訊，不止憂鬱，上癮機率也更高，還真是雙重打擊！而成癮只會進一步助長孤立，讓人和健康的活動及真實社會更加失去連結。

前述凱斯西儲大學的研究也檢視了社群網站使用過度的狀況，也就是每個上學日花三小時以上瀏覽社群網站。符合過度使用標準的學生佔了百分之十一點五，他們憂鬱、物質濫用、睡眠不佳、壓力大、學業表現不佳、自殺機率較高，此外還多半擁有較放縱小孩的家長。更糟的是，這些青少年嘗試性行為的機率高出百分之六十九，擁有四個以上性伴侶的機率高出百分之六十，曾使用非法藥物的機率高出百分之八十四，打架的機率高出百分之九十四。

該研究的主持人法蘭克（Scott Frank）表示：「這個驚人的結果意味著，如果保持連結的方法只剩無法控制的簡訊和其他普遍受到歡迎的方式，可能會危害青少年的健康。這應該作為父母的警鐘，提醒家長要避免小孩過度使用手機或社群網站。」

我們來檢視臉書憂鬱症背後的動力。二〇一五年，休士頓大學發表在《社會與臨床心理學期刊》（*Journal of Social and Clinical Psychology*）的研究，證實了使用臉書可能導致憂鬱症狀。憂鬱心情變強烈的機制是什麼？那是一種稱為「社會比較」的心理現象，我稱之為「同學會效應」。我們都會跟同儕或以前的同學做比較，這是種天生的傾向，如果他們看起來過著美好充實的生活，而我們剛好有點陷入低潮，就會覺得自己比較糟。臉書上不停出現高喊「看看我！」的假期精彩片段和可愛嬰兒照片，讓一個本來已經感覺低落的人變得嫉妒和憂鬱。研究者史蒂爾斯（Mai-Ly Steers）表示，「這不表示臉書導致憂鬱，而是憂鬱的感覺和花很多時間在臉書及和別人的比較上，兩者關係密切。」

二〇一四年一篇名為〈臉書的情緒性後果〉的研究發表在《人類行為中的電腦》（*Computers in Human Behavior*）期刊，奧地利茵斯布魯克大學的格雷特梅爾（Tobias Greitmeyer）和薩基葛露（Christina Sagioglou）針對三組不同的參與者分別執行了三項研究。

第一項研究顯示，花在臉書的時間越長，心情越差。第二項研究提供「足以證明這個效應因果關係的證據，與另兩個控制組比起來，在臉書上活動導致心情惡化。」研究中，實驗組花時間上臉書，控制組則瀏覽網路，但不包括社群網站。

為什麼上臉書讓人感覺較糟？除了「社會比較」效應，還有另一個理由：比起瀏覽網路，上臉書似乎被評價為較沒有意義、較沒用、較像是在浪費時間，導致心情變差。詢問這些人上網時的感覺，以及覺得上網是否「有意義」，你會發現**滑臉書產生的「無意義感」與心情有直接關係**。

薩基葛露說，「無意義感確實會影響心情。如果你不認為自己在做的事情有意義，那麼心情不好一點也不意外。」

如果滑臉書讓人感覺糟，為什麼還要繼續滑？第三個研究企圖回答這個重要問題。實驗過程中，參與者表示他們**期待**上臉書心情會比較好——儘管實情相反——這就是所謂的「情感性預測錯誤」，類似於心裡想著「吃巧克力蛋糕會讓我心情很棒！」吃完蛋糕後卻因為面對令人沮喪的現實而受到打擊。

成癮領域對此現象並不陌生，我的解釋是，有些東西一開始會**短暫地**讓我們心情變好，如巧克力蛋糕、臉書、海洛英，它們會活化多巴胺，而且曾經讓我們感覺良好。我們聚焦在記憶中體驗過的良好感受，亦即所謂「欣快回憶」，並傾向不去記住在進行這個活動時有哪些不愉快的狀況或實際情形出現。從神經學的觀點，我們知道活化多巴胺的誘惑有時可以壓過額葉皮質「明知不該為」的理性想法。

研究顯示，臉書可能導致社群網站成癮。紐約州立大學阿爾巴尼分校邀請兩百五十三位大學生填寫一份改編自問題性飲酒的評估問卷，結果近百分之十的人有「線上社群網站使用異常」的情況。換句話說，他們在使用臉書方面有類似物質成癮的問題，包括戒斷症狀、渴求和耐受性提高。一篇名為〈好友太多、讚數太少？演化心理學與臉書憂鬱症〉的文章刊登在二〇一五年的《普通心理學評論》（*Review of General Psychology*），作者是都柏林大學學院的布利斯（Charlotte Rosalind Blease），他對臉書憂鬱症的相關研究提供了一份總覽。

布利斯推斷，臉書使用者比較容易受到以下幾個觸發憂鬱症的成因影響：一、「好友」的人數越多。二、使用者花越多時間瀏覽朋友的動態。三、使用者瀏覽朋友動態的頻率越高。四、貼文內容自吹自擂成分越高。布利斯指出，臉書使用者留下的極端負評也可能導致低自尊和憂鬱。早在二〇〇四年，心理學家蘇勒（John Suler）就創造出「網路去抑制效應」這個詞，形容人在網路上的互動，比面對面的時候更加直接、喜歡嘲弄、刻薄或充滿攻擊性，如果是匿名發表，這個效應更加強烈。

我們知道人在實際接觸時會比較有禮貌，而彼此距離越遠，態度就越殘酷粗暴。此外，眼神接觸可以加深人際連結，你很難看著對方的眼睛說出傷人的話。這就是為什麼有些人會用簡訊來分手，因為不用親自面對對方比較輕鬆。就像在別人背後（或匿名寫部落格）做殘忍的事，也比當著別人的面做同樣的事來得容易。

壞女孩、社群媒體與自殺

孩童使用數位工具的習慣，似乎因性別而分歧。在這個充斥著成癮性螢幕的美麗E化新世界，如果說，電玩是男孩的數位古柯鹼，那麼社群媒體和簡訊對女孩則產生了一樣的影響，因為傳簡訊或社群網站使用過度的人當中，以女性佔多數。

不幸的是，社群媒體**放大**了原本就存在的年輕女性動力，不安感增強了。隨著社群媒體降低社交品質又助長孤立，壞女孩的網路霸凌在如同虛擬回音室的推特上被一再傳播，所謂臉書憂鬱症及與網路霸凌相關的青少女自殺事件大量氾濫，都是社群媒體的副作用。

過去幾年來，我做過約二十四次的自殺風險評估，發現因憂鬱而想自殺的年輕人總是非常投入社群媒體。事實上，許多因為自殺意念而被轉介給我的年輕人之所以這麼沮喪，就是在社群媒體上遇到困境——網路霸凌、發色情簡訊時出了問題、被刪好友。

「我不想活了。」

「為什麼？」我問坐在我對面的藍髮年輕女孩。

「我喜歡上一個男的，我們約會過。他把我寄給他的照片——一張裸照——貼在Instagram上……現在Instagram有個頁面上就是我的照片。大家都在笑我，我再也受不了了！」這種通常被稱為的「蕩婦頁面」，就是青少年族群的「紅字」。一個年輕女孩屈服於壓力而送出自己的裸照，照片卻出現在公開網站，結果讓女孩同時被學校裡的男孩和女孩羞辱。社群媒體似乎讓女權運動倒退了幾個世代。我判斷這位女孩的情形不是所謂「急性自殺」之後，聯繫了她的家長，她最後離開學校，到另一間私立學校就讀。

相對於其他情況，自殺意念可能更為緊急，需要到精神科住院治療。我最近就遇到這樣的案例。艾蜜莉剛轉學，努力融入新學校。她漂亮、善於社交，似乎適應良好。不幸的是，她對適應與融入付出的努力也包括了陷入社群媒體漩渦，當她開始和壞女孩互動後，就發生了戲劇性事件。她在英俊但狡猾的新男友施壓之下用 Instagram 傳了露骨照片給他，最終證明這段關係雖然短暫，但那些照片的保存期限卻非常久遠。很快地，大家手上都擁有艾蜜莉的裸照。

這個案例和藍髮女孩不同，把她逼到極限的，不是她的私人照遭大肆散播，而是她母親威脅她要斷絕所有社群媒體。她母親在艾蜜莉還坐在我辦公室時傳來了訊息，說正在來接她的路上，並宣稱將無限期禁止艾蜜莉使用手機和電腦。當時艾蜜莉開始發抖、啜泣和過度換氣，我試著讓她冷靜下來，鼓勵她慢慢呼吸，同時安慰她一切都會沒事。但她的恐慌徹底發作。

她邊喘氣邊啜泣，「這樣我會只剩下一個人……孤單一個人！」她的身體發抖並且前後搖晃，反覆大喊「孤單……一個人……」真令人心碎。你可以感受到失去手機對她來說代表著被孤立，充滿了悲痛與恐懼。她母親抵達時，她表示回家後要上吊自殺，因此她被送進精神科，遭強制住院幾星期，並接受藥物治療。

令人難過的是，她在精神科醫院青少年部門的時光並不愉快。和她恐怖的遭遇比起來，電影《女生向前走》的情節就像在公園散步那麼輕鬆。她被另外三個病情嚴重的女孩暴力襲擊，被施以足以讓一頭大象倒下的大量精神科藥物。她母親因此驚恐到失控的程度。對她而言，一眨眼，那個曾經漂亮又活躍於社交的女孩，變成了受到多重打擊且用藥過度的精神病人——全因為她可能失去手機而淪為「孤單一人」，帶給她足以碾碎靈魂的恐懼。

她的手機顯然是她的命脈，連結到她的社交世界，在她明顯對手機成癮的同時，也提供她減緩焦慮的撫慰。這讓我想到抗焦慮藥物如贊安諾錠或氯硝西泮形成的雙面刃。這些藥物在減緩焦慮方面效果奇佳，但也具高度成癮性，除非焦慮原因獲得治療，否則就會更惡化，對藥物越來越依賴。同理，社群媒體或許暫時減緩了寂寞與孤立感，但並未解決對於真正深度連結的需求。沒有真正的友誼，對於電話和各種社群媒體網站的依賴越演越烈。拿走了那根拐杖，就會像艾蜜莉那樣崩潰。

不幸的是，像艾蜜莉這樣的例子在高中、甚至國中益發常見，而且很遺憾，有些青少年的自殺確實和社群媒體的議題及觸發因子相關。但我必須鄭重澄清，人想要結束自己的生命，必然有其情緒或精神因素，使他們更容易受社群媒體上的羞辱或霸凌造成的後果影響。儘管如此，我們也確實深知社群媒體對於精神狀況會造成火上加油的效果。

以下就是這類案例。

梅根．邁爾（1992-2006）

梅根是個掙扎於注意力缺失症和憂鬱症漩渦的女孩，而且體重超重。她在二〇〇六年找到了短暫的幸福，當時，一個名叫喬許的十六歲男孩在MySpace上邀梅根加入好友。兩個人雖然從未親自碰面或通電話，但線上接觸頻繁。梅根的母親說，「梅根一輩子都掙扎於體重和自尊問題，現在終於出現一個男孩真心覺得她漂亮。」

十月，喬許傳來殘忍的訊息，說再也不想跟梅根當朋友。訊息內容越來越傷人，最後一則訊息是「這個世界沒有你會更好。」網路霸凌情況開始惡化，她的同學和MySpace的「好友」開始發送更傷人的訊息。

不久，梅根在臥室衣櫥裡上吊，她母親在她離開電腦二十分鐘後才發現。她在隔天過世，距離十四歲生日只有三個星期。這件事之後的同年秋天，一位鄰居告訴梅根的雙親，「喬許」這個人根本不存在，那個 MySpace 帳號是由鄰居德魯、她十八歲的員工格理爾斯和她十多歲的女兒一起建立的——德魯曾是梅根的朋友。

一年後全國關注到這個案子。儘管郡檢察官拒絕對此案提出刑事指控，但聯邦檢察官指控德魯一項串的罪狀，以及未經授權取用受保護的電腦而違反《電腦詐欺及濫用法》。聯邦大陪審團於二〇〇八年以四項罪名起訴德魯，但美國聯邦地方法官在二〇〇九年八月宣判德魯無罪。

梅根的母親除了成立梅根・邁爾基金會，也密切協助密蘇里立法機關在二〇〇八年通過《參議院第八一八號法案》（非官方名稱為《梅根法》）。二〇〇九年四月，美國加州的眾議院議員桑切斯（Linda Sánchez）提出《梅根・邁爾網路霸凌防治法》——可惜未通過。

潔西卡・羅根（1990-2008）

十八歲的潔西卡是斯卡摩高中的高四生，她上傳了自己的裸照給男友。不幸的是，他們分手後，那張照片在辛辛那提地區被至少七所高中網路廣為散播，然後繼續發送給其他數百位青少年，網路霸凌透過臉書、MySpace和簡訊肆虐。潔西卡無法應付虛擬世界的嘲弄，在出席另一個自殺身亡的男孩葬禮後，上吊自殺。

霍普．韋素（1996-2009）

在類似案例中，霍普十三歲的男友也把霍普的胸部照片散播給佛羅里達六所學校的學生。沒過多久，MySpace上出現一個「霍普仇恨頁面」，導致更多的網路霸凌行為。最後，霍普無法忍受嘲笑而上吊自殺。

上例潔西卡的父母亞伯特與辛西亞對斯卡摩高中和蒙哥馬利警方提起訴訟，認為裸照事件後，校方和警方在保護女兒免於霸凌及騷擾方面做得不夠。他們也在二〇一一年四月對希爾斯波羅郡的學校主管人員提起訴訟，因為他們在得知霍普的自殺意念之後，未能採取適當行動。

二〇一二年二月，俄亥俄州州長凱西克（John Kasich）簽訂了《眾議院第一一六號法案》（又稱《潔西卡．羅根法》），這項法律是針對網路霸凌而制定，並擴大了反騷擾政策。

萊恩．哈里根（1989-2003）

萊恩是個特教學生。特教生向來是校園霸凌者的目標。二〇〇三年二月，萊恩反擊了霸凌者，結束了騷擾行為，甚至和這位前霸凌者看似成了朋友。

不幸的是，就在萊恩和他的新朋友分享了一個難為情的故事後，那個男孩造謠宣稱萊恩是同性戀。二〇〇三年夏天，萊恩以為成功和一位漂亮又受歡迎的女孩透過 AOL 即時通開啟了友誼，後來發現那女孩和朋友是故意設計誤導，讓他以為女孩對自己有意，藉此取笑他，並騙他分享更丟臉的內容。她把那些內容貼到和朋友的通訊對話中。

二〇〇三年十月七日，萊恩在浴室上吊。他父親在萊恩身亡後找到一個資料夾，裡面是那段日子的通訊內容，他才明白所謂科技被用來當作武器的效力，遠超過我們小時候使用的簡單科技。

儘管那時還沒有適用法條而無法提出刑事指控，但在萊恩逝世七個月之後，佛蒙特州州長道格拉斯（Jim Douglas）簽訂了《佛蒙特州霸凌防治法》，萊恩的父親約翰（John Halligan）也發起《佛蒙特州自殺防治法》，該法案順利在二〇〇六年四月通過。

亞曼達・陶德（1996-2012）

亞曼達在二〇一二年九月十二日製作了一支題為「我的故事：奮力掙扎、霸凌、自殺、自我傷害」的 YouTube 影片，這位英屬哥倫比亞省青少年用閃示卡描述被勒索和霸凌的恐怖經驗。就讀七年級時，亞曼達在視訊聊天室認識一個陌生人，對方說服她在鏡頭前裸露胸部，然後拍了下來。這名陌生人試圖用照片勒索亞曼達，照片被散佈到網路上，包括有個臉書個人檔案用那張上空照當作大頭貼使用。

「那個誘使她裸露的網路跟蹤狂一直跟蹤她，」亞曼達的母親說，「她每次轉學，他都用假身分在臉書上和她成為好友。」那令人心痛的 YouTube 短片被觀看次數達一千七百萬次。影片上傳一個多月之後，二〇一二年亞曼達在家中上吊。這件事經過加拿大《CTV 新聞》報導，立法機構已經考慮擬定全國性的霸凌防治策略。

社群媒體、脆弱女孩與性掠奪者

在尚未出現社群媒體的年代，肯定也有性掠奪者、惡棍埋伏在暗處，等待某個女孩（她或許迷失或不安，可能剛和父母吵過架）出現，趁機佔便宜。但這些人是真實可見的妖魔，謹慎的家長可以提防，如遊樂場邊帶著色瞇瞇眼光的男人、過分友好的店員，或在購物中心遊蕩的怪人。

但現在這些人就在你女兒的臥室，他們成功通過大門，穿過父母用來保護孩子的盔甲，進入筆記型電腦。性掠奪者和性販運者不再只能埋伏在街上等待受害者，他們透過Instagram、臉書、Kik、Tagged、推特傳訊給數千位年輕女孩，還有一股朝向WhatsApp和Snapchat發展的趨勢，這些訊息會隨著時間蒸發，抹去犯罪的電子足跡。「只要有一個人回應……人口販運者就可以快速利用那個女孩賺進數千美元。」FAIR女孩創辦人兼主任包威爾（Andrea Powell）說道。「FAIR女孩」是個以美國為基地的非政府組織，旨在向全世界遭到販運的女孩伸出援手。

《赫芬頓郵報》報導了一個叫霍普的十七歲女孩的故事。「一切起因於我在某個社群網站貼文宣稱『我恨我媽媽！』」她回想，「當時一個女人回訊給我，說我可以去跟她住，邀請我參加派對。四十五分鐘後她真的出現了，然後我就跟她走了。」

接著，這個女孩被帶到汽車旅館，一個男人毆打她、對她下藥，最後她被迫淪為性工作者，最多一天要接二十個男人。在經歷了三個星期、輾轉流連八個州的痛苦歷程之後，終於獲救。「我再也無法回到原來的霍普了，我再也不是那個女孩。」她說。

像霍普這樣的故事多達數百萬，全球有近兩千一百萬個人口販運的受害者，據聯合國國際勞工組織的說法，這個產業總值一千五百億元，其中有四百五十萬人被迫從事性工作。

包威爾表示，他們在華盛頓特區和馬里蘭州協助的案例當中，百分之九十都是經由線上販賣，性販運者常在社群網站聯繫年輕女孩，並邀她們參加派對、在購物中心見面，或者跟她們成為朋友以誘拐她們。

我訪問了「希望之家」執行長卡洛索斯（Anastasia Karloutsos）。「希望之家」是一個讓性販運受害者重獲安全與療傷的寄宿組織。卡洛索斯身材高挑，氣度不凡，她擁有社會工作的碩士學位，滿懷熱忱致力於幫助這些年輕女性。「這個問題在國內非常氾濫，我們真的允許有人透過 Backpage 這類網站販賣我們的孩子。我見過數千個未成年兒童的身體被販售、生活被摧毀，許多獲救的兒童描述一天被不同的人強暴二十次。」

誘拐過程是這樣的，「有些人是離家出走時遇上皮條客，對方承諾提供食物、住所和家庭，有些人則流連網路，滿懷希望找個好男友，因此被誘騙。有的女孩在線上認識某個沒有臉孔的男人，待她好、關心她，而且耐心傾聽她和父母、學校或朋友老師之間的問題，聲稱可以讓事情好轉。」

但那只是為了誘騙。「然後他要求對方傳送照片，不止一張。通常剛開始不會要求上傳露骨照，但此後性的成分越來越高，一步步誘騙受害者。等到雙方見面時，女孩已經自投羅網。他威脅把東西（那些照片）曝光，羞恥感讓女孩們回不了頭。一旦陷入那種境地，她們就像掉進愛麗絲的兔子洞，想翻身並不容易。」

我問她擔不擔心人口販運者和皮條客會回頭來找已經逃走的女孩，她的回答令人心碎。「不，我們不擔心。那些男人不會來找這些女孩。因為很不幸，還有太多潛在的受害者遍佈各處，他們不會在這些女孩身上花太多精神。」是的，網路上有數不清的可能受害者，這些女孩一點都不特別。

安娜塔西亞對因為性販運而惡名昭彰的網站（如 Backpage）能夠繼續營運表示憤怒，但這些網站受到憲法第一修正案的保護，而且廣告經常用代號表示不同年齡的小孩，寫在廣告上的通常是合法「伴遊」服務。

不過還有一線希望。二〇一五年紐約檢察長辦公室宣布和臉書合作以打擊兒童性販運，包括以科技協助執法單位找到作案者及營救被害者。接著，北達科他州的眾議員諾姆（Kristi Noem）在議會提出〈禁止以廣告宣傳被剝削受害者法案〉，賦予執法單位資源和能力，大眾可以起訴協助性販運者刊登廣告的公司。

根據諾姆眾議員的說法，「國內的性販運有百分之七十六都發生在網路。超過五千個不同的網站每天販售兒童和女人的性服務。」諾姆指出背後的營利動機：「Backpage透過偽裝成伴遊服務來販賣人口從事性工作，每個月賺取數百萬元。」雖然提出的法案遭到許多主張言論自由的團體反對，但要為刊登性販運小孩的隱晦廣告的網站辯護並不容易——Backpage 的律師已經承認這些廣告出現在該網站。

數年前，有個知名公益廣告對紐約的父母提出呼籲：「現在是晚上十點，你知道你的孩子在哪嗎？」今天，要回答這個問題依然困難，只要臥室有電腦，你的小孩就不是獨自一人，而且可能不安全。在這個新的世紀，廣告台詞需要改為：「現在是晚上十點，你知道你的孩子在線上和誰在一起？」

＊＊＊

我想多數明理的人都能理解簡訊是一種溝通方式，而社群媒體是一種保持連結的方式，兩者都在社會上佔有一席之地。但如果你希望孩子健康快樂，他們必須在真實生活中建立具有支持性又充滿關愛的關係，這點至關重要。如果他們無法完全捨棄臉書帳號和能傳簡訊的手機，那麼至少也等孩子發展成熟一些，再給他們使用，以免他們淪為科技成癮、臉書憂鬱症或傳簡訊過度的受害者。另外，即便他們長大了一些，研究顯示，在這個充滿社群媒體和簡訊的新世界，密切監控小孩的數位習慣和虛擬朋友也很重要。

但是當小孩進了學校，又該怎麼辦？一旦進入學校，家長顯然就不能監控孩子手機或電腦的使用了。要不要用手機，是個大哉問。

學校裡的手機問題

小孩在學校教室肯定**不需要**手機。認為小孩必須帶手機到學校，才能讓家長聯絡得上，簡直是荒謬的迷思。數十年來，家長都是打電話到學校聯絡孩子，現在為了要「和爸媽保持聯繫」，小孩在學校可以盡情使用手機傳訊、播音樂、看 YouTube 影片、發推特、在 Instagram 上面貼照片和打電玩。

在學校工作的可憐老師執行著「手機不准出現在視線內」政策，允許學生帶手機進學校，但不能在教室內使用，於是老師必須不停大喊「把手機收起來」，造成的混亂浪費了許多上課時間。

過去幾年，針對這個議題，學校政策有所轉變。二〇〇六年，在美國最大的學區（共有一百一十萬個學生的紐約市），市長彭博（Michael Bloomberg）全面禁止手機進入校園。這個政策引起人們對種族歧視的怒吼，因為只有用金屬探測器才能確保手機不會進入校園，而有金屬探測器的學校通常位於較貧窮的地區，許多學生都是有色人種。結果，貧窮地區的孩子每天早上把手機放在行動餐車或雜貨店，創造出高利潤的「每天一塊錢」手機寄放服務；而較富裕的學校沒有金屬探測器，小孩則熟練地將手機偷偷夾帶進學校，並且藏匿一整天。

直到二〇一五年三月，市長白思豪（Bill de Blasio）和教育局長法瑞納（Carmen Fariña）為了改善不平等的狀況，推翻了彭博的決定。因此，開始傳簡訊吧！

最近來自英國的研究顯示，手機進入校園對學業產生了負面影響，而且對於本來就處在邊緣的貧窮學生和特教學生最為不利。貝蘭德（Louis-Philippe Beland）和墨菲（Richard Murphy）檢視英國九十一所學校的手機政策在二〇〇一年後的轉變，並將成果和十六歲學生在國家考試的成績做比較。這份研究對象包含了十三萬名學生，發現禁用手機之後，學校的測驗成績提升了百分之六點四，而且對低成就學生（通常是貧窮或特教學生）的影響更為顯著，他們的平均測驗成績提高了百分十四。

研究者說：「研究結果意味著低成就學生比較容易因為行動電話而分心，而高成就者無論手機政策為何，都能在教室裡保持專注。」他們估計禁止手機在學業方面獲得的益處，「等同於再多上學五年」。

〈溝通不良：行動電話對學生表現的影響〉這項研究的主持者，甚至把矛頭指向大西洋彼岸的紐約市長白思豪解除學校手機禁令的不明智：「白思豪解除對行動電話的禁令，聲明用意在縮減不平等差距，卻造成相反的結果。讓學生帶手機進校園，對低成就與收入最低的學生造成的傷害最大。學校可以透過禁止在學校使用行動電話，顯著縮小教育成就的鴻溝，因此允許手機進入校園，可能無意間擴大了紐約的不平等。」

不幸的是，紐約市對手機禁令的解除，也引領了全國的趨勢。密西根大學教育學院助理教授、《從玩具到工具：將學生手機和教育連結在一起》（*Toys to Tools: Connecting Student Cell Phones to Education*）一書作者柯爾布（Liz Kolb）說，五年前禁止手機的學校中，有百分之七十正在翻轉原本的政策。「這個骨牌效應一開始很緩慢，現在已經成為一股浪潮。要對抗這股浪潮很困難，而且那麼多學生都擁有手機。」

但有些學校不肯舉白旗投降，例如英國的學校就正朝相反的趨勢發展。在二〇〇一年的調查中，英國沒有一所學校禁止手機，但到了二〇〇七年，有百分之五十的學校禁用手機，而到了二〇一二年已經有百分之九十八的學校，如果不是在校園內禁用手機，就是要求學生來到學校就先交出手機。

除了降低學業的表現，有人批評教室中的手機政策是因為擔憂越來越多網路霸凌和色情簡訊在課間發生，有人則把矛頭指向智慧型手機會增加作弊機會。然而，主要的關注點仍圍繞在如何爭取學生的注意力。葛蘭姆（Greg Graham）在中央阿肯色大學教授寫作，他說，「老師致力於爭奪學生的注意力。當然，這是一場古老的戰鬥，但在過去，學生的選項只有看窗外、傳紙條或丟紙團。而今大部分的老師都認為這場戰鬥越來越艱難。」

我曾在公立學校以心理健康專業身分工作多年，坐在教室裡觀察過無數學生。工作時，我有機會目睹各種濫用手機的現象，包括孩童在上課時不停傳簡訊、用耳機聽音樂或打電玩。老師氣惱地引導孩子把手機放下，但更多挫敗讓憤世嫉俗的老師變得無動於衷，任由學生隨時連線、不認真學習。

「我試了又試，最終只能放棄！」一位備受尊敬的高中自然老師這麼說。「不停叫學生『把手機收起來』佔去其他用功學生許多課堂時間，我決定聚焦在真正想上課的孩子身上。」我問她，在一個班級裡，多少學生有手機問題。「差異很大。有時五個，有時十或十二個。在一個二十五人的班級，我只能把力氣放在想唸書的孩子身上。」

我和那位自然科老師任教的郊區學校校長碰面。我知道他是個思慮周全、擁有高教育程度並關懷師生的管理者。但當我告訴他多數老師的怨言——以及倫敦政經學院所提出、把手機趕出教室後，學生成績提升的研究結果——他的反應讓我驚訝。

「尼克，我們沒辦法改變文化，家長不會允許這種事發生。」

「改變文化？這個『文化』不到十年前才形成，在教室裡使用手機並非什麼歷史悠久的傳統。」我用考試成績作為訴求：「如果讓家長看看研究數據，藉此來正當化這樣的改變——考試成績會提高，全面提升百分之六，特殊學生和社經背景較低的學生最高可提升百分之十四。這些孩子可是最無法應付手機誘惑的對象。」

他堅持立場：「我們辦不到。」然後他把錯怪到老師頭上，「我相信不管手機有怎樣的吸引力，一個能成功引起全班注意力的好老師，就可以打敗手機。」我回應，「你錯了。這個東西對某些小孩來說就像數位快克一樣；不管凱蒂・佩芮是不是騎著獨輪車在全班前面教代數，對某些小孩來說，手機的吸引力太強了。」在我們談話的同時，副校長也全程在辦公室——從頭到尾都在看手機簡訊。

這類案例中的問題超越了校長層級，而上升到學區辦公室和學區教育長的層級。有些知情人士讓小學裡出現螢幕的政策踩了剎車，禁止手機進入中學。但有些則否。有個學區的教育長本身是電腦老師，她下達清晰的指令：本學區全力擁抱科技，這代表互動式電子白板、Chromebook、電腦化課程，以及鼓勵老師用簡訊向學生交代回家功課，擁抱學生使用的科技。

有些家長聽說老師可以用簡訊跟學生交代回家功課，或是孩子可以用手機研究各種主題有多麼先進，但實際情況是，分心造成的負面影響遠遠超過在學校使用手機的好處。然而，這無法阻止科技公司強力地推銷商品。我最近出席了一場產品發表會，主角是提供給老師和學生使用的應用程式。那場活動了無新意，熱情過頭的主持人滔滔不絕向臉色難看的教師宣揚應用程式的好處。接著，主持人示範老師可以從程式中的問題銀行找到問題來問學生，再用學生的智慧型手機掃描上傳他的答案。

示範完畢後，由一群老師扮演學生的角色進行實際操作。想當然爾，這個科技產品不時有些小毛病引來陣陣竊笑，就連一群擁有碩士學位的大人都如此，我不禁想像對容易分心的十六歲學生來說，這一團亂有多麼好玩。我坐在後面心想，又是掃描、又是智慧型手機，這一切都只為了讓老師可以問一個該死的（預先用程式設定好的）問題？

我們真的已經離蘇格拉底的辯證法理想那麼遙遠、遠到需要把這個令人分心又上癮的數位藥物引入教室來掃描答案嗎？我們**真的**需要一支智慧型手機來教導二十個圍坐成一圈的小孩嗎？根據**真正的教育者**、而非科技公司推銷員葛蘭姆的說法：「從來沒有——未來也不會有——比近距離面對面更為動態的學習情境。我們應該用盡辦法保護這個不朽的環境免於干擾與令人分心的事物。」

不管學校採取什麼政策，家長都應該是最終的裁決者，可以決定自己的小孩能不能擁有手機，以及是否允許小孩帶手機去上學。如果小孩被允許帶手機上學，也至少要有所限制。而一旦孩子顯示出臨床疾患的徵兆，那麼需要的就不只是禁用手機了。

6／臨床疾患與螢光小孩效應

幾年前，我有個名叫羅伯的年輕個案，他患有亞斯伯格症候群，這種疾患在自閉症類群中屬於較高功能的一種。羅伯出生南方，十三歲時母親突然過世，他才搬到北方與和藹的祖母同住。

我遇到他時，他是個說話輕聲細語的十六歲男孩，人際技巧十分有限，比如，他很少與人眼神接觸，不知道怎麼參與你來我往的對話。他也有些無助於融入校園的古怪行徑，例如隨身攜帶一個猴子玩偶，偶爾會趴在桌子下一動也不動。還有，羅伯是個失控的電玩成癮者，滿腦子都是《最終幻想》系列角色扮演遊戲。

在學校時，他沉迷於 Game Boy 掌上遊戲機，在家裡則盯著一台電腦，從回到家的那刻起到上床之前，都在打電玩，而且經常在電腦桌上睡著。他年長的祖母為了管教他而焦頭爛額，「我沒辦法為了趕他離開電腦，整晚不睡覺！」羅伯在校近乎沉默，團體諮商也幾乎沒有參與，直到有人談起電玩的話題，他才會從椅子上坐直，用快速而單調的聲音說著各種細節。

羅伯所有科目考試都不及格，他祖母最後終於關掉了電子裝置——全面中斷。在幾天狂暴的怒火發作後，他冷靜下來，試著向同學借遊戲機，但因社交技巧欠佳而十分受挫，他根本沒有朋友，也無法清楚表達意思，說話含糊不清並且望著別處。羅伯在學校大概崩潰過三、四次，他站在桌上尖叫，或是用頭撞牆，事後我才明白，他當時正經歷螢幕的戒斷症狀。

我試著找出和羅伯連結的方法，我注意到他很會寫作。當然，他的小說都在寫外星人及奇幻世界，但這小子真的能寫。所以我要求他寫一篇科幻小說，情節要完整，有敘事弧和角色。果不其然，他交來一份詳盡的手稿，用非常小的印刷體書寫，還配上插畫。

他興致勃勃地告訴我他的故事。和他談話時，我注意到一件事：他正注視著我的眼睛。當時他已經度過一個半星期的不插電生活，而且與我眼神接觸！我在團體裡請他講那個精彩的星際故事給其他小孩聽。雖然他還是有點尷尬不安，但講起話已經流暢不少，也可以停下來聽聽別人的回饋，這些都是進步的徵兆。

有一次，我注意到羅伯看著我書架上的《魔戒》。我取下那本書交給他。他困惑地看著我。

「讀一讀，我覺得你會喜歡。這是奇幻故事，差不多就像你的《最終幻想》電玩，只是你得用**讀**的。」他向我道謝，臉上慢慢浮現一抹微笑——這是之前不曾發生的事。

羅伯後來過得挺不錯。戒掉螢幕幾個月，在閱讀托爾金的書和寫作奇幻小說的同時，社交技巧也大幅進步。後來因為他在學校進步很多，他祖母將遊戲機還給他。他確實短暫復發了幾次，但狀況已經明顯改變，可以順利畢業了。

現在他的猴子玩偶放在我的書架上作為擺設。每次看到它——還有每次我必須回答「嘿，卡博士，你架上怎麼會有猴子娃娃？」這個問題時，我都不禁微笑。

電子螢幕症候群

維多利亞．鄧可莉博士大膽地邁向其他兒童精神科醫師從未達到的境地。她治療過數百個患有各種精神、發展和行為疾患的孩子，明白這些迥異的疾患背後或許有相同的原因，包括注意力不足過動症、對立反抗症、睡眠障礙、憂鬱症或雙相情緒障礙等情感性疾患或攻擊等行為問題——甚至是自閉症——都是某種潛在症候群的一部分，只是臨床上以不同方式表現出來。

她檢視數據，發現從一九九四年到二〇〇三年，診斷出小兒雙相情緒障礙的就診人數上升了四十倍；一九八〇年到二〇〇七年，注意力不足過動症的診斷增加了近八倍，同時，開給小孩的精神藥物處方，在過去二十年急遽增加。

發生了什麼事？這只是因為大眾對此議題的意識增強，因此有更多人得到診斷？或者精神上受苦的小孩真的變得比較多？是什麼造成臨床案例的攀升？會不會有些共同的環境壓力源造成這些疾患如瘟疫般蔓延。鄧可莉推想，就算這些疾患不完全**肇因於**某個環境壓力源，或許也是受到某種環境因素影響而變得嚴重？

她試著找出有什麼東西是小孩越來越常接觸的，結果某個東西閃閃發亮、特別顯眼——螢幕。

她越仔細研究，越明白她稱之為「電子螢幕症候群」的這種疾病。鄧可莉博士相信，無論呈現的內容為何，電子螢幕的不自然刺激對於兒童尚在發育中的神經系統和心理健康，都會造成認知、行為與情緒等各方面的災難。她開始將電子螢幕症候群概念化為一種失調的疾患，亦即，兒童無法以適當或健康的方式來調節情緒、注意力或激發程度。

鄧可莉假設與螢幕互動會過度刺激兒童，使神經系統轉為戰或逃模式，然後導致生物和荷爾蒙系統的失調與混亂。這些被擾亂的系統會製造出注意力不足過動症、憂鬱、對立反抗症和焦慮等疾患——或使之惡化。

但電子螢幕症候群不僅限於患有明確精神或行為疾患的小孩。**所有**小孩都會受到某種程度的影響，甚至連所謂「適度」接觸螢幕的小孩，都不免顯示出細微的跡象，如長期易怒、無法聚焦、萎靡不振、對周遭漠不關心，並經常呈現「亢奮又疲倦」的狀態。（也就是說，他們躁動不安卻精疲力竭。）許多小孩並沒有達到臨床診斷的門檻，但依然有令人困擾的症狀，「我看到他們感官超載、缺乏有助於恢復精力的睡眠、神經系統過度激發，不管有沒有得到診斷，這些小孩衝動、情緒起伏大，無法集中注意力。」

醫療社群有個流傳已久的公理（撇開安慰劑效應）：如果某種療法對你有效，你大概就有那種疾病。也就是說，如果特定療法對某種毛病有效，我們或許可以推論，該病人患有那種療法所針對的毛病。例如抗病毒藥物可以減輕症狀，我們就能推斷病毒在這裡參了一腳；如果抗生素奏效，那就可以懷疑有細菌感染。

鄧可莉博士用類似方式證實電子螢幕症候群的假設。如果螢幕確實是這些疾患背後的罪魁禍首，那麼毫無疑問地，移除這個理論上的環境「毒素」，應該可以減緩這幾百個小孩的某些症狀。

過去十年內，她為超過五百位兒童、青少年和青年開了四到六週「科技斷食」處方，移除所有電子螢幕。她發現在嚴格遵守斷食令的人身上，得到了非常戲劇化的結果。如果這些人的電子螢幕症候群之下伴隨著某種真正的精神疾患，那麼科技斷食在百分之八十的情況下有效，而且通常可以減少一半的症狀。至於那些看起來沒有潛藏性精神疾患的人，則經常可以「完全」解除電子螢幕症候群的症狀。

為了說明移除螢幕在徹底改變這些深受折磨的孩子時，達到了如何的驚人成果，鄧可莉詳述她所治療的一個學生。

麥奇是個大麻煩。這個五年級學生在接受治療前一年，越來越抗拒寫功課，而且也越來越叛逆。如果「禁止」他做什麼——尤其是和電子裝置相關的事——他就勃然大怒，甚至破壞學校設備。他經常摔椅子和翻桌子，每次暴怒都是一場教室的災難。麥奇被診斷為輕微自閉症和注意力不足過動症，有人懷疑他有雙相情緒障礙。他所屬學區堅持要他進行精神鑑定，他被轉介給鄧可莉博士。

鄧可莉發現麥奇從七歲開始打電玩，一天打暴力電玩好幾個小時，一放學回家就開始玩。他和家人外出時，就用姊妹或父親的 iPhone 玩。學校每天都有電腦時間，而且他經常看卡通。

但一年前情況開始惡化。他越來越抗拒寫作業，除了打電玩，他對什麼都不感興趣。此外，他的對立性行為更加嚴重，而且變得暴力。儘管有人懷疑他是不是有雙相情緒障礙症，但他沒有家族史。

鄧可莉博士沒開立任何藥方，而是建議他執行四週電子螢幕斷食，一方面評估螢幕在他的行為中扮演的角色，另一方面幫他重設與減慢他顯然已被過度刺激的神經系統。他的家人支持這個決定，願意移除**所有**螢幕——包括電視——四個星期。他們買了樂高和拼圖給他，安排他打網球和去公園，用沒有螢幕的活動重新建構他的生活。

一個月後，他在家只出現過一次攻擊行為，在學校沒有。此外，鄧可莉重新評估他是否需要用藥，結論是不必使用藥物。一年後，這個曾經每天發怒的男孩再也沒有發生攻擊事件，令人驚嘆。他慢慢讓一些電子裝置回到生活中，但不再打電玩，週末有時看一點電視（但不看卡通了）。他在學校有可以用電腦的時間，但他的家長要求不要天天如此。

就他的暴力行為嚴重程度而言，考量到他自身和他人的安全，在一百個出現這些行為的男孩中，有九十九個都會被施以強力精神藥物，甚至服用有鎮靜性的抗精神病藥物。任何心理健康人員都會告訴你，只要搭上了藥物的旋轉木馬，就別想輕易下來。麥奇幸運地被轉介給鄧可莉，不必接受處方箋，只需要移除過度刺激的螢幕，因為是那些螢幕讓他的激發調節器升高到無法關掉的地步。

多恩博士也談到螢幕和電玩造成的高度激發性會活化 HPA 軸，當孩子進入慢性的戰或逃模式，而且無法重設腎上腺的恆定狀態，腎上腺素和血壓就會持續升高。

十幾年來，我持續治療有情緒、認知、行為或發展問題的青少年，有機會以委員會成員的身分參與超過一千場為青少年召開的特殊教育委員會。我在過去七、八年開始看到一種模式：被歸類為有某種身心障礙的青少年中，許多人和螢幕成癮扯上關係，成癮對象可能是電玩、手機或社群媒體。

我開始追蹤這個數字，發現被歸類為有注意力、行為、情緒或發展問題的學生之中，高達百分之九十也有螢幕問題。在一場特殊教育委員會的會議上，有個聰明、高功能男孩被診斷為注意力不足過動症和輕微自閉症，他在學校表現不好，每堂課都睡著，昏睡傾向嚴重到經常大聲打鼾，老師根本叫不醒他。

家長為他安排了針對睡眠呼吸中止症的睡眠治療，也預約了神經科醫師。我問那男孩：「你半夜都在做什麼，一直醒著？」他眼神發亮地提到一個他打了很久的電玩：「我**超愛**那個遊戲！超愛！我忍不住一直玩，打到凌晨三、四點。我控制不了！」

令人震驚的是，他的母親看著我問道，「你覺得他這樣和打遊戲有關嗎？你覺得那是問題的一部分？」我說非常有可能，建議她嘗試讓男孩過不插電生活四個星期，看看會發生什麼事。男孩大聲抗議，給我難看的臉色，但他母親同意了：「從今晚開始不准打電玩了！」一週內，男孩在課堂上不再呼呼大睡，而且不意外地，他的成績大幅進步了。

螢幕對兒童影響的嚴重程度經常遠遠不只於睡眠剝奪。我曾訪問一位兒童職能治療師伯尼爾（Chantelle Bernier），她描述這個時代嚴重的兒童精神議題如瘟疫般增加，也注意到螢幕對小孩造成的影響。她說自己的一位病人——一個九歲男孩因為試圖自殺而住院。

這個孩子癡迷於《俠盜獵車手》，在玩了一段時間後開始睡眠不足，並且聽到有聲音命令他，要他殺掉全家人。這個聲音持續到男孩抓了一把刀試圖自裁。最後他被送去住院，服用抗精神病藥物，據說只讓事情變得更糟。

另外一個病人是十七歲的電玩玩家，心思細膩、聰明又敏感。他出現殺人意念，意欲殺害他人。他開始觀看非常暴力的色情影片，而當他養父希望他離開電腦，他發怒了。他用一把大獵刀猛刺房裡的大型假人，然後將養父追殺至門外。

雪上加霜的是，伯尼爾博士目瞪口呆地得知醫院發了 iPad 給這些住院小孩，這除了加劇他們的精神症狀，在生理層面，這些孩子還因為整天坐在病床上打電玩而抽筋。她教育醫院員工和家長有關 iPad 和電玩帶來的負面影響，終於成功撤除那些科技產品，並以瑜珈、正念、手工藝、寫日記和走迷宮等活動取而代之。孩子們開始感受到日常規律和自我效能，展現巨幅的進步。

鄧可莉博士說，有電子螢幕症候群的孩子十分常見，他們很容易「亢奮起來」或發怒，另外一些則有憂鬱傾向，對什麼都漠不關心。殺人和自殺肯定是極端的案例，但多數長期易怒的孩子經常處在高度刺激的狀態，看起來亢奮但疲倦。因為長期高度刺激會影響記憶與理解事物的能力，這些小孩在學業和社交方面也很辛苦。

這些小孩一般被診斷有重大疾患，如重鬱症、雙相情緒障礙或注意力不足過動症，也是開立處方箋的熱門人選。但決定走上用藥一途前，正是科技斷食上場的時候。比起只是減少使用科技，鄧可莉博士主張為了讓神經系統徹底重啟，必須全面斷食／解毒。根據她的經驗，減少使用科技根本無法奏效，因為導致臨床症狀、帶來問題的失調無法透過較溫和的方式穩定下來。

我建議的「數位解毒」或科技斷食，與目前進行過的——也就是鄧可莉和reSTART之類的復健機構都採用的——有個不同之處，就是不採用突然全面中斷的取向。身為成癮專家，我經營的復健機構是國內最具聲望的機構之一，我認為必須從藥物成癮的治療社群中借鑒經驗。進行藥物解毒時，我們會避免成癮者突然全面中斷藥物；成癮者會在突然戒癮時爆發攻擊行為，就像我們之前描述的一些小孩，因為無預警進入不插電生活而發生的狀況。

在藥癮與酒癮治療尚不文明的古老年代，酗酒者被丟進戒酒房或更糟的收容所「瘋人院」。但今日，我們在解毒時懂得循序漸進，除了人道考量，也可以排除上述負面行為效應。逐漸減量、朝完全戒絕前進，就不會出現拳打腳踢或尖叫的情形。

同樣地，進行「數位解毒」時，應該慢慢幫助這些年輕人減量，例如從每天看螢幕五小時逐漸減少到一小時。如此經過一個星期，這個孩子就可以擺脫對螢幕的依賴。然而，這段期間內，必須以其他健康活動取代。你不能拿走螢幕，然後讓小孩坐在房裡無所事事。你要帶他們去公園，或給他們一些發揮創意的作業。

等到這個年輕人的螢幕時間縮減為零，建議完全戒絕螢幕的最短時間為四週，才能重設他的腎上腺時鐘，有些小孩需要長達幾個月的復原期。顯然，長期戒絕科技在我們的螢幕文化中非常困難，除非過上一段與世隔絕、清心寡慾的不插電生活，否則多數人無法避免**在某個時間點**再度與螢幕和科技相會。

斷食之後，孩子的頭腦經過重設，家長可以監控孩子的表現來判斷，孩子可以使用電子產品到什麼程度，而不致讓症狀再次出現。用斷食來解毒後，治療目標是鼓勵他與科技建立健康的關係，學習分辨「數位蔬菜」與「數位糖果」的差別，並避免後者。數位蔬菜是以健康方式使用螢幕（例如，為學期報告進行研究），但數位糖果（例如電玩《我的世界》、《糖果傳奇》）則是造成過度激發並活化多巴胺的數位刺激物，沒有任何表面上聲稱的「健康益處」。

有趣的是，最新第五版《精神疾病診斷準則手冊》納入了一種新的兒童診斷，稱為侵擾性情緒失調症。患有此病症的兒童長期暴躁，經常大發脾氣，強烈程度似乎與實際狀況非常不成比例。在我們這些曾與螢幕成癮或電子螢幕症候群的小孩工作的人耳中聽起來，這症狀十分熟悉。除了侵擾性情緒失調症，許多研究者和臨床工作者也把注意力不足過動症暴增的罪魁禍首指向螢幕。以下是一些說法。

螢幕與注意力不足過動症效應

已經有六百萬個孩子被診斷為注意力不足過動症。也就是說，每十個小孩，就有一個得到診斷。到底發生了什麼事？

有人試圖對所謂的注意力不足過動症大流行做出解釋，認為診斷率高只是因為針對這個疾患有越來越多的篩檢，病識感也較為提高。有人則不同意這種說法。

前文我們討論到一個概念：接觸過度刺激的螢幕所帶來的經驗會制約孩童，使他們需要刺激的螢幕才能保持專注投入。的確，發光的螢幕或許可以讓孩子安靜一陣子，讓爸媽輕鬆一點，但為時短暫。

就像《消費孩子》（*Consuming Kids*）一書作者、哈佛醫學院精神醫學講師琳恩（Susan Linn）說的，「如果你在開車、搭乘大眾運輸工具或帶孩子做健康檢查時，給他們一個螢幕裝置，確實可能讓這段時間變得比較安靜閒適，也能輕鬆完成任務，但必須付出代價。它促使孩子依賴螢幕來度過一天，阻礙孩子養成注意和投入周遭世界的習慣。」

換個方式來說，一旦孩子發展出對《俠盜獵車手》的喜好，坐著寫代數作業就變得沒那麼有吸引力了。有研究顯示，童年及青春期接觸電玩和電視，對於後續的注意力問題是個危險因子。除了小孩經歷過興奮之後很難降級到較不引人興奮的事物，也有假設說，因為電視節目和電玩多半都是快速變換焦點的畫面，經常接觸螢幕，會犧牲掉孩子在進行原本可以抓住注意力的作業時所保持的專注能力——例如寫學校功課。

二〇一〇年有項愛荷華州立大學的研究發表在《小兒醫學》（*Pediatrics*）期刊，名為〈接觸電視與電玩及注意力問題的發展〉，一千三百二十三位處在兒童中期的參與者在十三個月內接受評估。研究發現看電視和打電玩都和後來在童年期增加的注意力問題有關；六到十二歲的兒童如果每天打電玩或看電視超過兩小時，在學校會變得難以專注，而且出現注意力問題的機率是其他人的一至二倍。驚訝吧！

「事實是，我們現在看到的注意力不足過動症是二十年前的十倍。」長期研究螢幕效應的克里斯塔基斯（Dimitri Christakis）說：「我認為令人憂慮的部分在於，不管電玩或電視，它的節奏都會造成過度刺激，也是注意力問題的成因。」

共同研究者安德森（Craig Anderson）表示，「螢幕的風險已經大到家長有必要採取行動了。」他建議家長只允許小孩每天看螢幕一到兩小時，與美國小兒科學會建議的相同。克里斯塔基斯博士則抱持異議，「我覺得兩個小時太長了。」

克里斯塔基斯在二〇〇四年的研究中發現，兒童在一到三歲期間看電視時間越長，到了七歲出現注意力問題的機率越高。事實上，每多看一個小時的電視，出現注意力問題的機率就比沒有盯著螢幕看的小孩高出百分之十。所以看三個小時，就代表形成注意力問題的機率提高了百分之三十。

自從這個研究發表以來，越來越多議題被揭露。近期研究顯示，平板電腦和互動性媒體會擴大這種注意力削弱效應。此外，自二〇〇四年以來，孩童接觸螢幕的時間增加得越來越快。「凱撒家庭基金會」指出，八到十八歲的小孩每天花在螢幕的時間長達七個半小時，包括電腦、電視或其他電子裝置。這個估計數字還不包括花在傳簡訊的一個半小時、或講手機的半小時。這是一個小孩保持清醒的大部分時間，事實上，比他們睡覺的時間還長。

如果知道我們對過度刺激的螢幕在年輕大腦造成的注意力削弱效應採取了什麼行動，就不會困惑注意力不足過動症為什麼會大流行了。克里斯塔基斯說，「當你制約心靈，使它習慣強烈的輸入，現實就可能變得無聊。」

我所治療的數百個青少年，他們就是這麼覺得。你知道，現實很無聊，現實怎麼可能比得上奇特不凡、栩栩如生且異常驚險的《魔獸世界》和不停傳簡訊帶來的一連串刺激？看看上一代的兒童節目，例如《羅傑斯先生的街坊四鄰》中主人翁對年輕觀眾說話深思熟慮又緩慢——上帝保佑他。相較今日的尼克兒童頻道怦怦作響的快節奏節目，如《123 玩數學》，甚至是《海綿寶寶》，場景切換更加快速，音樂更大聲，節奏更狂亂。一直觀賞這麼狂亂的東西、對比於需要**耐心**才能看下去的東西，會以什麼方式形塑孩童？

當然，有人不同意過度刺激的科技會造成注意力不足過動症。雖然他們承認觀看螢幕與注意力持久度縮短有關，但依然提出有些小孩本來就躁動不安、有類似注意力不足過動症的狀況，這些小孩的父母傾向讓他們待在電視前，讓他們安靜下來。就像注意力不足過動症研究者甘米諾（Jacquelyn Gamino）博士簡潔有力的說法：「是哪個造成哪個？」

對受過科學訓練的人來說，這些疑問很合理，相關性與因果之間的確有所不同。我們知道注意力以興趣為基礎，有注意力不足過動症的小孩，的確可能因為接受了足夠多的刺激、得以專注其中，而因此受到電玩的吸引。遊戲帶來的刺激對於缺乏多巴胺的小孩而言，是自我施藥和增加多巴胺的方式。

但或許，是螢幕**造成了**渴求刺激的注意力不足過動症狀態？

我要提供幾個論證，把事情推向因果關係，而不只是相關性——意思是，螢幕確實造成注意力相關的疾患。

首先，腦部造影研究顯示，接觸螢幕刺激有損額葉皮質（這個腦區負責衝動控制，而衝動是注意力不足過動症的原因之一）。印第安納大學醫學院的王博士所做的研究顯示，非電玩玩家在一週內打電玩十個小時之後，左側下額葉和前扣帶迴皮質活化程度低於自身的基準線和控制組，而那些部位是在衝動性和情緒調節方面發揮作用的腦區。

「隨機分配的青年樣本在家打暴力電玩一週後，特定額葉腦區的活化程度較低。」王博士說，「受影響的腦區會影響情緒控制及暴力行為。」

除了腦部造影，還有之前提過鄧可莉和我自己的臨床觀察。透過「科技斷食」，我們看到當螢幕從小孩的生活中消失後，臨床症狀顯著減少，包括與注意力不足過動症相關的症狀。

最後，以常識來判斷，根據已知孩子成長的發展，如果我們過度刺激他們脆弱的神經系統和尚未發育完全的大腦，卻完全不會造成任何問題，這合理嗎？有小孩的人——或工作上面對小孩的人——難道看不出來他們多麼容易受到大量的刺激？還有他們多麼需要一直受到刺激，才能安分坐著保持投入？

許多家長掉入陷阱，相信小孩如同被催眠般看著螢幕，就代表有著強大的專注力。畢竟他們聚焦在螢幕上的專注目光就像雷射一樣，怎麼可能有注意力方面的問題？但全神貫注於螢幕，其實就代表一種注意力的問題。紐約大學小兒學科教授柯來斯（Perri Klass）說，「事實上，**兒童能對螢幕保持專注，但無法專注於其他事物，就是注意力不足過動症的特徵**。」

她補充，小孩對電玩和電影的專注，**並非**可用來幫助他們在學校或生活層面成長的那種注意力。兒童精神科副教授盧卡斯（Christopher Lucas）表示，這種專注是有問題的：「這並非在毫無酬賞下出現的持續性注意力，而是在經常有間歇性酬賞的情況下出現的持續性注意力。」

就像前文所提，間歇性酬賞創造出令人成癮的吸引力，然後透過典型的惡性循環，進一步加遽了注意力問題，最後損害了孩子的衝動控制和對螢幕的自制力。確實，在這個螢幕時代，兒童在長大過程中被餵養高螢幕飲食，他們對螢幕有雷射般的專注力，對其他東西卻沒什麼耐性。

注意力有障礙的小孩除了在學校普遍缺乏學習興趣，這種缺乏耐性的現象也展現在運動上。許多運動講評員都對於需要耐性的棒球活動變得不受歡迎感到惋惜，包括觀眾減少，以及，越來越少美國小孩願意打棒球。與此同時，快節奏的運動如美式足球、足球和籃球受歡迎的程度快速提高，許多小孩抱怨棒球的節奏實在是太慢了。

紐約大都會隊的棒球傳奇人物史卓貝瑞（Darryl Strawberry）幾年前接受訪問，被問及為什麼美國小孩打棒球的人數不如以往。他難過地回應，對於現今動個不停和電玩中長大小孩來說，棒球賽太無聊了。他兒子在馬里蘭大學選擇加入籃球隊，並表示「我喜歡棒球，但棒球對我來說有點無聊。我是外野手，只是一直站在那裡很無聊。我是適合〔在球場上〕跑來跑去的那種人。我喜歡活動。」

如果你真的希望孩子發展茁壯，就要讓螢幕遠離他們生命中的頭幾年，讓他們在關鍵的發展階段參與需要發揮創意的遊戲。例如樂高。樂高可以刺激創意，手眼協調則能促進大腦突觸生長。此外，讓他們探索周遭環境，允許他們有機會體驗大自然，不管是去公園或是貨真價實的野外環境。烹飪或演奏樂器等活動，也被證明有助於小孩茁壯發展。

最重要的是，要讓他們體驗無聊。對一個孩子來說，沒有什麼比學習如何運用內在資源來克服無聊的挑戰更健康了！他們可以在這樣的沃土上發展出觀察力、培養耐性與發展豐富的想像力，這是他們所能學習的技能中，對於發展和大腦突觸生長最重要的關鍵。當他們還是小孩時，讓他們活在沒有螢光的世界吧——他們以後會有很多時間面對螢幕。

螢幕與憂鬱

我們談了臉書憂鬱症，但臨床研究也指出，憂鬱和人們越來越常使用網路有關：

- 二〇一二年，密蘇里州立大學針對兩百一十六個小孩做研究，顯示百分之三十的網路使用者有憂鬱的跡象，而且憂鬱的小孩是最重度的網路使用者。
- 《綜合精神病學》（*Comprehensive Psychiatry*）在二〇一四年刊登一份研究，檢視了兩千兩百九十三位七年級學生，發現網路成癮會加劇憂鬱、敵意與社交焦慮。
- 巴基斯坦在二〇一四年的研究中，以三百位研究生為對象，發現網路成癮與憂鬱及焦慮之間呈正相關：「網路使用過度讓學生成癮，造成他們的焦慮和壓力。

一個人網路成癮越嚴重，心理上越憂鬱。」

- 二〇〇六年的韓國研究發現網路成癮、憂鬱和自殺意念的提高，都有相關性。這個研究的參與者為一千五百七十三位住在同個城市的高中生，他們填寫了網路成癮量表的自評指標、韓國版兒童診斷訪問表—重鬱症—簡式問卷和自殺意念問卷少年版。
- 卡內基美隆大學在一九九八年的研究發現，使用網路超過兩年者，與較強的憂鬱、寂寞及失去「真實世界」的朋友相關。

螢幕與電磁場

當我們檢視螢幕的負面影響時，電話和螢幕發出的輻射經常受到忽略。我們的成長過程沐浴在廣播和電視的電波中，而且，或許就像魚不會意識到水的存在，我們也對隨時竄入身體的隱形電波毫無所覺。但螢幕和手機發出的電磁場則不同，而且更加危險。

先從手機談起。

世界衛生組織在否認手機的負面影響多年之後，終於在二〇一一年同意宣布手機的輻射可能致癌。世界衛生組織已經將使用行動電話和鉛、引擎廢氣及三氯甲烷共同列入「致癌危險物」的類別。

引擎廢氣？三氯甲烷？天啊，相比之下，注意力不足過動症和科技成癮可能是與螢幕相關的風險之中，我們**最不需要**擔心的。

來自手機的輻射稱為非游離射頻，它和X光不同，而接近非常低火力的微波爐。是的，就是那種我們用來加熱墨西哥捲餅的輻射箱，而且它對我們的腦也有類似的作用。洛杉磯錫安山醫學中心神經科主任布萊克（Keith Black）表示，「用最簡單的話說，微波輻射所做的事，就類似於把食物放進微波爐，基本上在烹煮大腦。」

我們的手機不需要花太長時間，就能讓我們的腦細胞劈哩啪啦地破碎。二〇一一年由國家衛生研究院做的研究顯示，手機輻射只需要五十分鐘就可以使腦細胞「增加活動」。「增加活動」是好聽的學術字眼，實際上就是「烹煮」。

但是，儘管我們的腦細胞只需要五十分鐘就可以顯現出被微波的跡象，被微波的腦卻可能要經過好幾年，才會顯現出問題。「如果你觀察癌症的形成——尤其是腦癌——〔它〕需要花很長的時間才形成。我認為必須警告大眾，長期暴露在手機的輻射之下，可能造成癌症。」研究輻射超過三十年的生物工程學系研究教授賴（Henry Lai）博士說。

布萊克也同意這種看法，「我們面臨的最大問題在於，我們知道多數環境因素都需要經過數十年的沉澱，才能讓人看到它造成的結果。」但不只是癌症，我們也受到其他輻射作用的影響，「除了造成癌症和腫瘤的形成，還有一大堆其他效應，例如影響認知記憶功能，因為記憶顳葉就位於我們接聽手機的位置。」

嗯。好吧。腦癌。腫瘤。認知缺陷。但是，我可以自拍啊！

世界衛生組織在來自十四個國家（包括美國）、共三十一位科學家組成的團隊考察了手機安全性之後，終於做出「喔，對了，順道一提，手機可能造成腦癌」的聲明。世衛組織團隊所檢視的手機與癌症研究之中，最重要的發現是，使用手機十年以上的參與者，罹患腦部膠質瘤的機率是一般人的**兩倍**，同時罹患聽神經瘤腦癌機率也提高了。

因為世衛組織的聲明，歐洲環境署呼籲科學家做更多研究，認為手機可能是和吸菸、石綿和有鉛汽油一樣嚴重的公共衛生風險因子。

另外，對那些認為把智慧型手機交到小小孩手上很好的父母，布萊克博士做出警醒人心的解釋：「兒童的顱骨和頭皮比較薄，所以在兒童和青年身上，輻射可以穿透腦中更深層的地方。他們的細胞以更快的速度分裂，輻射的影響就大上許多。」

這引來了一個問題：某些人所聲稱「保持連線」能帶來的教育益處或能力，值得付出腦癌這樣的代價嗎？

確實，今日有一股風潮鼓勵人們將手機搭配空氣導管防輻射耳機使用，並儘可能讓手機遠離人體。因為職業的緣故，我必須花很多時間在電話上，我覺得空氣導管耳機真是天賜之物。我的朋友、健康管理醫師費洛（Caroline Fierro）鼓勵她的案主不要在臥房使用手機，或讓手機接觸身體。她建議，如果手機要放臥室，應該放在防輻射的鉛盒中。而她對小孩的建議比較簡單：不要給他們手機。不要給那些小腦袋和較薄的顱骨放在頭邊的發光小微波爐。

那麼平板電腦和電腦的電磁場呢？

電腦同時產生低頻和射頻（與手機相同）的電磁場。兩種都有可能造成傷害。所有電腦，無論有多麼發達的科技，都會放射出五十到六十赫茲以上相對強烈的電磁場。

電磁場不只來自電腦螢幕；電腦內部的電子零件也會製造強烈的電磁場。暴露在超過二毫高斯的電磁場，就會開始對生物造成傷害；長期暴露在高於二毫高斯的電磁場中，可能生成癌症，也會影響免疫系統。一般桌上型電腦放射量是多少呢？距離三呎遠測量電腦，通常是二毫高斯到五毫高斯；距離電腦四吋以內，測量出來的數值則從四毫高斯到二十毫高斯。

但平板電腦和筆記型電腦甚至比桌上型電腦更糟。

透過 WiFi 和蜂巢式連接連上網路的平板電腦發出的電磁場輻射，就像來自你筆記型電腦的 WiFi，**加上**你手機的蜂巢式傳輸。意思是，此刻你同時被兩個輻射來源擊中。平板電腦還有第三個輻射來源，也就是電腦內部零件和電路發出極低頻的輻射。桌上型電腦也有極低頻輻射，但我們通常不會距離桌上型電腦非常近（儘管遠至十八吋之外都可以測量得到極低頻輻射）。

筆記型電腦和平板電腦最大的問題在於，這兩者不像桌上型電腦，它們本身的設計就是要靠近身體攜帶，因此提高了接觸到的輻射量。很多人在工作時把筆記型電腦和平板電腦放在大腿上，這是使用這類裝置最糟的方法，你會暴露在最強的電磁場中——尤其是生殖器官。已經有研究指出電磁場對精子造成的傷害及對男性生育能力的影響；至於電磁場對女性的影響則更令人擔憂，因為受損的卵子無可挽回。

電磁場還造成了其他危害。哈佛大學針對暴露於電磁場和自閉症的潛在關聯做研究，暗指電磁場是破壞生物電子活動的正常同步的影響因素，這會使自閉症類群障礙變得更加嚴重。

哥倫比亞大學的研究者在二〇〇九年八月發表了一篇論文，說明電磁場可能干擾與瓦解DNA。在二〇〇〇年的匈牙利研究中，發現電磁場對細胞和胞器（細胞中具有特殊功能、使細胞得以運作的元件）造成不可逆的結構與功能改變。或許更令人擔憂的是，電磁場也會觸發一些與細胞死亡相關的形態訊號。二〇〇五年一項義大利研究證實了匈牙利研究的發現——電磁場會在人類重組細胞引發細胞凋亡，或稱計畫性細胞死亡。我們知道螢幕會發光，現在我們知道螢幕會讓我們——和我們的小孩——也發光。不幸的是，那可不是健康的光。

目前為止，我們檢視了與發光螢幕相關的心理、臨床、發展與生理問題。但行為呢？一個孩子透過螢幕看到的內容，可以塑造這個孩子的行為嗎？

7／有樣學樣——大眾媒體效應

小孩在螢幕上看到的東西，真的會影響他們的行為嗎？

沒錯，我們知道廣告可以讓小孩跟大人索討各種東西，從快樂兒童餐到忍者龜模型，再到凱蒂·佩芮穿的衣服（影響了無數十歲小女孩的時尚觀）。但很多人想問的問題是：含有暴力內容的電子媒體，例如某些電玩或電視節目，會不會讓小孩變得更有攻擊性、更暴力？

政治人物和倡議團體肯定這麼認為。二〇〇五年，在民眾強烈抗議《俠盜獵車手》中的露骨內容後，時任參議員的希拉蕊（Hillary Clinton）十分掛心暴力或色情的電玩。她提出一項法案，將販售「成熟級」或「成人級」電玩給未成年者列為犯法。這項主張「電玩是一場使人麻木的無聲瘟疫」的《家庭娛樂保護法》被轉到參議院商業、科學與科技委員會。儘管前第一夫人費盡千辛萬苦推動倡議，這項法案在第一〇九屆國會會期結束，終究未能成為法律。

將有問題的媒體內容列為非法、試圖審查或予以標籤化，並非一件新鮮事。一九九〇年代早期，大約就是超脫合唱團主唱柯本（Kurt Cobain）和超脫合唱團還散發著青春氣息，而未發生陸文斯基事件的柯林頓還是華府新面孔時，一場激烈的文化戰爭已經開打，並且持續到了今日。

在這場戰爭中意見分歧的雙方分別是「家庭價值」派，領導者為高爾（Tipper Gore），以及所謂的價值戰士，來自道森（James Dobson）的愛家協會，對上由嘻哈偶像率領、主張「將文化粗糙化」的群眾（當時的嘻哈偶像是 2 Live Crew）。他們頌揚創造性表達與言論自由，同時以令人難受的種族歧視語言、粗話及厭女論調，扭曲了藝術與言論受保護的定義。

於是高爾與 2 Live Crew 代表了文化中兩個極端，他們的對決成了不可錯過的好戲。價值戰士覺得內容很重要，文明社會的媒體就是不該接受某些言語和圖像。畢竟，**小孩都在看**，也在聽，而且最重要的是，他們會模仿，這麼糟糕的內容鐵定會影響他們的小小心靈。

2 Live Crew 的領銜人物坎伯（Luther Campbell）可不買帳，他們受到價值戰士的圍攻；他們有〈打開那女陰〉（*Pop that Pussy*）和〈我慾火焚身〉（*Me So Horny*）這類歌曲，他們的專輯《想多下流就多下流》（*As Nasty As They Wanna Be*）被視為色情作品。美國家庭協會雇用律師湯普森（Jack Thompson）[1]呼籲佛羅里達州州長馬蒂內茲（Bob Martinez）宣告他們的音樂是猥褻的。

一九九〇年，郡巡迴法院法官葛羅斯曼（Mel Grossman）認為確實有理由指控他們的音樂猥褻，那一年的三月十五日，在佛羅里達州的薩拉索塔，一名十九歲的唱片行店員在銷售出那張專輯後，被控犯下重罪並遭逮捕。

一九九〇年六月，《想多下流就多下流》專輯成為第一張法律明定為「猥褻」的唱片，不能合法銷售。連鎖唱片行和獨立唱片行停止販售這張唱片，但佛羅里達當地的一個零售商費里曼（Charles Freeman）卻在宣判後兩天後，因販售唱片給臥底警察而被捕。接著，2 Live Crew 的三個成員於佛羅里達州好萊塢的未來俱樂部表演那張專輯的歌曲之後遭逮捕。

坎伯不明白為什麼他和他的音樂遭受攻擊。他認為大家應該聚焦在更重要的事，例

1 原注：傑克．湯普森和下一章案件中的律師是同一人——關於二〇〇三年的《俠盜獵車手》針對戴文．摩爾（Devin Moore，這個阿拉巴馬州青少年因為殺害三名警員遭到定罪）的謀殺審判（以及後續的 Sony 訴訟）。

如貧窮與飢餓。他決定反擊，以免更多人因猥褻罪名遭到逮捕，他也希望能扭轉那張專輯遭污名化的色情形象。坎伯的律師在勞德爾堡的聯邦地方法院提出訴訟，企圖宣告那張唱片並非猥褻。

坎伯在一九九〇年接受《洛杉磯時報》訪問，說他的音樂是「成人喜劇」而非色情，針對他的批評只是一場鬧劇。「這些人表現得好像我發明了性露骨內容。他們難道沒聽過李察．普瑞爾或安德魯．戴斯．克萊嗎？為什麼所有人都找我麻煩？」「我對這件事的感覺是，2 Live Crew 和創作裸體雕像的雕刻家沒有差別。我們不是色魔。我們是藝術家。」

但佛羅里達州州長和美國聯邦地方法院並不認同坎伯的幽默感或對藝術的看法。坎伯和他的音樂持續因為「色情」而在媒體監督團體的攻擊之下受到重挫。同時，媒體熱烈報導這個新聞，《洛杉磯時報》說 2 Live Crew 的法律戰「出拳力度相當於職業拳擊賽」。

如果這是場拳擊賽，當美國聯邦第十一巡迴上訴法院推翻了岡薩雷斯法官一九九二年的猥褻判決，那麼，2 Live Crew 可說是在拳擊臺倒下之後，在第十五回合起死回生。哈佛教授蓋茲二世（Henry Louis Gates, Jr）在那場審判中作證，為 2 Live Crew 的歌詞辯護，論述該郡指控為粗話的內容，其實與非裔美國人的方言、遊戲與文學傳統有重要淵源，應該受到保護。法院同意了。拜這些爭議之賜，《想多下流就多下流》繼續賣了超過兩百萬張。

高爾與她的「家長音樂資源中心」也算取得某種勝利。美國唱片業協會在一九九〇年為了警告家長某些不適當的內容，同意在被認為含過多粗話或涉及不恰當內容的唱片封面放上「敬告家長：內有露骨歌詞」的黑白警告標籤。所以 2 Live Crew 可以繼續唱他們的歌，但他們的唱片——還有在那之後所有內容遭質疑的唱片——封面都被甩上了大大的「敬告家長」貼紙。[2]

儘管 2 Live Crew 打贏了法律戰，問題依然存在：他們的音樂有不雅到對美國年輕人產生不良影響嗎？畢竟，文字、歌詞和圖像可以衝擊年輕人與那些容易被影響的人，這不是什麼新概念。大眾媒體這個妖魔數十年來都讓家長害怕不已，從《瘋大麻》（*Reefer Madness*）到駱駝老喬，從搖滾樂到瑪麗蓮・夢露，從貓王臀部到《偷走這

2 原注：超過二十年後，路德・坎伯變得小心，他在二〇一四年接受訪問說，如果一切重來，2 Live Crew 不會這麼極端。「我不該允許自己說出某些話。」他解釋，「某些夥伴有幾次做得過頭了。」

本書》（*Steal this Book*）。

甚至我們熱愛的漫畫都曾是被瞄準的目標。一九五〇年代，一場參議院聽證會展開調查，希望了解漫畫在少年犯罪中扮演何種角色。那場聽證會上，鑑識科學家弗魏特漢（Frederic Wertham）抨擊漫畫中「不斷湧出的殘酷」，尤其譴責某漫畫體現了虐待狂幻想，「對兒童的道德發展特別有害。」

魏特漢警告參議員要注意的殘酷虐待狂漫畫是那一部？給你一點線索：他披著紅色披風，胸口有個字母S。是的，沒錯，曾有人懷疑我們熱愛的超人讓這個國家的年輕人變得墮落，衍生不當行為。

一九六〇年代，電影工業也遭到類似的審查，當時《靈慾春宵》（*Who's Afraid of Virginia Woolf*）之類的爭議電影——及其中與性相關的主題與粗話——導致美國電影協會放棄自我檢查制度，改採電影分級制度，並且沿用至今。儘管麥可．尼可斯（Mike Nichols）的電影是一九六六年的賣座冠軍，不但備受好評，還獲得十三項奧斯卡提名，卻受到公開抵制，認為內容需要被標記為限制級，這對家長來說是一種工具。

一九七五年電視產業創造出壽命短暫的「闔家觀賞時段」，這個政策由聯邦通訊委員會制定，所有電視台都有責任在黃金時段的第一個小時播放適合闔家觀賞的節目。經過訴訟，這項政策在一九七七年於法庭中遭到推翻。

雖然是聯邦政府授權聯邦通訊委員會執行這項政策，但其實是一九七四年，民眾因為電視上的性與暴力太多而群情激憤，才推動了闔家觀賞時段的出現。當時電視上的一個場景激起了強烈反彈：一九七四年，國家廣播公司惡名昭彰的電視電影《我本清白》（*Born Innocent*）出現了一位女同性戀者被集體性侵的場景，電視台竟然還在白天時段預告這個包含了馬桶疏通器、令人極為難受的影像。

後來這個場景在電影中被刪除，因為發生了一起九歲女孩被同儕用汽水玻璃瓶強暴的事件，群眾將此事發生怪罪到那部電影，證明了「媒體可以影響現實生活行為」的概念。加州最高法院在「奧莉薇亞訴國家廣播公司案」中宣布這部電影並非猥褻，而國家廣播公司也不必為犯罪的小孩承擔法律責任。

但是，雖然司法系統認為國家廣播公司不必承擔法律責任，心理學領域卻顯示媒體能影響人們的行為。姑且不論那些明顯的例子，如電視廣告塑造了大眾的購物或飲食習慣，也有為數眾多的研究顯示，電視上的暴力可以提高觀眾的攻擊性。心理學家康斯托克（George Comstock）和白海俊（Haejung Paik）在二〇一四年發表了一份後設分析，對象是一九五七到一九九〇年之間的兩百一十七項研究。他們發現觀看電視播放針對一個人的身體暴力造成的短期效應，強度為中等到強。他們將研究結果發表在《傳播研究》期刊，顯示電視暴力與攻擊行為之間有顯著正相關。

康斯托克博士在研究媒體的影響力方面，可是個重量級人物。他在史丹佛大學取得博士學位，現為雪城大學紐豪斯公共傳播學院的教授，也是《電視與美國兒童》（*Television and the American Child*）一書作者。

二〇〇五年，諾丁漢大學醫學院的布朗（Kevin D. Browne）和伯明翰大學的加克里斯提斯（Catherine Hamilton-Giachristis）寫了一篇針對媒體與暴力相關的完整回顧，發表在《柳葉刀》（*The Lancet*），支持了康斯托克博士的研究。

文中回顧的研究，大多支持接觸媒體暴力會導致攻擊、對暴力的敏感度降低、並對暴力受害者欠缺同情心，尤其在兒童身上。「證據一致顯示，電視、電影與影片及電腦遊戲中的暴力影像，在刺激、想法與情緒方面有可觀的短期作用，它們會提高幼童產生攻擊或恐懼行為的機率，尤其是男孩。」

但每當提到媒體對行為的影響，就有很多人會翻白眼。「我在電視上看過很多謀殺案，我可沒殺過任何人！」是我聽到的典型反應。

金・凱瑞在推特上表示在新鎮（Newtown）校園槍擊案發生之後，自己的電影《特攻聯盟2》中的暴力內容令他感到難受，因此他開始和這部電影保持距離。但《特攻聯盟》系列漫畫的創作者及電影執行製作米勒（Mark Millar）則回應道，他從來就不認為虛構故事中的暴力導致現實生活中暴力的程度，會大於哈利波特施了魔咒之後，在現實生活中創造出更多男孩巫師的機率。

很有趣的反駁。但這麼說不但荒謬，而且不精確。因為**暴力內容和攻擊增加確實具有相關性**。二〇〇〇年七月，國內六個主要的公共衛生團體（美國醫學會、美國精神醫學學會、美國小兒科學會、美國心理學會、美國家庭醫師學會及美國兒童與青少年精神醫學會）之備受尊敬的領導人在國會公共衛生高峰會**全都**簽署了〈針對娛樂暴力對兒童的衝擊之共同聲明〉：

「目前為止，遠超過一千項的研究，包括來自公共衛生署長辦公室、國家心理衛生研究院及醫學與公共衛生組織所執行的研究，都壓倒性指出媒體暴力與攻擊行為在某些兒童身上的因果關係。這些超過三十年的研究所做出的結論是，觀看娛樂暴力可能增強具有攻擊性的態度、價值觀和行為，尤其在兒童身上。」

這份言詞強硬的聲明表示，「它的作用可測量又持久。此外，長期觀看媒體暴力，將導致對現實生活中的暴力之情緒敏感度降低。觀看暴力可能導致現實生活中的暴力。年幼時接觸暴力節目的兒童後來出現暴力與攻擊行為的傾向，比沒接觸這麼多暴力節目的兒童更高。」

這個負責保衛公共衛生的團體也把矛頭指向娛樂產業中的否認者，因為這些人**數十年來**都試圖駁斥暴力媒體對兒童的有害影響：「媒體產業中有些人始終堅持著兩點，第一、暴力節目無害，因為沒有現存研究可證明娛樂暴力和兒童的攻擊行為有關。第二，年輕人知道電視、電影和電玩只是幻想出來的。很不幸，這兩種看法都錯了。」

這份聲明指責互動式媒體（如電玩）的力量：「儘管針對暴力互動式娛樂（電玩及其他互動媒體）對年輕人的衝擊之研究較少，但研究已顯示其負面影響可能比電視、電影或音樂更嚴重。」請記得，這份警示電玩的影響「更加嚴重」的報告寫於十六年前；在那之後，還有數百項研究出爐，證實暴力電玩和攻擊增加有關。

二〇〇〇年，聯邦調查局發表了一份關於校園槍擊案的報告，表明媒體暴力確實是這類槍擊案的危險因子。二〇〇三年，國家心理衛生研究院在美國公共衛生署長要求下組成媒體暴力專家小組，發表了針對媒體暴力對年輕人有何影響的詳盡報告，聲明媒體暴力是「造成攻擊與暴力的顯著因素」。

二〇〇七年，聯邦通訊委員會發表了關於暴力電視節目及其對兒童影響的報告，並贊同公共衛生署長的看法，認為孩童接觸暴力媒體可能會增加攻擊行為。二〇〇九年，美國小兒科學會發表了一份關於媒體暴力的詳盡報告，表明接觸媒體（包括電視、電影、音樂和電玩）中的暴力，對兒童和青少年的健康是顯著的風險。

此外，這篇報告還說，「大部分科學證據對小兒科醫師而言都具有說服力，超過百分之九十八的小兒科醫師相信媒體暴力會影響兒童的攻擊行為。但娛樂產業、美國大眾、政治人物和家長不願接受這些論點。這場論戰應該要結束。」

我們都明白娛樂產業（包括電玩製造商）為什麼不希望這些研究受到注目，畢竟他們的成敗關係到數十億元。但為什麼連家長也後知後覺？即便有這麼多研究報告，依然有父母無法看清讓小孩連續玩《決勝時刻》好幾個小時，未必是件好事，真令人難以置信。

當然，這並不是在說，一個人只要看了科傑克（Kojak）在電視上對壞人開槍，就會跟著模仿，或是每一個玩《決勝時刻》的小孩，都會對人開槍。我的意思只是，如同社會學習理論所言，我們透過觀看事物來**學習**；我們受行為楷模影響與塑造，包括現實世界與媒體中的楷模。這些媒體的示範與塑造力能對我們造成多大的影響，主要決定於其他的中介因素（精神疾病／情緒因素、智商、環境及其他影響力等）。

〈國會公共衛生高峰會聯合聲明〉也呼應了「電玩只是許多導致攻擊與暴力的危險因子**之一**」的想法：「我們絕不是在暗示娛樂暴力是唯一、甚至必然是促成年輕人攻擊、反社會態度和暴力的最重要因素。許多因素都可能促成這些問題。」

就像俄亥俄州立大學教授布什曼（Brad Bushman）所說，「沒有一個我認識的研究者會說媒體中的暴力是攻擊或暴力唯一的危險因子、或最重要的因素。」雖然電玩不是暴力唯一的危險因子，但可以視為一個「放大器」。兒童心理學家華許（David Walsh）是主張暴力電玩與攻擊有關的研究者，他解釋了這種多因素的觀點：「並不是每個打暴力電玩的小孩都會變得暴力。原因在於他們沒有同時具備其他危險因子。這是多種危險因子的結合。」

如果我們可以理解，接觸暴力電玩是促成暴力行為的危險因子，或者是一個放大器，那麼我們也必須理解，這種放大作用會基於其他因素，以不同方式影響小孩，就像任何攻擊放大器也可能以不同方式影響成人一樣。

好比說，有三個隨機抽樣的成人，每天早上都喝兩杯他們熱愛的星巴克摩卡拿鐵。我們知道咖啡因是一種興奮劑，也可以增加攻擊性、可能是一種攻擊**放大器**。這不是說星巴克愛好者都是殺人狂，只代表一個人攝取的咖啡因可能放大或提高他的攻擊性。所以，這三個星巴克迷變得極度興奮之後，他們開車去上班，不料三個人都被無禮的駕駛突然超車。這三個人本來的攻擊潛力都因為咖啡因而放大，但不代表他們三個都會採取有攻擊性或暴力的反應或行動。

其中兩個喝了咖啡的人可能會克制自己，保持沉默，在開車上班的路上用力握緊方向盤。但第三位駕駛也許那天早上剛好和老婆吵架——這是另一個攻擊放大器——而且正擔心自己可能失業，壓力很大。還有，或許他的因應技巧不佳，又天生急性子，這使他更容易出現攻擊反應。

所以，咖啡因、工作壓力和那天早上的爭吵，對於一個本來就有攻擊傾向的人而言，全都是**攻擊放大器**，把人逼到極限而暴怒。但其他喝了咖啡而攻擊性升高的駕駛，卻沒有追著超車的人。我們可以下結論說，咖啡因對於第三個駕駛在馬路上暴怒**沒有任何影響**嗎？不能。事實上，咖啡因極可能是一個因素，但我們不能說是唯一的因素，甚至是最重要的因素——而且這樣的結果絕對不是咖啡因的「錯」。就好像我們不能說家裡的爭吵或工作壓力「造成」路上的暴怒事件，但以上這些顯然全都是促成那位駕駛引爆的因素。

＊＊＊

華許博士也指出，青少在發展上的脆弱性，讓他們更容易受到某些危險因子的影響：「腦部的衝動控制中樞，也就是腦中負責深謀遠慮、考慮結果並掌控衝動的部分——就是我們額頭正後方的腦區，稱為前額葉皮質。青春期的這個部分還在施工中。事實上，直到二十歲出頭，這個腦區的連線都還未完成。」

華許解釋，當一個人有其他危險因子，例如來自不穩定的家庭、有情緒議題或壓力太大，就會降低本來就比較弱的衝動控制，「所以當年輕人的腦部還在發育，本來就容易感到憤怒，再加上花費無數小時演練暴力行動，然後進入一個充滿情緒壓力的情境，他就可能真的採用腦中已經反覆連線過（或許已經數千次）的熟悉模式。」

談到遊戲效應，重複是個關鍵。研究顯示，一個人打暴力電玩的時間越久，攻擊性越高。電玩的重複性是攻擊增加的關鍵。心理學家豪斯曼（Russell Heusmann）表示：「**重點在於重複**。我想隨便一個兒童都能玩上幾回《俠盜獵車手》或射擊遊戲，不致造成太大影響。但如果他們一天又一天地玩，經年累月，那麼任何明白學習力的心理學家都很難相信這樣不會大大提高風險。」

然而，當多數研究者傾向同意暴力電玩和攻擊性的增加有強烈相關性，有些研究者如佛格森（Chris Ferguson）卻覺得，「攻擊增加」的概念不只不精確，而且很難量化。佛格森專精於媒體效應研究，一直是媒體造成攻擊增加這類研究的最高分貝批判者。佛格森曾為二〇一一年十二月出版的《時代》雜誌撰寫一篇支持遊戲的文章〈電玩不會讓小孩變得暴力〉，此後數十篇支持電玩的文章和部落格都引用他的研究，大受世界各地電玩迷的歡迎。事實上，假如你看到類似〈電玩和真實生活中的暴力沒有關聯〉的頭條，佛格森的名字很可能出現其中。

根據佛格森的說法，顯示攻擊增加的那些研究，並沒有實際效用：「想像一下，你打一種暴力電玩，讓你的攻擊性提高了半個百分點——你會注意到嗎？我不認為你會注意到。把這件事放在脈絡中看，如果你明天比今天更快樂半個百分點，那到底是什麼意思？這樣的效果非常小……如果我兒子今天比昨天提高了半個百分點的攻擊性，我不會注意到。」

但如前所述，隨著時間拉長與重複，對攻擊的作用也會增強。佛格森提出的研究中，攻擊性上升半個百分點，指的是打暴力電玩十五到三十分鐘之後馬上測量參與者的攻擊指數。但是一直沉浸在遊戲中的小孩呢？在一座虛擬碉堡中一小時又一小時打電玩的小孩呢？

當我們理解到攻擊是受到重複和打電玩時間影響的連續向度，那麼所謂的暴力引爆點可能在哪個位置？在這連續向度上，一個憤怒的孩子可能在什麼時間點變得暴力，或者本來就情緒不穩的亞當．藍札（Adam Lanza）——他於二〇一二年在康乃狄克州新鎮射殺了二十個兒童——從「只是」比較有攻擊性，變得有殺人傾向又暴力？

愛荷華州立大學的簡泰爾（Doug Gentile）雖然附和多重危險因子的觀點，但也提供了恰當的建議。他認為我們應該要謹慎，不要反射性地把矛頭指向單一原因——尤其在新鎮的悲劇發生之後：「一旦發生這樣恐怖的悲劇，真的會扭曲我們思考這種議題的方式。我稱之為罪魁禍首心態。這件事的起因是什麼？嗯，永遠不會有一**個**起因。類似這樣的事從來沒有單一原因。人類很複雜。」簡泰爾是對的。新鎮事件之後人們急於評判，把悲劇原因怪到電玩頭上，這是不對的，但我們也不該低估電玩在又大又複雜的動力中，也是一個促成因素。

有趣的是，在流行病學家斯洛特金（Gary Slutkin）眼中，真實生活的暴力散播和傳染病一樣——而暴力電玩是使人罹患那種疾病的危險因子。斯洛特金醫師是「治癒暴力」（www.cureviolence.org）組織的創辦人，這個組織已成功減少了一些大城市和世界各地的國家中的槍枝暴力。他採取治癒暴力健康模式，把他從對抗傳染病學到的方法應用在杜絕暴力上。延續這個傳染病的類比，第一人稱射擊遊戲會減弱心理的免疫系統，並改變暴力（傳染病）在這個人身上生根的機率。

＊＊＊

雖然我們可以爭論媒體對人的**影響程度**有多高，但如果我們對這些研究結果保持誠實，就必須承認媒體肯定作為潛在的促成因素，對攻擊行為的增加產生了影響。

但就像國會公共衛生高峰會的聲明所指出，並非所有媒體的塑造與影響力都相當。這就是本書的前提，也就是新興的**虛擬媒體**——無所不在與互動的本質、逼真又高強度——比起之前的大眾媒體，甚至有更加強大的衝擊力、更強的塑造性影響力。而在新興的虛擬媒體領域中，電玩是過去十五年來關於電子媒體與攻擊增加的研究當中，特別被針對的目標。

確實，第一個以暴力電玩作為主題的研究，要回溯到一九八四年這個因歐威爾（George Orwell）而聲名大噪的年代。這份研究檢視了較古老的**電子遊戲場**暴力遊戲，針對兩百五十位高中生（男生一百一十位、女生一百四十位）進行調查，請他們回答一系列打電玩的習慣、看暴力節目的習慣，以及攻擊行為相關問題，例如「如果有人在放學回家的路上向你挑釁，你會怎麼樣？」

觀看暴力節目的學生多半也打暴力電玩，而且與身體的攻擊性有明顯的關聯。這份研究的結論有些模糊：「資料顯示，打電玩既不像許多批判者所描述的那麼具威脅性，也並非不可能造成負面結果。」不過，一九八四年的電子遊戲場和今日第一人稱射擊遊戲完全不同。繼那些早期研究後，如今我們從後續的數百個研究中，試圖探討接觸暴力媒體會不會增加攻擊性。

8／電玩與攻擊性研究

觀看暴力電玩，會讓小孩在一個學年內就出現身體上的攻擊性嗎？

這是愛荷華州立大學心理學教授安德森（Craig Andeerson）想知道的問題。安德森博士是暴力研究中心主任，也是電玩效應領域的先驅與頂尖研究者。一九八〇年在史丹佛取得博士學位之後，他大量研究暴力電玩對小孩造成的衝擊，也曾在美國參議員面前就此主題作證。

他在二〇〇八年的研究檢視了暴力電玩在日本與美國的長期影響，發表在《小兒醫學》期刊。安德森與團隊著手檢視接觸暴力電玩對小孩和青少年是否會隨著時間產生負面影響，假設孩童從學年初開始接觸暴力電玩，然後在那個學年間對這些孩童的身體攻擊性作出預測。

他使用三個樣本群（三百六十四位三到五年級美國學生、一千零五十位十三至十八歲日本學生、以及一百八十位十二至十五歲日本學生），假設他們從學年初開始接觸暴力電玩，就能夠預測學年中（三到六個月後）攻擊測量的結果，甚至在統計上控制了性別及先前的身體攻擊性。每個樣本群都得出結論，習慣打暴力電玩與幾個月後的攻擊行為，兩者呈現的正相關具有統計信度。而且就身體攻擊與暴力的長期預測因子而言，強度落在中等至強的範圍。用學術用語來說，這是個「很強」的效果——不是碰巧發生的事。

這個研究指出，美國兒童每週打電玩的時間（當時是二〇〇八年）是一九八〇年代的四倍，而且我們已知暴力電玩與攻擊行為有關。「攻擊」的定義是，意圖傷害另一個人的行為，而且**不只**是一種情緒、想法或意圖。「攻擊」必須是如踢、揍、打架等實際造成傷害的行動。參與研究的日本學生自我陳述是否有上述行為，而美國學生的身體攻擊則以老師、同儕和學生的自我陳述為指標。

研究者不僅推斷「相較於不打暴力電玩的人，習慣打暴力電玩會導致身體攻擊增加」，這樣的影響對美國學生和日本學生大致相同，儘管一般認為美國是個人主義文化，社會層面的攻擊與暴力較多，而日本是集體主義社會，攻擊與暴力較少。但遊戲增強暴力的效應在兩個社會都發生了，年紀較小的孩子越明顯。

結論是，遊戲增強暴力的效應具備了跨文化的一致性，也說明暴力電玩在以傷害性方式影響兒童發展的軌跡上，具有很強的力量。此外，這個結果和另一個假設互相牴觸：只有高攻擊性兒童（無論先天、文化或社會因素）才會在反覆接觸暴力電玩之後，變得更有攻擊性。

換句話說，不只本來就有攻擊性的小孩受到影響，而是**所有**接觸暴力電玩的小孩，都會變得更有攻擊性。研究者假設攻擊行為增加背後的心理機制是接觸真實世界或娛樂媒體中的暴力楷模，那麼這些楷模便主導了大量增強攻擊的行為劇本、態度與信念。人類——特別是兒童——藉由觀察「楷模」來學習新的行為，這是社會學習理論的準則。但這個有樣學樣的現象會因電玩的互動性本質，以及身歷其境的性質，讓使用者因為身兼攻擊者和觀察者而增強。

此外，還要加上電玩的視覺強度與圖像逼真度，以及，我在第三章提過的頻繁「酬賞時制」，以及活化多巴胺的東西不斷重複，這些都進一步強化了暴力電玩強烈的塑造與模仿的潛在作用。

以下是更多研究：

二〇一四年一項標題為〈線上暴力電玩對攻擊程度的影響〉的研究，作者是英國薩塞克斯大學的荷林戴（Jack Hollingdale）與奧地利茵斯布魯克大學的格雷特梅爾

（Tobias Greitemeyer）。他們發現打暴力電玩的參與者比打中性電玩的參與者顯示出更強的攻擊性。

他們將一百零一位學生隨機分配到暴力遊戲組與非暴力遊戲組。暴力遊戲組打《決勝時刻：現代戰爭》三十分鐘，非暴力遊戲組打《小小大星球2》三十分鐘。《決勝時刻》是超暴力的第一人稱射擊軍事遊戲，場景設在中東和俄羅斯戰區，玩家扮演美國海軍陸戰隊士兵或英國突擊隊員，遊戲內容包含了逼真的槍擊與殺戮敵軍等情節。反之，《小小大星球2》是一種無害的、像卡通般的益智平台遊戲，主角是可愛的 Sackboy 布娃娃。

參與者各自打完電玩後，研究者使用「辣椒醬研究典範」來測量他們的攻擊性。這些學生在打完三十分鐘電玩後，被要求參與一場假的市調，目標是一種新的辣椒醬配方。這些學生並不知道這場市調是假的，或者和剛結束的遊戲有何關連。

研究者請學生用辣椒醬為食物調味。這種辣椒醬非常辣，學生得知辣度是「大辣」。研究者告訴學生，有一位試吃員「不能吃辣」，但為了高額酬金而參與研究。另一方面，學生們並不需要品嚐調味之後的食物。這些學生離開房間後，研究者測量這些學生加了多少克辣椒醬，這個測量的用意，就是參與者替匿名試吃員加辣椒醬的量，代表了他們的敵意或攻擊性高低。

研究發現，剛打完《決勝時刻》的學生明顯添加了較多的辣椒醬。添加較多辣椒醬就代表比較可能在校園中開槍？當然不是。但確實顯示打暴力電玩提高了一個人的攻擊性。這對於具有潛在精神脆弱性的人而言，問題特別大。

堪薩斯州立大學研究員巴勒（C. Barlett）二〇〇七年發表在《攻擊行為》（*Aggressive Behavior*）期刊的論文也得出類似結論，這篇論文標題為〈玩越久，敵意越強：檢視第一人稱射擊電玩與打電玩時的攻擊〉。他測量了參與者在兩場單獨試驗中玩第一人稱射擊遊戲《火線危機3》十五分鐘之後的生理激發程度，以及面對三種假設情境時，會反應出多麼高的攻擊性。結果證明打多了暴力電玩，可以使攻擊性顯著高於基準線。

有趣的是，研究發現挫折與血腥是誘發攻擊的因素。一九九六年，巴拉德（Ballard）與威斯特（Wiest）發表在《應用社會心理學期刊》（*Journal of Applied Social Psychology*）的精彩研究中，對《真人快打II》這個電玩有所評論。這是一款競爭性的武術風格電玩，玩家在遊戲中可以對打到死。這款遊戲的較早版本中，玩家可以關掉大量流出的虛擬血液；在遊戲中將「血液功能」開啟的參與者和停用血液功能的人比起來，有較高的敵意。

我們可以假設，看到血（即使是電玩中的血）觸發了人類古老的爬蟲類腦（戰或逃反應的所在）中某些原始的東西。從古至今，血都等同於暴力和危險，二十一世紀的電玩玩家可沒辦法斷絕這種關聯。

密蘇里大學教授與《人類攻擊》（*Human Aggression*）一書作者吉恩（Russell G. Geen）也附和這個意見，認為看到生動的暴力影像，可以讓一個人變得更有攻擊性。他從理論上說明，看見（或形象化）對暴力的描繪，可以促發個體將具有攻擊性的想法或情緒付諸行動。

二〇一一年，格雷特梅爾與英國蘭卡斯特大學的麥拉契（Neil McLatchie）一項富啟發性的研究發表在《心理科學》（*Psychological Science*）期刊，推斷打暴力電玩會助長去人性化，喚起攻擊行為。因此，當加害者感知受害者比較不像人類時，似乎觸發了電玩引起的攻擊行為。

我們從歷史上得知，當人類被去人性化——就像納粹德國的猶太人或奴隸制度下的黑人——施暴會變得比較容易。打暴力電玩使得玩家對基本人性變得麻木，也使受害者去人性化，因此比較容易予以傷害。

格雷特梅爾博士也發表了另項研究，標題為〈攻擊的多變臉孔：暴力電玩中的個人化虛擬化身對於攻擊行為高低的影響〉，認為自己設計虛擬化身的玩家，其攻擊性顯著高於打非暴力遊戲的玩家，也高於打暴力電玩但使用通用虛擬化身的玩家。當一個人「創造」出自己的數位角色，似乎有一種強化力量的作用，我們能想像這種力量作用在那些與人群疏離的問題小孩身上，將可能造成什麼不利與暴力的影響。

腦部造影研究令人驚嘆之處，在於可以針對電玩在神經生理方面造成的影響，提供清楚的證據。我們在第三章討論了王洋博士二〇一一年的研究，首次顯示打暴力電玩與可被測量的腦部改變有直接關係，包括打暴力電玩一**個星期**之後，特定額葉腦區的活化程度較低。

王博士說，「暴力電玩對腦部功能有長期影響。打電玩更長一段時間之後，這些影響可能轉化為行為上的變化。受影響的腦區對於控制情緒及暴力行為很重要。」所以額葉腦區受損的人會變得衝動許多，也可能具有攻擊性。既然王博士的研究顯示，只打了一星期的暴力電玩，額葉就會受影響，那麼問題就變成，打了數年暴力電玩的小孩，會發生什麼事？

最後，在一篇掌握了數年來研究的摘述中，安德森博士完成了該領域中有史以來最詳盡的後設研究回顧。他全面分析了一百三十個研究，包含來自世界各地、超過十三萬位研究參與者。最後證明了接觸暴力電玩造成小孩的攻擊性提高、愛心變少——無論他們的年齡、性別或文化背景為何。這個研究推斷暴力電玩這種危險因子和攻擊想法與行為的增加，兩者間有**因果關係**。

安德森博士進一步闡明，「我們有十足把握，無論用什麼研究方法（實驗、相關或縱貫性研究），也不管這個研究所試驗的文化來源（東方或西方），都會得到相同結果。也就是說，**在短期和長期脈絡中，接觸暴力電玩都會提高攻擊行為出現的可能性。**」

我和打電玩的個案談話時，也確認了這點。他們告訴我，如果他們整個週末都在打暴力電玩，會比較有攻擊性：「我會變得比較激動，如果有人撞到我或講話難聽點，我會跟他打起來。」一位玩家這麼說。

另一個年輕個案山姆在打了《決勝時刻》整個週末之後的星期一，他走進我的辦公室驕傲地宣布：「我辦到了！我報名加入海軍陸戰隊！我現在真的可以殺人了！」整個週末玩那個遊戲讓他非常亢奮，他希望有機會真正去做那些事。我提醒他《決勝時刻》是個可以關掉的遊戲，但伊拉克戰爭可是真的，而且沒有關閉按鈕，他咧嘴一笑說，「對啊，我知道！」

安德森博士長期研究電玩對攻擊性的影響，他相信此刻關於電玩是否會增加攻擊行為的論戰已經結束。他說，「從公共政策觀點，是時候停止質疑『電玩是否真的有嚴重影響』這個問題了。我們應該朝另一個更有建設性的問題前進，例如，怎樣可以讓父母輕鬆一點，在文化、社會與法律等環境面向，提供小孩更健康的童年？」

＊＊＊

斷言電玩與攻擊之間存在連結的研究者之一——布什曼博士，對於從攻擊跳到實際身體暴力有話要說：「平均而言，接觸暴力電玩會增加攻擊的想法與憤怒的感受、提高生理激發，比如心跳和血壓，這或許解釋了為什麼暴力電玩也會增加攻擊行為。但是，他們比較可能刺傷別人嗎？我不知道。他們比較可能對人開槍嗎？我不知道？他們比較可能強暴別人嗎？這真是考倒我了。這些事情非常少見，我們無法以符合倫理的方式研究這些事，我們也不能給研究參與者刀和槍，看看他們會做些什麼。但我們知道，打暴力電玩和較常見的攻擊行為有關——例如打架。」

然而，不是所有人都同意上述看法。例如前一章提到的佛格森博士，他不贊成暴力電玩有問題，也強烈批判相關研究，他在二〇一四年還引爆各種頭條研究，並連帶啟發了數十篇報導和部落格文章。這些文章驚呼：「長期研究發現電玩中的暴力與現實生活中的暴力沒有關聯！」我會在後文解釋這個研究的預設和結論都有致命瑕疵。

但不重要——這個研究創造了很棒的標題，讓人玩遊戲時不必懷抱罪惡感。有個遊戲部落格用佛格森的這個研究當標題，開頭赫然是一句令人安心的話：「盡情繼續打《俠盜獵車手》吧，遊戲開始！」

所以佛格森博士（有趣的是，他也是一部描寫路西法死亡邪教的驚悚小說《自殺之王》〔*Suicide Kings*〕的作者）到底研究了什麼，讓他得出「沒有關聯」的結論？

他用媒體暴力率（包括電視與電玩）及全國青少年犯罪率的統計數字當作實驗變項，來看兩者之間有沒有關聯。他覺得之前的研究在「實驗」情境中進行太過於虛假，無法收集有效資料，因此斷定，只要挑出青少年犯罪統計數字，並將之與暴力電玩的分析作比較，就可以回答「媒體會否造成暴力」這個老問題。

在看他的研究結果之前，我們可能會想，佛格森建構研究的方式有什麼問題？可惜佛格森沒有鎖定特定的玩家樣本群，監控他們經過一段時間的暴力事件或暴力行為，而是把**整個年輕族群**納入考量（在年輕人當中，打電玩的比率已顯著提高），然後觀察全國青少年的犯罪率。

結果佛格森看到了反向關係：年輕人較常打電玩，但青少年犯罪率卻下降了。因此出現那個令人驚呼的標題：「長期研究發現，電玩中的暴力與現實生活中的暴力沒有關聯！」

但中介變項呢？當實驗者試圖去看一個實驗變項會不會影響另一個實驗變項時，通常會試著在研究中把其他「中介變項」或也可能影響結果的變項考慮進去，使影響程度降到最低。我們知道**整體犯罪率**從一九九〇年代至今一直在下降，這歸功於許多原因，包括較佳的警政、青少年幫派介入方案、少年藥癮與酒癮治療方案等。目前證明這些犯罪率介入措施有效，因為大多數暴力犯罪和幫派或毒品有關。

事實上，根據聯邦調查局網站，百分之四十八的暴力犯罪與幫派有關，但美國廣播公司新聞網的報導卻將這個數字擴大為百分之八十，相信多達一百萬個幫派成員需要對美國犯罪中的百分之八十負責。這些幫派相關的犯罪統計數字和電玩一點關係也沒有，都和幫派文化及毒品買賣暴力有關。

奇怪的是，國內減少犯罪的計畫有效，卻被當成是說明暴力電玩不會增加玩家攻擊的「數據」，這簡直是怪異的結論。可惜佛格森沒有更加針對特定樣本群進行研究，例如研究極端的電玩玩家（每週打電玩二十五個小時以上），以測量他們的攻擊程度是否經過時間而受到影響，反而去檢視會造成誤導的全國青少年犯罪整體統計數字。

仰賴犯罪統計數字來反映玩家攻擊的另一個問題是，大部分的攻擊或暴力行動未必會被通報為犯罪。如果我踢了我妹一腳，有可能不會有人向警方報案，然而，這無疑是個具攻擊性又暴力的舉動。

儘管佛格森博士的研究認定暴力電玩使用與青少年犯罪率的**下降**，存在強烈的相關性，但他承認這個反向的相關也可能是巧合，並不顯示打暴力電玩可以讓世界更安全。

不幸的是，佛格森這個漏洞百出的研究結論搏得許多版面。儘管研究造成誤導，高曝光率的他卻對其他研究提出批判。在指出那些研究方法的瑕疵時，他表示許多研究都使用大學生而非兒童作為對象，而大學生比較傾向提供研究者期待聽到的回應。在研究世界裡，這種反應偏誤稱為「訴求特性」，他說，「這些大學生中，多數人都聽過媒體暴力和攻擊的理論，因為他們正在讀大學，還修這些課程……一般的大學生基本上可以聯想到他們應該怎麼做。」佛格森推測，大學生比小孩更可能顯示攻擊的證據，因為「這些大學生在猜測他們該做什麼，並且也這麼做了，以獲得額外的學分。」

佛格森博士的曲解毫無道理，有些學生為了額外的學分而參與研究計畫，但在那些研究中，學分絕不取決於他們的反應；而且，也有其他研究是以國高中生為對象。佛格森博士基於猜測對那些研究提出的駁斥並不合理。

還有些批評者提出，或許攻擊性高的小孩比較容易受到暴力電玩吸引，於是陷入雞與蛋的問題。也就是說，在經常打電動的玩家身上測量到的，可能是本來就存在的狀況。

但安德森博士和王博士的研究反駁了這個論點。安德森的研究測定了攻擊的基準線及那一年內後續的攻擊行為；此外，「低攻擊性」的日本學生身上也顯示出相同的效應。王博士的研究則在接觸暴力遊戲前後都進行腦部造影，顯示測量得到的腦部改變，正是接觸遊戲的副作用。

佛格森也提出，或許有些研究測量到攻擊增加，其實是參與者在打電玩十五或三十分鐘之後被要求停止而感到挫折。這點我同意，不過是基於不同的理由。有鑑於過度刺激的遊戲具有潛在成癮性，所以當遊戲被奪走，玩家確實可能變得**非常**挫折，以及憤怒。

據治療網路成癮的小孩與青少年臨床心理師佛瑞哲（Michael Fraser）所言，除了暴力的遊戲**內容**，執迷的客體被奪走的**威脅**，也可能導致許多成癮者出現衝動的攻擊性，甚至身體暴力。他說，「孩童可能出現身體或口語的暴虐行為。多數家長很難想像，他們十二歲的兒子會在母親試圖切斷遊戲時動手推她。」

線上與網路成癮中心創辦人羅斯（Kimberly Ross）也同意：「使用暴力電玩和攻擊行為肯定存在關聯。小孩會開始丟東西，打爸媽，並在學校出現暴力行為，而家長只能說，『他以前是個好孩子，都不會這樣。』」我確實在臨床工作遇過幾個家庭，當家長拿走小孩的電子裝置時，都遭受到攻擊。

上述攻擊與暴力行為增加的類型中，大部分不會被列入全國犯罪的統計數字，也就是佛格森博士使用的資料。但根據楊（Young）博士與佛瑞哲博士的說法，儘管像亞當．藍札這類例子極為罕見，但日常攻擊的增加（如小孩動手推拒試圖奪走遊戲的家長）變得越來越常見。

能上新聞的極端案例和藥癮行為有許多相似之處，藥癮者在藥物被拿走時，也會出現類似的暴力行為。因此藥癮康復社群流傳已久的一句話是，「千萬別介入藥癮者和他的藥物之間。」

我們在下一章將看到暴力電玩成癮者，在他們的「藥物」被拿走時，可以變得多麼狂暴。

臨床快照：一位家長的憂慮

「你能幫幫我兒子嗎？」電話那頭，焦慮的母親說了一個在今日青少年身上頗為常見的故事：善於社交的十五歲少年，過去曾是熱愛踢足球的好學生，如今被電玩成癮吞噬，所有科目都不及格，而且不願去上學。

我問她，是什麼時候發現出了問題。她的答案有點不尋常：「在他十歲的時候……他當時住院了……精神科醫院。」她的聲音變得緊張，或許因為難為情，她試著正常化這件家長難以接受的事：「他沒有怎樣，我是說，住院只是為了確定他沒問題。」

「他為什麼住院？住院多久？」

「他是個好孩子，真的。我不希望你以為他瘋了之類。他沒有瘋，他只是……只是養成了一些壞習慣。他只要一打電玩就好像中了什麼邪，變成另外一個人。他住院一個月。我先生和我都很害怕。他越來越孤立，只玩那個恐怖遊戲，所以我們把遊戲還有他的 Xbox……全都拿走。」

然後，她感傷地說，「他以前很喜歡待在戶外，踢足球、水上活動、開帆船、衝浪……我有他八、九歲的照片——」

「他為什麼住院？」我又問了一次。

「他拿著一把刀攻擊我。我……我不認為他想傷害我，但是當我們拿走他的遊戲機……」她淚流滿面重複道，「我不認為他要傷害我……」

9／電玩影響的暴力真實案件[1]

檢察官表示，丹尼爾因為父母拿走《最後一戰3》而殺害母親、對父親開槍

俄亥俄州的威靈頓是個典型美國小鎮，這個古色古香的小鎮坐落在克里夫蘭西南方約五十分鐘車程處。威靈頓鎮只有不到五千居民，成為快速消失中的美國所留下的遺跡。這是個當地居民彼此熟識的小鎮。

二〇〇七年，寂靜的威靈頓上了全國新聞。因為丹尼爾（Daniel Petric）的事件，讓威靈頓成了暴力電玩論戰的起點。這個十六歲的男孩莫名開槍射殺父母，他的母親遭到殺害，父親則臉部中槍，活了下來。

他的動機讓這件事登上全國頭條。警察表示，丹對他的父母開槍，因為他們拿走他的《最後一戰3》[2]，那是令他強迫性上癮的暴力電玩。這個案子令人震撼的地方在於——雖然從各方面聽起來都像老套的說法——丹是個由充滿關愛的父母養育的正常小孩。

以下是丹在審判中呈現的犯罪細節：

根據丹的姊姊海蒂的證詞，丹以前從未玩過《最後一戰》，直到有一次滑雪時出了意外，傷勢演變成葡萄球菌感染，讓他將近一年沒去上學。那段時間，他在朋友家發現了Xbox和《最後一戰》，強迫性地上癮，以至於經常每天連打十八個小時都不休息。

丹的父親馬克是新生命神召會的牧師，他作證時說，他很擔心兒子打電玩的習慣，尤其因為那個遊戲的暴力性質，所以禁止他買遊戲。丹有天晚上溜出門買遊戲，回家時被父母發現。他們將遊戲拿走，並放進衣櫃裡上鎖的箱子。還有一把九公釐手槍，也放在那個箱子裡。

在遊戲被拿走之後一星期，丹用他父親的鑰匙打開了箱子取出遊戲——以及那把槍。接著他上樓走到正在沙發上休息的父母身後說，「閉上眼睛，我要給你們一個驚喜。」然後對父母開槍。他父親感覺鮮血從頭顱湧出，而丹的母親因為頭部、手臂和胸部中槍而身亡。

槍擊發生後幾分鐘，姊姊海蒂及丈夫亞契為了觀看棒球轉播賽而前來。丹在門口門告訴他們爸媽在吵架，想趕他們走，但他姊姊和姊夫聽到痛苦的呻吟，強行進入後，才看到客廳的血腥場景。

海蒂打電話報警，在警察抵達之前，丹就跑了出去，溜進他家的廂型車裡。不久他被威靈頓警察逮捕——駕駛座旁放著他心愛的《最後一戰3》。

丹的律師在審判期間辯稱，丹當時的心智狀態無法理解對父母開槍的後果，他已經打那個遊戲太長時間，無法理解死亡是真實而永久的。

法官伯爾格（James Burge）宣判謀殺罪成立，判了較輕的終身監禁，在二十三年後還能獲得假釋機會。他說丹對遊戲執迷到以為死亡不是真實的，就像遊戲裡的角色。

整個審判期間，丹沒有表現出太多情緒，甚至保持一種漠不關心、幾乎無聊的神情——除了他母親的驗屍照在大螢幕上一閃而過的那一刻。他在眾人討論那張照片時低頭看著自己的手。

丹的父親在審判過後原諒了他，說丹已經道歉了：

1 原注：本章中的頭條來自報章雜誌的真實頭條，資料來源列於書末附錄。本章的描述以新聞報導作為主要資料來源。

2 原注：《最後一戰》是大受歡迎的第一人稱射擊暴力電玩，內容奠基於軍事與科學的虛構主題。該系列在二〇一四年賣出超過六千萬組遊戲，為微軟賺進三十四億元。

「爸，我很抱歉我對媽、對你和這個家所做的事……我很高興你還活著。」

「你是我兒子。」馬克回道：「你是我的兒子。」

五年後，美國廣播公司新聞網於二〇一三年在獄中進行訪問，詢問丹在開槍時，是否明白自己殺害了父母。當時已經戒除電玩的丹回應：「在我習慣打的那些電玩中，每一回合遊戲結束之後，一切就可以重新開始……每個人都還在那兒。」

問丹是否怪罪電玩，他回答，「不，我一直都願意負責……我知道這不是別人的錯，是我一個人的錯。但它〔遊戲〕是不是起了某種作用？是的。確實是。它催化了那種心態，因而導致謀殺。」

因電玩對父母開槍的青少年，被控企圖謀殺

十四歲的內森（Nathan Brooks）喜歡打籃球。在華盛頓的小鎮摩西湖，全鎮都知道他是個熱血球員，把他當成全美明星小子。但在二〇一三年三月八日，就在晚上十點前後，內森在父母入睡後悄悄潛進他們的臥室，用一把點二二口徑手槍從背後瞄準父親的頭部。

根據摩西湖巡佐威廉斯（Mike Williams）的報告，這個華盛頓州青少年先對他爸爸開槍，然後對媽媽開槍，接著在爸爸滾下床時，再次對他開槍。內森說，他對媽媽開槍時，她試著起身，所以他多開了兩槍，確保她不再動。

為什麼像內森這樣乖巧的小孩會試圖殺害父母？警方報告顯示，內森因為被禁用電子裝置兩個星期而氣惱——包括不能打電玩。內森告訴警方，他非常沉迷於電玩，就像報告中所言，「我問他打多長時間的電動，他告訴我，每天二十四小時，直到電子裝置被收走為止。」

警方相信這個男孩撬開了保險箱，才取得父親的手槍，然後回到自己的房間聽音樂一個半小時，同時決定了對父母開槍。「他說自己當時重新思考，但最終叫他這麼做的聲音，比叫他不要做的聲音更大。」威廉斯巡佐寫道，「他的腦中一遍遍聽到，如果他殺了父母，就能做任何想做的事。」

大約九十分鐘之後，他的收音機沒電了。他把收音機插上充電器，然後走向父母的房間。接著，他緩慢而安靜地進入黑暗的臥室開槍。

發射完子彈後，內森回到樓下裝填子彈。他聽到父親大吼著要拿他的點四〇口徑手槍時感到害怕——他原本不知道父親在槍擊中存活了下來。那讓內森丟下手中的子彈，從後門跑了出去，將重新裝彈裝填子彈的槍扔進家裡的游泳池。

他受傷的父親撥打九一一時還不明白他兒子就是槍擊犯，只是告訴接線員，有人闖進家裡對他和妻子開槍。

警察抵達現場時，年輕的內森在前門迎接他們。這兩個警員認得內森，因為他和警員的兒子同屬一個籃球隊。警察發現他父母都還活著。父親強納森頭部至少中了一槍，他妻子至少中了兩槍，一槍在左臉，一槍在手部。

警察調閱屋內監視器畫面時，戳破了內森所謂的入侵者故事，畫面清楚顯示內森拿著槍走過客廳。內森很快就認罪了。整個社區都很震驚。內森的鄰居阿諾表示，他看起來像個正常小孩，「他會打籃球，經常在外面練習投籃。」「我從沒見他惹過麻煩。」

內森因殺人未遂面臨最高三十年的刑期，法院拒絕視他為少年犯，二〇一五年二月，他被判處十五年徒刑。

殺害警察的「俠盜獵車手」殺手被判有罪

二〇〇三年，十五歲的戴文（Devin Moore）被發現睡在一輛偷來的車上，被帶進阿拉巴馬州警察局，因偷車而被逮捕歸案。戴文沒有犯罪紀錄，一開始十分配合警員史崔克蘭（Arnold Strickland）的調查。但一進警察局，當警員告訴他，如果偷車的罪名成立，他可能得進監牢蹲個幾年，他突然發火了。他撲向史崔克蘭，搶了他的手槍，並開了兩槍，其中一槍射中警員的頭部，導致傷重致死。

警員克倫普（James Crump）在警局另一處聽到騷動後，朝著槍聲跑去，他在走廊上遇到戴文，被連射三槍，頭部中彈致死。

戴文沿著走道朝門口走去。然後又對派遣員米勒（Ace Mealer）開了五槍，將他殺害。接著他搶了一串車鑰匙，開著警車飛馳而去。

不到一分鐘內，三位警員身亡。

幾小時後，戴文在密西西比州遭逮捕，他告訴逮捕警員，「生命就是一場電玩遊戲。所有人在某個時刻都會死。」在蓄意謀殺罪的審判中，他的律師辯稱戴文童年時遭受過嚴重身體虐待，造成創傷後壓力症候群，而且一再沉迷於《俠盜獵車手》[3]遊戲，

3原注：《俠盜獵車手》系列遊戲是暴力電玩的始祖。玩家化身髒亂內城區野心勃勃的幫派份子，為了讓遊戲前進而進行一連串的暴力犯罪。遊戲中逼真呈現槍擊和用球棒毆打娼妓的畫面；《俠盜獵車手V》甚至有「強暴模組」，讓玩家模擬強暴女性受害者。

導致從現實世界解離。

律師發現戴文打《俠盜獵車手》遊戲長達數百個小時，而且令人震驚的是，那個遊戲生動描述了一個玩家做出和戴文一模一樣的事：對警員開槍後，開著警車快速逃離警局。

但是法官不允許專家證人為電玩相關的辯護內容作證，因此律師無法提出精神障礙與心智缺陷抗辯。戴文最後被判有罪，判處注射死刑。

二〇〇五年二月，長期致力於媒體改革的律師湯普森（Jack Thompson）代表三位受害警員的家屬對 Sony、沃爾瑪超市和 Gamestop 公司提出民事訴訟，指控阿拉巴馬州的製造商須承擔法律責任，以及死刑判決不當。因為，正是《俠盜獵車手》造成的「暴力模仿」，導致那三名警員死亡。

湯普森在二〇〇五年於《六十分鐘》節目報導中談及此案：「我們認為，戴文．摩爾所做的事，其實受過訓練。他手上有一台謀殺模擬器。」湯普森解釋，「電玩產業提供他一份轉換頭腦的選單，當他待在警局時，一眨眼就從腦中跳出。那份選單讓他瞬間決定殺害警員、乘警車逃逸，就好像他在遊戲中受訓的內容。」

兒童心理學家華許也同意，「當一個腦部還在發育、本來就怒氣沖沖、花費無數小時演練暴力行為的年輕人，置身於充滿情緒壓力的情況下，他可能真的進入那已重複連結的熟悉模式，或許已經重複過數千次了。」

衛理公會牧師史蒂夫是遭殺害警員史崔克蘭的兄弟，他堅信暴力電玩和《俠盜獵車手》當中殺害警察的場景，在他弟弟死亡原因中扮演了某個角色，「為什麼一定要有人生命被奪走，他們才明白遊戲對他們造成了惡劣的影響？」

二〇〇九年七月二十九日，法院對 Sony 公司作出簡易判決，戴文仍在死刑犯的行列。

＊　＊　＊

不可否認，上述電玩暴力案例，有些讓人很難讀下去，也很難相信，但在十多個遊戲影響下發生的謀殺或弒親案件中，這些還只是部分樣本。這有可能嗎？電玩玩家可能上癮後像海洛因成癮的人那樣，為了注射虛擬毒品而殺人？顯然如此。

關於電玩與暴力現象，除了成癮者在藥物被剝奪時會暴怒，以及我們知道電玩會讓小孩變得更有攻擊性，還有一個因素：反覆模擬暴力，實際上就是在「訓練」小孩開槍與殺戮。

西點軍校前心理學教授、《別再教孩子們殺戮》（*Stop Teaching Our Kids to Kill*）一書作者葛羅斯曼（David Grossman）中校，用「謀殺模擬器」這個詞來描述第一人稱射擊遊戲。他相信這類遊戲訓練兒童使用武器，並降低了他們對謀殺的情緒敏感度。葛羅斯曼曾經是名特種部隊軍官，專精「殺戮學」（殺戮的心理學），他將電玩訓練槍手及製造暴力的效應直接怪罪於電玩製造商。

不幸的是，政府要跟上某個議題的科學共識總是非常緩慢，只要問問氣候變遷抗議團體就知道了。所以直到二〇一三年，康乃狄克州新鎮大屠殺發生**之後**，參議院商務委員會主席洛克斐勒（Jay Rockefeller）才提出法案，督促國家科學院研究暴力電玩與兒童暴力行為之間的關係。同年歐巴馬總統要求國會編列一千萬預算給疾管與預防中心，研究媒體中的暴力影像——特別提到「暴力電玩對年輕心靈的影響」與暴力犯罪。如上一章所言，已有大量研究支持兩者的關聯了——**超過二十年**的研究。

我們剛剛看的案例是成癮玩家在遊戲被拿走時表現得像暴力又瘋狂的藥癮者。在其他案例中，深植腦中的螢幕影像模糊了現實，就像遊戲轉移現象，可能導致妄想或精神病狀態下的暴力行為。另外一些例子中，遊戲成癮似乎使得玩家的孤立感與憂鬱變得嚴重。

深受折磨的遊戲成癮者結束自己的生命

威辛康辛州出生長大、二十一歲的尚恩（Shawn Woolley）在對虛擬實境遊戲《無盡的任務》成癮後，於二〇〇二年感恩節自殺，他的屍體在電腦前的搖椅上被發現，當時仍面向著他所癡迷的線上遊戲。

警方在一間髒亂公寓發現屍體，數十個空的披薩盒、髒衣服和雞骨頭被扔在地上。根據他遺書中幾個字跡潦草的名字和《無盡的任務》相關詞語，他母親麗茲相信，他在遊戲中遭到拒絕或背叛而引發自殺，「那個該死的遊戲。尚恩的狀況比我曾見過的毒蟲都更糟糕。他開始玩那個遊戲後，就再也不享受人生了。」

尚恩的弟弟東尼說，尚恩在發現那個遊戲之後就變了，他們不再像從前一樣一起出去玩、打保齡球或開卡丁車。他癡迷於那個遊戲，把自己鎖在房裡。他無可救藥地上了癮，還偷母親的信用卡來付遊戲的錢。最後她的母親孤注一擲，帶走他的鍵盤去上班。

然而，當遊戲變成他生命的一切，他搬了出去並且辭掉工作。他母親敲了門窗兩天，才在感恩節早上發現他的屍體。那個可怕的早晨，她必須切斷門上的鏈鎖才能進入公寓。「如果你酗酒或有藥癮，可以去一些地方尋求協助。」淚水滑落麗茲的臉龐，她告訴記者，「但沒有人幫助他，沒有人知道如何幫他。」因此麗茲創立了一個名為「戒線上遊戲無名會」的組織和網站，以幫助像尚恩這樣的人。「我沒辦法呆坐在這裡。」她說，「我不能讓他白白死去。」

警方：八歲孩童在打電玩後，開槍射殺年長照顧者

住在路易斯安那州斯洛特鎮拖車公園中的八歲男孩，趁著八十七歲的祖母看電視時，從背後對她頭部開槍。

她立即喪命。

調查人員相信這起槍擊案是故意的，指出這名孩童在開槍前，正在玩超暴力電玩《俠盜獵車手》。

警長辦公室表示，「調查人員得知這名少年嫌疑犯在殺人前曾瘋迷一款 PlayStation III的《俠盜獵車手IV》電玩，這款逼真的遊戲近乎鼓勵暴力行為，並以分數獎勵玩家殺人。」

這個男孩不必面對刑事指控，因為路易斯安那州法律免除十歲以下兒童的刑事責

任。他現在與雙親住在一起。

為了瘦魔人而想殺人的女孩

「什麼人？」多數人讀到二〇一四年全國頭條新聞「瘦魔人刺殺案」時，反應都是這樣。

在這起令人震驚的案件中，十二歲的摩根（Morgan Geyser）與安妮莎（Anissa Weier）在威斯康辛州被控犯下一級殺人未遂罪，她們誘導一位同學到森林中，對這個女孩刺了十九刀，差點殺了她。

摩根和安妮莎告訴警方，她們相信殺人可以讓她們進階到虛擬幻影「瘦魔人」所在的地位，變成他的「代理人」。她們最初是在恐怖網站 Creepypasta.com 得知關於瘦魔人（Slender Man）的事。

大部分成人既沒聽過瘦魔人，也沒有聽過那個網站。當我們得知有那麼多小孩和青少年很了解那個網站和瘦魔人傳說，多半會感到震驚。我隨機詢問臨床工作遇到的青少年，他們點著頭告訴我他們對那網站的看法，還有那個又高又詭異、沒有臉的傢伙。

儘管「瘦魔人」不是電玩，但這兩個女孩是在使用學校發的 iPad 時，發現了這種異常滲透人心的虛擬影像。人們經常認為只有男孩才會在影像影響下出現暴力，而暴力的第一人稱射擊遊戲確實也絕大多數是男孩在玩（雖然女孩也會玩）。

在這個案件中，卻是另一種執迷導致暴力——非射擊遊戲所導致的敏感度降低與攻擊性提高。這兩個女孩被一則虛擬都市傳說給吸引，程度強烈到為了和瘦魔人在一起，幾乎殺了朋友。這個故事中有吸引青少女的萬人迷，加上虛擬實境和些許混淆了現實的精神病。

沒錯，摩根告訴警探，瘦魔人用心電感應和她溝通，而且出現在她的夢中，這是典型的遊戲轉移現象。不只摩根與安妮莎，還有幾個「瘦魔人部落格」和一些支持網站，都在幫助年輕人把虛擬的瘦魔人從被入侵的夢境中趕走。

摩根與安妮莎在怪異的執迷出現前，就像普通的十二歲女孩一樣。安妮莎的同學說，「真不可思議，她看起來這麼正常。我們之前做報告分在同一組，你知道，她完全看不出來有異狀，人真的很好。」安妮莎的哥哥威廉說：「如果你看到我妹妹，你會看到一個平凡又快樂的十二歲小孩。她很喜歡 Creepy Pasta 網站和瘦魔人。但我不知道為什麼夢境變成了現實。」

兩個女孩在二〇一四年十一月被認為有能力受審。如果宣判有罪，她們將面臨在州立監獄度過最高六十五年的刑期。在本書出版前，關於她們該不該以成人標準受審的上訴正待判決。

＊＊＊

關於遊戲引發的精神病行為，還有更多來自世界各地的案例。

- 二〇〇四年十二月二十七日，中國一個名叫瀟藝的十三歲男孩，在連打《魔獸世界》三十六個小時後留下遺書，說想成為他所崇拜的遊戲英雄，然後從高樓跳下身亡。他的父母提出訴訟，向該遊戲在中國的經銷商求償一萬兩千五百美元。
- 二〇〇七年，北京一名男孩在操場上打輸架後，對同學潑灑汽油並點火，導致同學全身超過百分之五十五遭灼傷。當記者詢問他為什麼這麼做，他回應說，他迷失在《魔獸世界》裡，相信自己變成了「火法師」。這個男孩被判八年刑期，而且必須賠償受害者和他的家人七十六萬人民幣（約十萬美元）。
- 一對年輕的南韓情侶在他們三個月大的嬰兒餓死後遭逮捕。根據報導，這名嬰兒在父母對《守護之星Online》（一款類似《第二人生》的遊戲）上癮之後遭到忽視，而且營養不良。這對父母在遊戲中養育一個虛擬嬰兒，但他們真正的嬰兒卻被棄置不顧而死亡。這對情侶遭逮捕後承認，他們用壞掉的牛奶餵養嬰兒，而且幾次在孩子哭的時候，還毆打孩子；但他們的虛擬嬰兒卻受到良好的照料，十分健康。

- 二〇〇五年，中國電玩迷邱誠偉因為朱濆源賣掉了他在遊戲《傳奇3》裡面的虛擬寶劍，而將對方刺死。朱濆源已將錢交給邱誠偉，但邱誠偉大發脾氣，據傳在對方睡覺時進行刺殺。雖然中國沒有法律可以規範虛擬財產的竊盜，但有些國家（如南韓）的警力中，已有相關部門負責調查遊戲中的犯罪。

下一章，我將檢視一個非常知名且令人難受的案例，我堅信那是電玩精神病所引起的殺人事件。

10／青少年校園屠殺案——電玩精神病

當我坐在桌前撰寫本章，深思暴力影像對精神脆弱的青少年會造成什麼樣的衝擊時，我想到了湯姆，他是我十年前臨床工作遇到的十五歲案主。雖然湯姆沒有電玩問題，而我治療他時，也確實在我意識到有一股科技成癮旋風颳起之前，但他的案例有助於闡明精神疾病和暴力影像的相互作用。

湯姆首次走進我的辦公室時，外表沒有任何令人難忘或特別關注的地方。他臉上散落著許多十五歲男孩都有的稀疏毛髮，那些鬍鬚還不太需要刮除，一叢叢分布在臉頰和下巴，加上上唇一列鬆散的毛，就像鬍鬚。

他穿著泛黃的白T恤，身材矮小又不起眼，顯示出身材還在「施工中」。他被診斷出嚴重的強迫症。強迫症有許多變種與表現方式，有些症狀像「思考障礙」，包含心理上的強迫意念（無法把某想法趕出腦海），有些症狀則是令人困擾的想法或潛藏的焦慮與恐懼，導致產生儀式性與強迫性**行為**。湯姆的強迫症就包含了侵入性的強迫意念。具體來說，他的心靈持續被血腥肢解的暴力和恐怖影像轟炸。

這個穿著泛黃T恤的邋遢男孩以乖巧的態度掩飾了內心的惡魔，他很有禮貌、說話輕聲細語，也有穩定而支持他的父母。但這年輕人顯然內心混亂。我可以從一個人外表辨識出他有侵入性的想法：當這些不請自來的想法在腦中搗亂，人很容易在對話當下盯著空中瞧。他的反應遲緩，因為他必須先甩掉那個幻想世界，才能回到當下的現實。

湯姆之前待在一所精神障礙兒童的特殊學校，才剛回到正規學校。比較理解他的狀況後，我發現儘管他從小就因持續的強迫性想法而受苦，但他是在接觸了殘虐的《奪魂鋸》系列電影後，想法中才包含了逼真的暴力，那電影是所謂「酷刑春宮」類型的先驅。

不幸的是，湯姆因患有強迫症，一旦影像在心靈之眼留下印記，就會永遠留在心中。更糟的是，湯姆不只記得那些影像，他還用那些畫面作為虐待想像的素材，餵養了腦中的幻想。

湯姆曾接受潘索（Fred Penzel）博士的治療。潘索有一本關於強迫症的著作，就叫《強迫症》（*Obsessive Compulsive Disorders*）。潘索鼓勵這位有強迫意念的案主將他的幻想記錄下來，以釋放那些想法的力量。我喜歡稱這種作法為「在壓力鍋爆炸前鬆開排氣閥，排出蒸氣。」雖然他的英文老師偶然發現他的日記時，還被恐怖的內容嚇到，但這樣做似乎讓他保持在可控制的程度。

我承認我當時很擔心。當他詳述他的虐待幻想時，我不禁揣測這個年輕人有沒有可能實現那些幻想。

在一次令人不安的晤談後，我開始將書桌前妻子的照片收起來。因為我發現湯姆好幾次以銳利目光盯著我妻子的照片，彷彿陷入恍惚。他才剛告訴我，他很難控制虐待和肢解女人的幻想，然後在看到照片之後，隨即陷入沉默。你可以看出他的心靈正處於強迫意念的世界。我很緊張，重複喊了幾次他的名字，才讓他脫離恍惚狀態。

潘索博士向我保證，「這種案例**絕對**不會出現暴力行為。」我表示懷疑，但潘索回答「嗯，幾乎不會。」正是那句「幾乎不會」令我擔心，因為這暗示有些案例（不可否認是極端值）已達到了心理引爆點，可能將想法擴大為行動。

畢竟，認知行為治療這種最受歡迎的實證心理治療形式的基礎，就是想法（認知）塑造了行為。但假如一個人有潛藏的精神疾患，使他無法有效控制、重新框架或掌管思想呢？

一年後，長島格倫科夫附近發生了一樁令人震驚的恐怖謀殺案，證實了一件事：充滿偏差強迫意念的人，可能會做出實現想法的暴力行為。潘索不該保證「絕對不會」。

在這起令當地居民感到難受的犯罪中，三十一歲的馬歇爾（Evan Marshall）將鄰居——住他對街的五十七歲特殊教育老師丹妮絲肢解與斬首。警方找到描繪被肢解女人的戀物癖圖畫（類似我的案主湯姆畫的圖）及一堆酷刑春宮影片，據說那激起了他的暴力幻想。

湯姆沒有傷害任何人，他從精神藥物和心理治療獲得很大的幫助，步上了正常的人生軌道。因為他從未針對任何人造成威脅，所以沒有達到需要向執法機關通報的臨界點。心理治療師確實經常在臨床工作面對個案有令人困擾的意念，但我們無法——也不會——通報每個有暴力幻想的個案。不過，當我們相信案主有傷害自己或他人的**立即危險**，就**必須通報**。

但心理健康領域不是一門精確的科學，沒有水晶球可以預測人類行為。要評估暴力想法何時會變成「急性」和「立即風險」，是件困難而主觀的事。

不幸的是，在備受矚目的案例中，患有精神疾病的年輕人雖然被精神醫學的雷達偵測出來，卻依然犯下暴力罪行，例如拉夫納（Jared Lee Loughner）對亞利桑那州的女議員吉佛茲（Gabrielle Giffords）開槍，殺害了六個人；「蝙蝠俠」槍擊犯霍姆斯（James

Holmes）在科羅拉多奧羅拉的電影院殺害十二人；維吉尼亞理工大學的韓國槍擊犯趙承熙殺害了三十二個人。這些年輕人都曾接受精神評估、精神醫療照護，或被轉介治療。

數年後，當我在電玩效應領域累積更多工作經驗，我才想到，如果我那有嚴重強迫症的個案湯姆持續被逼真的電玩暴力轟炸，會做出什麼行為？當時他每隔幾個月才在電影院看到的暴力影像，都足以完全佔據他的心靈。如果他像某些小孩那樣每天打《俠盜獵車手》十八個小時，是不是可能變成那些極端值中的一員，把想法擴大成行為？

我認為非常有可能。研究顯示，暴力電玩確實在**沒有**潛藏疾患的兒童身上增加了攻擊性。那我們就要問：暴力電玩對於精神脆弱的人，怎麼可能不會有更強的影響力？不幸的是，這正是我們目睹的現象：具潛在心理健康問題的小孩，出現了極端的暴力行為。

以下檢視一個有力且令人心神不寧的案例，闡明我的論點。

新鎮發生槍擊案，康乃狄克州的學校有二十八人死亡

藍札沉迷電玩直至發狂，並犯下謀殺罪，成為桑迪・胡克小學槍擊犯

他在線上世界殺害高達八萬三千人，包括兩萬兩千次「頭部射擊」
暴力遊戲是玩家進行大屠殺的自我訓練

康乃狄克州新鎮。桑迪・胡克小學。亞當・藍札。

這或許是我們所討論的案例中，最有力也最具爭議性的，代表了精神疾病議題和暴力及逼真的電玩影像交會時，所能造成最恐怖的後果。當我書寫這個新鎮大屠殺事件時，想不被悲痛、憂傷憤怒淹沒都很困難。最主要的感覺是，在二〇一二年十二月十四日那天上午，這些無辜生命的逝去是多麼不值得。

有些社會悲劇會在集體意識中留下傷疤，例如九一一事件、挑戰者號太空梭爆炸，還有新鎮大屠殺。我們不習慣聽到兒童遭到屠殺，也希望永遠不會習慣，所以得知兒童遭到謀殺，文明社會整體都應該感到悲痛。

當我們讀到或看到有人用半自動武器系統性地屠殺**二十個**在某個命中註定的晴朗早晨去小學上課的無辜兒童，更深沉的擔憂是，這起事件削弱了我們對世界的秩序感——無辜的小孩**不該**在教室裡遭到屠殺。

擁有信仰的人被迫質疑信仰，沒有信仰的人也支離破碎。當小孩死於車禍或天災，我們的集體靈魂會留下傷痕，因為兒童代表天真無邪。雖然所謂「天災」很可怕，我們在某種程度上理解意外、地震和海嘯都會發生。但當我們面對一個有感知能力的人，背著半自動武器走進擁擠的小學，用強力彈藥射殺幼小兒童，就像射殺桶中的魚，我們要怎樣才能理解？

這名二十歲槍手——才剛成年——在他的子彈刺穿那些小孩的皮膚，造成致命槍傷時，難道沒有感受到一丁點同情和同理心？當他聽到孩子逃命時發出令人心驚膽顫的尖叫，難道沒有感到一絲懊悔或想停下來？顯然沒有。亞當持續開槍，直到結束自己的性命。

此刻，我們這個悲痛的社會有個可怕的謎題未解：亞當出了什麼問題，讓他做出這種事？是，我們知道自古以來就有瘋狂的謀殺犯和連續殺人犯；但這個年輕人受到某些影響力塑造，而那不同於過去的泰德．邦迪（Ted Bundy）或約翰．韋恩．蓋西（**John Wayne Gacy**）。他擁有我們**必須**加以檢視的特徵。人們激辯槍枝議題十分合理，但是什麼**塑造**出一個殺手的心靈，讓他使用武器？是什麼創造出可以從幼兒身後發射子彈的怪物？

奇怪的是，當你看著照片中的亞當瞪著大眼睛，你看不到邪惡，只看到一個侷促不安的迷茫小孩。蓋西和邦迪很邪惡，他們是狡詐精明的人，喜歡虐待和令人痛苦，但亞當卻像許多打電玩的怪胎，迷失在射擊遊戲的幻想世界。我不認識亞當，但在他臉上，我看到以前見過許多次的表情，未必邪惡，只是迷失在虛擬子彈和槍火所構築的電玩暴力夢中。

雖然我們永遠無法得知亞當內心發生了什麼事，但現在已知幾個非常重要的線索，包括萊斯亞克（Matthew Lysiak）令人震驚的調查性著作《新鎮：美國的悲劇》（*Newtown: An American Tragedy*），以及康乃狄克州發表的兩份報告，記述了亞當花大量時間打電玩的習慣及對大規模殺人的恐怖執迷。（他還為那些殺人犯的殺戮評分。）這些資訊指向一件事：他可能只是在精神錯亂的情況下，演出一場射擊電玩的幻想。

以下是相關事實。

在槍擊案發生很久之前，就有跡象顯示亞當是個深受折磨的小孩。康乃狄克州兒童倡議辦公室於二〇一四年發表了一百一十四頁的詳盡報告，顯示耶魯兒童中心的醫療人員在槍擊案發生**前幾年**，就建議亞當針對心理議題接受治療。不幸這些建議被亞當的母親南西給忽略了。

這份報告經過州政府官員和精神醫學專家費心整理，解釋了槍擊案的原因。這是目前為止記錄亞當生活最詳細的文件，讓我們得以一窺他的童年與心理發展。

亞當的童年早期表現相對正常，掩蓋了青春期初期的問題。亞當的父親說，亞當在八、九歲時似乎很享受當個小孩，他參加學校活動和戲劇表演，也出席男童軍聚會。他打了兩季棒球。

報告也指出，亞當對暴力的著迷，至少得回溯到他念五年級時。當時他和同學合寫了一份班級作業〈奶奶的大書〉（*The Big Book of Granny*），內容充斥著謀殺兒童、吃人肉與製作標本的敘述與圖像，同時預言般描寫了一個男孩對母親的頭部開槍——就像亞當十年後對母親的頭部開槍那樣。

根據撰寫報告的專家說，亞當五年級完成的駭人作業中有些警訊被遺忘了：「心理健康專業人員只描述這份作業極度令人噁心，但如果校方仔細檢閱內容，會發現他需要被轉介給兒童精神科醫師或其他心理健康專業人員進行評估。」

這份報告也指出，亞當的父親因為擔憂兒子的心理狀態，在亞當九年級時透過協助方案，帶他去耶魯兒童研究中心。亞當那時看過一位社區精神科醫師，被診斷出有嚴重焦慮和亞斯伯格症。亞當告訴醫師，他不想要有更多朋友，他甚至不理解朋友是什麼。

耶魯兒童研究中心護理師克尼格（Kathleen A. Koenig）表示，亞當有強迫症的症狀，他經常洗手，一天換二十次襪子，逼得他母親每天得洗三次衣服。此外，他有時一天用完一盒衛生紙，因為他不願碰觸門把。

報告中強調，有自閉症障礙及其他與亞當一樣有著類似問題的人，很少會出現暴力，他們比較可能將問題內化，「他們容易感受到痛苦情緒或困惑，不善社交，有意或無意傷害自己。這些內化的可能性高於表現出外化的攻擊行為。」

不過，曾對亞當進行評估的精神科醫師對亞當建構的社交與教育世界感到擔憂，開給他抗焦慮藥物，而亞當拒絕了。醫師發現為亞當創造一個「輔助環境」，會帶來很高的風險，因此他身邊的人應該努力幫助他克服社交難題，而非形成一個「氣泡」。他也認為亞當家人需要強力的親職輔導。

一位進階臨床護理師建議亞當用藥，以幫助他的心理疾患，他表示，如果亞當不接受治療，只能活在越來越小的箱子。亞當在二〇〇七年短暫服用抗憂鬱劑和抗焦慮藥物，但他母親阻止他繼續服藥，因為他出現了不良副作用。

亞當十六歲時，他的「箱子」確實變得更小了，當時他母親把他留在家裡受教育，因為她不滿意公立學校體系對她兒子的安排。除了在家接受教育，亞當也在西康乃狄克州立大學上一些課程，最後學分修滿提早畢業。

畢業後，亞當有時會和他兄弟及朋友一起打音樂電玩《熱舞革命》。他的朋友表示，他和亞當的交誼很正常，亞當會談論不少話題，包括「電腦、黑猩猩的社會、人性、道德、偏見，偶爾談到……家人。」這位亞當唯一的朋友表示，亞當能夠展現情緒，他也會大笑、微笑和開玩笑，雖然不善表達。

但是，少了像學校這樣結構化的社會情境，對亞當來說是個大問題。雖然公立學校——他曾是模範生、加入科技社團、並被認識他的人形容為「聰明但緊張不安」——對亞當而言或許不是完美的地方，但至少讓他接近正常狀態，擁有社會互動。

然而，當學校這條與社會相連的管道被切斷，亞當便退縮到他的虛擬世界。他第一次出現對電玩癡迷的跡象，是在十五歲時發現了《魔獸世界》，這個遊戲的玩家活在充滿虛構怪獸的宇宙，必須擊敗競爭對手才能繼續前進。

時間流逝，亞當獨自一人在碉堡般的地下室連續打上數個小時的電玩，他對《魔獸世界》的癡迷很快轉成對《戰鬥武器》的癡迷。《戰鬥武器》是一款多人第一人稱射擊遊戲，他的目標是殺掉戰鬥對手。二〇〇九年九月，亞當變成《戰鬥武器》線上社群的固定班底，獲准加入一個「族群」，也就是一群《戰鬥武器》玩家。他們會討論遊戲策略，夾雜著閒聊和說笑。比起在真實世界與人互動，亞當融入虛擬世界自在得多了。

但根據心理健康專家的說法，對有亞當這種問題的男孩而言，用一群虛擬同儕來取代真實社會互動，是有問題的。「網路群體不是導引他朝向正常發展的力量或同儕，他們沒有意願或能力阻止他走向危險，或對他的衝動給予警告。」

既然他無法融入真實世界，虛擬世界（加上無數化身遊戲）讓這個既溫順又不善社交的男孩得以重新創造自我。亞當在《戰鬥武器》中創造了一個強而有力的反亞當化身，就像《新鎮：美國的悲劇》一書所描述的，「亞當在黑暗中獨處，發亮螢幕是他唯一的光源，他在電腦和電玩世界找到一定程度的安慰，那是他在外界很少得到的。亞當展現勇猛自信的一面，這對於只把他視為笨拙溫順青少年的同學和家人來說並不熟悉。在這個線上宇宙，瘦弱的青少年創造出一個身穿沙漠迷彩裝和輕量背心、戴著護目鏡和貝雷軍帽、身材壯碩、肌肉發達的軍人。他為任務選擇了威風的武器：一把M16A3軍用型大毒蛇AR-15突擊步槍，以及與十公釐格洛克手槍非常相似的G23手槍。」

到了亞當十七歲，他已在與世隔絕的幻想世界待了超過五百小時。根據他的線上帳號資訊，致命戰士亞當執行了八萬多次殺戮，其中包括兩萬多次「頭部射擊」。在多數青少年計畫上大學的年齡，亞當深陷虛擬碉堡之中，用線上身分「Kaynbred」造訪充斥暴力電玩、武器和大規模殺人犯的網路聊天室，展現對暴力越來越強的執迷。

他的癡迷令人擔憂，他的真實世界持續消失，他停止與父親交流，也和唯一的朋友因一部電影而發生爭執。雖然他和母親**同住**，但他們只透過電子郵件聯繫。二〇〇九年八月到二〇一〇年二月間，亞當用化名 **Kaynbred** 在維基百科上瀏覽關於大規模殺人犯的條目，並且著魔般不斷修正這些人的生活或使用槍砲之類的細節。報告中說，「AL（亞當．藍札）活在另一個世界，他的心思被關於大規模槍擊的反芻思考所佔據。」

亞當對大規模殺人犯的癡迷，超越了修改維基頁面或收集相關趣事的程度。聯邦調查局行為分析組鑑定了他使用電腦的紀錄，認為亞當這種對大規模殺人的關注簡直「史無前例」。

檢察官塞登斯基（Stephen J. Sendensky）於二〇一三年十一月十三日——謀殺案發生約一年後——發表詳細的調查報告，說明在亞當的所有物中發現一則《紐約時報》剪報，內容是二〇〇八年二月發生在北伊利諾大學的槍擊案、一份槍擊學童的報紙影本、一本內容關於二〇〇六年賓州蘭開斯特郡阿米許（Amish）學校大規模槍擊案的書、羅列多年來大規模殺人案的數據資料「試算表」，以及其他疑似關於這名槍擊犯的電子證據或數位媒體，透露了他的心思完全被大規模槍擊案給佔據，特別是科倫拜槍擊案。

根據盧皮卡（Mike Lupica）所撰寫、發表在《紐約每日新聞》的報導，檢察官報告提到的大規模殺人「試算表」不只是匯集謀殺資料的試算表，這張七乘四呎大小的恐怖紙張是謀殺**評分表**，以九號字體填入數百位謀殺犯的名字，以及殺害人數及使用的武器名稱。

據一位資深警察稱，康乃狄克州警察局相信亞當蒐集那張評分表的意圖，是把自己的名字填入名單最頂端。他選擇了一所小學，因為那裡的反抗力道最弱，他可以累計最高的死亡人數。那位警察說，那張試算表詳盡到就像一篇博士論文研究報告，他猜亞當花了很多時間拼湊出那張試算表。

基於亞當同時癡迷於真實世界和虛擬世界的暴力，這兩者有沒有可能在他心中混淆，讓他相信二〇一二年那天所犯下的真實謀殺案，只是遊戲的一部分？當亞當在遊戲碉堡越陷越深，現實的界限便持續模糊——模糊到試算表上**真實**的大規模殺人犯，彷若發光螢幕上第一人稱的眾多槍手。

但是，一個電玩玩家真的會射殺平民——和兒童嗎？我們或許可從亞當的線上帳號得到更多線索，這些紀錄告訴我們他沉浸在哪些遊戲中。十九歲的亞當在二〇一一年不再玩《戰鬥武器》了，他開始玩《決勝時刻》和《決勝時刻：現代戰爭2》，兩者皆為暴力射擊遊戲，就像《戰鬥武器》一樣，玩家要競爭最高的殺戮人數。

但《決勝時刻：現代戰爭2》預示了新鎮大屠殺事件。在這個遊戲中，受害者是平民，包括女性和兒童。亞當在令人震驚的遊戲中變身中央情報局臥底探員，他加入一群俄羅斯恐怖份子，在機場對手無寸鐵的平民大開殺戒。為了完成任務，他必須射殺女人和小孩。難以置信的是，遊戲中被射傷的平民就像新鎮事件一樣，他們吃力地爬行，留下一地血跡，但存活下來的人會試圖幫助別人，最後也難免被射殺。所有場景都和新鎮事件一樣。

根據檢察官的報告，亞當的硬碟上有一個鮮為人知的遊戲，名為《校園槍手》[1]；在這個第一人稱射擊遊戲中，玩家從一個教室移動到另一個教室，在結束自己的生命之前瞄準兒童和老師。這也像亞當在新鎮做的事。

1 原注：《校園槍手》（*School Shooter*）並不是第一款利用悲劇的遊戲。二〇〇五年所發行的《科倫拜超級大屠殺角色扮演遊戲》（*Super Columbine Massacre RPG*）中，玩家扮演科倫拜謀殺犯的角色。二〇一三年《波士頓馬拉松二〇一三：驚恐街道》（*Boston Marathon 2013: Terror in the Streets*）中的玩家則在遊戲中閃躲壓力鍋炸彈。二〇〇四年《刺殺甘迺迪：重裝》（*JFK Reloaded*）讓玩家透過步槍瞄準鏡上的交叉線看到甘迺迪總統的禮車，彷彿讓玩家重現那針對頭部致命的一槍。

但在他的問題變得嚴重之前，難道沒有人發現警訊？亞當的確是個病態電玩成癮者，他追尋令他癡迷的東西，身體健康跟著惡化。亞當在死前有嚴重的厭食症，雖然他有六呎高，體重卻只有一百一十二磅。

不幸的是，當亞當迅速陷入瘋狂，母親南西卻急著縱容他。南西認為讓癡迷電玩的兒子接觸真槍是個好主意，以為他們在射擊場可以培養健康的母子關係。南西把這個不善社交的兒子帶離學校，結果讓他更加寂寞孤立，也導致他透過虛擬世界沉浸在精神失常的孤獨中。南西無意識地逃避事實，當有朋友對亞當越來越孤立表示擔心，她告訴對方，「他沒事的，只要有電腦和電玩，他就可以保持忙碌。」

亞當肯定很忙——而且入了迷。本來被母親改造為遊戲間的地下室，現在已經變成一座軍事碉堡，幾乎每吋牆壁都貼上武器和軍事設備的海報。亞當把過去的運動室改裝成室內射擊場，全副武裝用彈丸槍射擊設置在曬衣繩上的紙板目標。他臥室的窗戶每吋都被塑膠蓋住，不讓一絲光線透進來。後來，他渾然不覺的母親終於開始擔心。她注意到兒子很少外出，而且在螢幕前像個殭屍。她跟朋友透露，亞當打電玩直到深夜，白天多半都在睡覺。

有天她偷溜進他的房間，發現幾幅藏在床頭櫃下的圖畫，描繪了支離破碎的屍體。

另一幅圖是一個流血女人在子彈射中脊椎時緊握念珠，還有一幅描繪草地排列幼童屍體的圖畫。

在這些血淋淋的速寫中，孩童臉龐受到嚴重損傷，難以辨認。還有一張速寫顯然是自畫像，畫面上年輕的亞當額頭上有個洞，湧出鮮血，他將手臂伸向天空，擺出勝利的姿勢。

請注意，這些遊戲和暴力影像，就是亞當的全世界。對一個顯現強迫症跡象的年輕人而言，那些東西不啻是為已經燃燒、執迷而混亂的心靈添柴加油。就像資深警察對盧皮卡說的：「到頭來，那就是個完美風暴：那些槍枝包括一把 AR-15，就握在一個暴力瘋狂的遊戲玩家手中。就像色情影片之於強暴犯。槍枝助長了情況，直到他們走出去說，我受夠了電玩螢幕。現在我真的要出去狩獵了。」

根據康乃狄克州警察局的見解，亞當認為去那所學校是最容易得分的方式。他不想被執法人員殺死。在玩家規則裡，只要別人殺了你，他們會到你的分數。他們相信這是亞當自殺的原因。

調查員推論，有兩件事把亞當從虛擬暴力推向真實暴力：就在槍擊案前幾天，亞當的母親告訴好友杜蘭特，她最近跟兒子說，他的「醫療」狀況讓他永遠無法成為一個真正的軍人。南西說，「我盡可能用溫和的字眼跟亞當解釋，他永遠無法當上海軍陸戰隊員，他不是那塊料，生命對他另有安排。」

亞當沒辦法接受這件事。

亞當遭受的另一個打擊是，南西暗示他們將搬到華盛頓州或北卡羅萊納州。如果她搬到華盛頓，就要為亞當註冊一所特殊學校。根據康乃狄克州兒童倡議辦公室的報告，搬離新鎮的計畫使亞當變得更加消沉和焦慮，「搬離新鎮的可能性逼近，可能提高了亞當的焦慮，因為他擔心必須離開現在的環境，失去他在家裡打造的避難所。這可能是導致槍擊案的重要因素。」

然而，這份報告也清楚陳述，亞當並非只是突然失控，這起槍擊案是預謀的。他曾數次造訪那所學校的網站，瀏覽學生手冊並瞭解學校的保安程序。那位盧皮卡訪問的資深警察也贊成這種說法，「亞當那天沒有突然失控，他不是那種發了瘋、再也受不了一切的人，他計畫了非常久的時間。有一張兩年前的照片，上面是他全身繫滿武器，用槍指著自己頭部。他在幾年前就開始布局了。」

極度社會孤立。強迫症。對暴力遊戲的頻繁接觸。對現實無法掌控。沉浸在虛擬暴力中。能夠取得槍枝。

亞當是否從一個心理脆弱的年輕人，跨越到一種由遊戲所引起的精神病，而這是因為害怕搬家及害怕必須離開安全的碉堡而觸發的？我在本章開頭的疑問尚未解決：在亞當暴力的精神失常「完美風暴」中，電玩扮演了什麼角色？我們無法知道。但我們可以基於所掌握的證據，做心理層面的剖析。

就像那位資深警察說的，暴力遊戲就像色情影片之於強暴犯，「他好像迷失在病態的遊戲中。他從遊戲中學到其他人在〔警察〕學校學的東西，也就是，如果你要從一個房間移動到另一個房間，必須在抵達下個房間前重新裝填子彈。也許他那個三十發子彈的彈匣只用了一半，但他願意拋棄十五發子彈，在抵達下間教室前換上新彈匣。」

這位資深警察聲音開始顫抖，「他從遊戲中學到這個原則——策略性裝填子彈。在子彈完全用盡前重新裝彈，繼續前進。他的第一個武器（那把AR-15）的帶子斷掉，最後換成手槍。這是典型的警察訓練，或是你玩殺人遊戲學到的東西。」

亞當的行動是不是前文提到所謂「謀殺模擬器」的副產品？他是不是精神病發作，演出了一場實際射擊遊戲？我們讀過關於遊戲轉移現象的研究，強迫性電玩玩家可能經由遊戲轉移現象，模糊了遊戲與現實的界限。或者，亞當只是個憤怒的青少年，達到了暴力的臨界點，因為他害怕在新鎮的生活即將結束？

可以肯定的是，暴力電玩在他瘋狂的完美風暴中扮演了關鍵角色，也許是精神病發作的模糊現實機制，或是在虛擬訓練場，一個憤怒青少年對暴力降低了敏感度，他磨練技能以射殺毫無防衛能力的兒童。無論是哪一種，我想都可以說，第一人稱射擊遊戲是造成新鎮大屠殺事件中具影響力的因素之一。

＊＊＊

我已經聲明，前兩章的案例都是極端值。我無意暗示所有打電玩的小孩都會在學校開槍，就像並非每個喝啤酒的人都會酗酒。

但**所有**接觸過度刺激發光螢幕的小孩，都會在某種程度上受到影響。在關鍵發展階段接觸了電子媒體所造成、具催眠效果的閃光燈之後，他們聚焦與專心的能力將受到負面影響，使他們可能發展出虛擬成癮。根據我所引用的攻擊研究，接觸暴力遊戲的小孩將更具攻擊性。

此刻，我們必須問，這是怎麼發生的？為什麼我們社會轉變得這麼快，我們的孩子已經從正常小孩變成螢光小孩了？

11／純真的終結

一九七九年五月二十五日是純真終結的一天。那天名為伊坦・帕茲（Etan Patz）的可愛六歲男孩消失了。他肯定不是史上第一個被綁架謀殺的兒童，但他的失蹤深刻影響了整個世代，並改變了我們教養小孩的方式。

伊坦於一九七二年出生在紐約市，成長於曼哈頓靠近王子街和西百老匯的多層公寓。伊坦進幼兒園的第一年接近尾聲時，父母認為他可以（**第一次**）自己走路到離家僅兩個街區的校車站牌。

他們再也沒有見過他。

伊坦消失後，他擔任攝影師的父親在紐約到處張貼兒子的照片，警察也啟動為期一週的搜索。伊坦案吸引了媒體的注意，每個人都在問，「伊坦發生了什麼事？」

對任何一對父母來說，這都是最恐怖的事。他的父母沒有停止尋找他，而他的消失促成失蹤兒童運動的誕生，包括制定新法律及追查的新方法，例如一九八〇年代中期的牛奶盒宣導活動。小伊坦是第一個照片被印在牛奶盒側邊的失蹤兒童。

許多社會學家和心理學家都指出，伊坦綁架案是社會的轉捩點。這起事件為家長開啟了憂慮時代，上個世代記憶中的「兒童自由」就此成為過往。

在伊坦之前，幼童在沒有大人的陪伴下走路去上學——或至少走到車站，並非不尋常。我也有朋友記得他們曾在九歲或十歲獨自或和同伴一起搭地鐵。但這種事**不可能**發生在今日，一定會有人撥打兒童保護服務電話報案。

一九七〇年代晚期與一九八〇年代早期備受矚目的幼童綁架謀殺案，包括亞當（Adam Walsh）與強尼（Johnny Gosch）的例子，雖然不是首次發生，但對美國人的生活造成了重大影響。自從一九三二年傳奇飛行員林白（Charles Lindbergh）的嬰兒遭綁架謀殺，以及一九二〇年代費雪（Albert Fish）等兒童謀殺犯出現，聯邦調查局開始涉入兒童綁架案。但直到一九八四年，在伊坦、亞當和其他兒童失蹤之後，國會才核准了「失蹤與受剝削兒童中心」的成立。

一九七〇年代與一九八〇年代之後，家長變得更害怕。是不是因為媒體滲透越來越厲害，增強了所有人的恐懼感？除了新聞循環播放，以及牛奶盒宣導提升大眾意識，兒童綁架謀殺案一向極為少見。每年遭通報的八十萬起兒童綁架與失蹤案中，絕大部分兒童都在數小時內被找了回來。這些孩子中有超過二十萬人遭家人綁架，這類案件經常牽涉到家長的監護權紛爭。在五萬八千起「非家庭」綁架案中，多數綁架犯認識受害兒童或其家人，而且超過百分之九十九的兒童都活著回家。

現在我要澄清，我並不是說這類案子不會讓家長毛骨悚然，但這種案子和「陌生人化身綁架小孩的妖魔」屬於不同類別。類似伊坦的案件，也就是孩童遭陌生人綁架並勒索贖金，或意圖傷害或挾持孩子——一年大約發生一百一十五次，有近百分之六十的存活率，約百分之四未能破案。意思是，每年約有四十五個小孩被化身為現實世界怪獸的陌生人綁架殺害。

這個數字從一九八〇年代起就沒有再提高。事實上，有證據顯示，這個數字可能已隨著全國整體犯罪率一起下降。犯罪專家似乎同意，對美國兒童而言，現在大概是史上最安全的時期了。

但差不多就在伊坦失蹤的期間，出現了一種社會轉變，這種改變讓人們感覺他們或許能夠「控制」不可控的東西。耶魯兒童研究中心的教育工作者克里斯塔基斯（Erika Christakis）在〈伊坦．帕茲是不是終結了了無牽掛的教養方式？〉一文寫道，「人們曾將車禍、觸電、火災、頭部外傷之類的事視為悲慘而不可避免的，甚至是天災。但當流行病學家觀察到多數意外都有清楚而可預測的原因，這些事件就比較準確地被重新標定為可預防的傷害。自行車安全帽、汽車安全座椅、食品安全和嬰幼兒防護就此誕生。很快地，似乎所有『意外』都能提前預防，包括嬰兒猝死症候群、氣喘、溺水、燒燙傷、骨折、過敏反應、腦震盪。」

這種思考方式很快就被應用到家長的責任感，「這是巨大的轉變，隨之而來的是家長有更重的責任和更強的焦慮感，要確保孩子的安全。如果家長可以掌控壞事發生，那麼沒有採取預防措施的家長起碼是個懶惰鬼，還可能因照顧疏忽而觸法。」家長察覺到這樣的社會壓力，於是「直升機教養」和被過度保護的孩子應運而生。

「直升機教養」這個名詞首次被使用在一九六九年的《有話慢慢說——父母如何與青少年溝通》一書中。作者吉諾特（Haim G. Ginott）是心理學家，他在書中引述受到母親緊迫盯人而感到窒息的青少年的話，「母親像一架直升機一樣盤旋在我頭頂，我受夠了她發出的噪音和散發的熱氣。我應該有打噴嚏而不必對她多做解釋的權利。」曾任校長的費（Jim Fay）與精神科醫師克林（Foster W. Cline）在一九九〇年的著作《培養小孩的責任感》中使用這個詞之後，它成了日常用語。

羅辛（Hanna Rosin）在二〇一四年刊登於《大西洋》（*The Atlantic*）雜誌的文章

〈被過度保護的小孩〉也描述了這種教養方式的轉變，「才過一個世代，關於童年的規範已經有這麼大的轉變，令人難以消化。有些在七〇年代會被視為偏執狂的行為——陪三年級孩子走路上學、禁止孩子在街上打球、把孩子放在腿上一起溜滑梯——現在都成了慣例。事實上，這些事情都代表了好的、負責任的教養。有項很全面的『兒童通學獨立移動』研究在英國的城市、郊區和鄉村地區進行，顯示一九七一年，有百分之八十的三年級學童獨自走路上學。到了一九九〇年，這個數字剩下百分之九，甚至更低。」

羅辛的父母過去讓她在無人監管的狀態下隨意閒晃，從未安排她到朋友家玩或上游泳課等行程。她是非常不一樣的媽媽。但羅辛說，「我則相反，在星期六白天，我很容易把所有時間都花在三個小孩身上，送一個小孩去足球比賽、送第二個去上戲劇課、第三個去朋友家，或和他們一起待在家裡。我先生在我女兒十歲時突然領悟到，她的一生中沒有大人監管的時間，大概不超過十分鐘。十年之中連十分鐘都不到。」

為什麼今天有這麼多家長如此執著於介入小孩的生活？我在臨床工作見過數百次這種現象，也在成為父親之後感受到這種傾向（並需要有意識地抗拒這種傾向）。今日家長與孩子的界限比過去更加糾結，意思是，家長和孩子的自我認同似乎以與過去世代不同的方式融合在一起。和孩子親近是一回事，但當孩子變成父母的延伸及父母的希望、夢想和期待，結果可能演變成家長什麼都要管，成為一種不健康的直升機教養。

我父母那一代許多人似乎都都忙於工作和生計，無法過度聚焦於小孩的玩伴、小提琴課和足球營。而我這個世代則會去運動和做其他事，但我不記得父母在我踏出每一步時都隨侍在側。他們培養了我們的韌性與能動性。我們的口號是「我們辦得到」。現在，很多小孩連背書包自己去學校都沒辦法，我看到很多媽媽像騾子一樣馱著小孩的書包，跟到了孩子的學校。為什麼？

關鍵在於協助與允許之間的細微差異。我的朋友，小兒科醫師薛瑟（Michael Schessel）告訴我，他七歲的小孩要求父親幫他解開鞋帶。薛瑟醫師彎下腰順應孩子的要求時忽然意識到，「等一下。你可以自己來。學著自己解開鞋帶吧！」就像克里斯塔基斯所言，「現在有一股社會壓力逼著我們過度警覺並無止境地支持孩子，以免被視為糟糕的父母而感到慚愧。」

我想這種動力很大一部分來自可憐的伊坦消失案件。威爾森（Michael Wilson）於二〇一五年五月六日刊登在《紐約時報》的文章標題可以作為總結：〈伊坦・帕茲的遺贈：謹慎的孩子變成緊盯小孩的父母〉。我們這些在伊坦失蹤時還是小孩的人，都深受這起事件影響，因此拉緊孩子身上的牽繩，成了可怕的直升機家長。

威爾森和幾個事發當時年紀還小的人談話，他們透漏了伊坦事件之後造成的改變。斯貝（Eddie Spaedh）在布魯克林區長大，伊坦事件時，他還是個小男孩。他說，「整個街坊都變了。我們從天色暗了必須回家，變成父母從窗戶往外看著街道，隨時盯著我們。」

當伊坦．帕茲那一代的人長大後，變成了過度保護的直升機家長，同時另一件事也發生了：大家鼓勵小孩待在室內，認為這樣比較安全。畢竟屋裡不會出現傷害小孩的惡魔綁架犯。於是人們從鼓勵孩子走向戶外，從日出玩到日落，變成鼓勵他們待在室內。

健康的男孩或女孩在室內做些什麼？玩電腦！進入螢光小孩世代。

是的，伊坦的悲劇導致整個世代成了害怕又過度警覺的直升機家長，這是螢光小孩出現的主要因素。加上許多家長彼此施加競爭性的社會壓力，於是出現了受誤導而陷入「我的孩子要在科技方面贏過你的孩子」的情境，他們在螢幕技術方面不落人後：你買了 Xbox 給你的孩子？我買了 Oculus Rift 虛擬實境頭戴式裝置！什麼，你小孩在二年級就有 iPad 和 iPhone？我小孩在幼兒園——不——在學前班就有了！上帝保佑，他們本意良善，但這場家長間的螢幕競爭在螢光小孩問題中佔了很大的成分。

光譜上的另一端則有一股新的抗衡勢力，也就是由史坎納茲（Lenore Skenazy）開始的「放養小孩運動」。史坎納茲是一位來自紐約皇后區的母親和記者，她相信應該給小孩自由和自主。同時，媒體也將她給妖魔化了，因為她讓當時九歲的兒子獨自從布魯明戴爾百貨搭紐約市地鐵回家，她被稱為「全美最糟糕的媽媽」。

她在二〇〇九年出版《學會放手，孩子更獨立》一書，提倡在過度保護的時代採取用常識教養的方式。她也指出伊坦事件創造出一種文化，其中充斥著過度警覺又恐懼的父母。但她相信如果父母有意識地拒絕只想到最糟的情況或「先做最壞打算」的思維，就可以改變這種心態。

「有時這種持續的恐懼好像是天生的。彷彿父母只是本來就被設定要擔心。但這是文化使然，我們幾乎可以指出它來自哪裡。」史坎納茲在部落格寫道。二〇一五年，史坎納茲的放養小孩計畫宣布五月九日是「帶我們的孩子去公園，然後讓他們自己走回家的一天」。這個行動是直接回應馬里蘭州某對夫妻的案例——他們讓十歲和六歲兩個小孩自己從公園走回家而被控疏忽。

在教養光譜上，不管家長是落在直升機到放養之間的哪一點，關於健康教養的建議都是要允許孩子有時間待在戶外，遠離螢幕裝置。

但有個問題。

就算家長選擇養育出不受螢幕控制的小孩，他都會面臨一個非常重大的難關。即使家長已經意識到過度刺激的螢幕是一種數位藥物，但孩子每天花大量時間待著的學校，卻還不知道螢幕是個大問題，必須審慎使用，而且必須適齡。

下一章，歡迎進入著迷於螢幕的教育產業複合體。

12 追查金錢流向——螢幕與教育產業內幕

教育界有一塊全新的西部荒野，就是教育科技。截至二〇一八年，預測將成為一個總值六百億元的產業。沒錯，那包含了電子白板和資料庫系統等，但真正吸引財力雄厚創業家和科技公司淘金熱的是平板電腦——具體來說，是提供平板電腦給美國所有學生，以及伴隨而來的昂貴教育軟體和每年的授權費。

科技及教室裡的螢幕在教育領域肯定佔有一席之地。但多數教育專家都同意，單單科技不能成為教育困境的解藥。對於要怎麼使用螢幕，以及最重要的，在哪個**年紀**和**年級**讓螢幕登場，必須非常小心。

不幸的是，對於那些只想著賺錢的人，這並不重要。就像在任何一股淘金熱中都會看到的，總有一些投機者特別不道德。

＊＊＊

關於教室科技的故事非常精彩。

作為一個**故事**，它具備引入人勝的元素，包含貪婪、腐敗和背叛。然而，這不只是個故事，而是對孩子的真實背叛，結合了無能、傲慢與自大。就此意義而言，這個關於教室科技的故事，讀來更像一齣希臘悲劇。

在與劇中人物會面前，先讓我架好舞台。

這齣劇中有些教育改革者——又稱為教育創業家——他們兜售錯誤的敘事，宣稱現在的教育體系崩壞得太嚴重，只有他們的神藥可以改善。有些創業家的動力完全來自於對利潤的渴望，而其他人則受到自負的驅使。這些人被誤導而產生了救世主情懷，不管實際效果為何，都相信自己可以成為改革教育的「救世主」。

自大結合貪婪驅動了食物鏈頂端強大的教育科技業，中層則是學校校長與學區教育長。哎呀，這個現象就像「國王的新衣」，很多清楚情況的人明白電子裝置無法修補教育，但為了自己的職涯著想，而寧願保持沉默。沒有人喜歡異議的聲音。

什麼？國王沒穿衣服？你的意思是我們花了數百萬在毫無價值又無效、可以被學生駭進去或只放在儲藏室裡的裝置，這筆錢浪費了？如果你不肯閉嘴，就走人吧！

還有些人的動力來自於想在方向錯誤的科技軍備競賽中，跟上鄰區的腳步。西漢普頓從幼兒園到高中（K-12）都有平板電腦？快點，我們學區每個人都要有平板電腦！或者更糟的是，有些無知的行政人員買了科技公司生產的全套設備，卻對這種閃亮裝置發出的螢光一無所知。這些東西有效嗎？有沒有增進孩子們的學習？誰在乎？反正它這麼炫！

我在以「科技效應」為主題的工作坊演講時，有機會和學校行政人員溝通，因此上述幾種人我全都遇上了。其中最優秀的少數人似乎真的理解狀況，甚至準備停止——至少減緩——螢幕大軍進入越來越低年級的腳步。有些人則不認可。

我覺得家長必須團結發聲，詢問更多類似的問題：教室裡的科技能實際幫助孩子的學習嗎？還有，更重要的是，有些平板電腦是不是可能在發展與心理層面傷害孩子？除非家長出聲保護自己的孩子，否則學校行政人員將一直跟著科技公司的魔笛手走。

現在，請欣賞《教育界的貪婪之心》第一幕。

邪惡聯盟——梅鐸與克萊恩

前紐約市教育局長克萊恩已成為透過「科技改革」崩壞教育體系的主要聲音。他認為解決方法就是給全美國從幼兒園到高中的每個學生一台平板電腦；這是「每個鍋裡有隻雞」[1]的數位版本。他的教育科技公司 Amplify 已經做好準備，有意願也有能力在全國學區實施這個計畫，真是方便。

但克萊恩多年來都因利益衝突的指控而碰壁，他也被控運用錯誤訊息，將目前的教育體系問題形容得比實際狀況更嚴重。

克萊恩到底是何方神聖？我們應該要認識他，因為這個人很可能形塑未來數世代的教育環境——同時變得非常、非常有錢。

克萊恩從未教過書或研讀教育學。在彭博（Michael Bloomberg）市長於二〇〇二年任命他擔任教育局長之前，他是個哈佛畢業的律師。他原本在私人律師事務所工作，

1 譯注：a chicken in every pot，比喻前景幸福富裕。

直到創辦自己的律師事務所。一九九〇年代，他先是在柯林頓政府任內服務於白宮法律顧問辦公室，接著受命擔任助理司法部長，負責掌管司法部的反托拉斯署。離開司法部後，他成為跨國媒體集團博德曼（Bertelsmann）的法律顧問。

在克萊恩被精心挑選出來負責監督紐約市一百一十萬個學生的教育之前，他的職涯沒有任何一點教育專業背景。他在任內推行一系列的創舉，包括解散大型學校，並且和蓋茲基金會合作，一連開辦四十三所小型高中。一開始，他因為提高畢業率而獲得一些讚譽，接著就被紐約大學教授兼教育政策分析者雷維奇（Diane Ravitch）等人指控為了展示正面結果而造假。據記者赫伯特（Bob Herbert）說，比爾・蓋茲後來承認解散那些學校是個錯誤，「只把現存學校拆為較小的單位，並未帶來我們期待的益處。」

克萊恩擔任教育局長期間的主要成就，包括花費紐約市納稅人九千五百萬元在科技產品爛攤子上。克萊恩在二〇〇七年監管「成就報告與創新系統」（Achievement Reporting and Innovation System, ARIS）的實行，這是一個用來收集資料和追蹤學生的電腦系統。ARIS 馬上遭到評論家、老師和家長的強烈批評，因為它又慢又拙劣，大部分功能都用不了。接著，克萊恩提供網路新創公司「無線世代」（Wireless Generation）每年一千兩百萬元的合約，來維修和保養那個破爛又昂貴的系統。

故事就從這裡開始精彩，你可得跟上腳步，因為混亂的道德製造了一灘渾水。柯萊恩於二〇一一年離開了年薪二十二萬五千美元的職位。有何不可？他得到了更好的職位。魯柏·梅鐸提供了年薪兩百萬美元的工作機會，加上一百萬的簽約獎金，這份工作是領導Amplify。

「Amplify」是什麼？Amplify是一家教育科技公司，它的前身就是無線世代。是的，就是從克萊恩擔任教育局長時拿了一千兩百萬元合約以維修破爛的ARIS資料庫爛攤子的同家公司。

沒錯，克萊恩給某私人公司一份高利益的政府合約，解決他製造出的災難，然後他就去那家公司工作。喔，我更正：他去**經營**那家私人公司，賺的錢幾乎是他在教育局擔任苦工的十倍。但梅鐸付克萊恩這些錢，可不只要他胡搞一下ARIS和收集資料。梅鐸在Amplify投資了近十億元追求教育的聖杯，也就是全美國所有學生人手一台Amplify的平板電腦（只要一百九十九元！）

一個公部門雇員把籌碼帶到民營部門兌現？這在政界經常發生，就像貧窮的公僕國會議員變成說客，來兌現先前累積的籌碼，這沒什麼大不了。有人甚至說，上帝保佑他——這裡是美國。我們怎能因為別人有機會挖到金礦而嫉妒？但在教育界，把自己賣給民營部門會產生問題。我們必須質疑：他在民營部門兌現時，是不是犧牲了孩子的學習，甚至犧牲了孩子的福祉？

我們都知道梅鐸的動機是什麼。沒有人會以為梅鐸是個聖人或有不可動搖的倫理準則，眾所皆知，他可以為了追求利益而曲解法律，甚至犯法。他旗下目前已停止營運的小報《世界新聞報》，就曾被控竊聽和賄絡警察。隨之而來的刑事偵查揭露了不只名人、政治人物和英國皇室的電話遭到竊聽，還有被謀殺的女學生米莉（Milly Dowler）、已逝英軍的家屬、和二〇〇五年七月七日倫敦爆炸案的受害者——只為提高報紙的銷售量。

這個倫理與美德的典範就是克萊恩現在的新老闆，他正努力改革美國教育。梅鐸是個創業惡棍，一向熱衷於利用媒體界的機會，也一直試圖靠教育科技獲利。無線世代就代表了那個完美的機會。伯格（Larry Berger）在二〇〇〇年創立了無線世代，到了梅鐸於二〇一〇年用三億六千萬美元買下這家公司時，它已成為蓬勃發展、擁有四百名員工的公司，專注於資料分析、數據與評估。

但梅鐸對資料分析和數據評估沒有興趣。在他眼中，他可以透過 Amplify 公司以全新閃亮的平板電腦（載滿昂貴的教育軟體）取代賺錢的教科書市場。這種可能性之所以存在，是因為教育界發生了一些關鍵轉變，使得這個領域對創業神槍手而言非常有吸引力。過去，麥格羅希爾（McGraw-Hill）、霍頓·米夫林·哈考特（Houghton Mifflin Harcourt）和培生（Pearson）等出版商統治了價值七十八億元的教科書與課程研發的市場，但教科書和課程必須客製化才能達符合各州標準，既昂貴又費時費力。

然後，二〇一〇年出現了改變一切的發展，也讓整個教育領域成為令梅鐸這種以利益為動機、道德不彰的創業家津津有味品嚐到的好東西：共同核心標準。「共同核心標準」是一套由四十五個州所採用的課程和教科書標準。像阿拉巴馬州之類較小的市場就不必放在眼裡了。現在，有家公司設計出符合共同核心標準、從幼兒園到高中的課程，並把教材賣到全國。更棒的是，還有家公司打造出把這新套共同核心標準精華收錄其中的平板電腦，淘汰掉教科書——而且每年都要收取授權費。賺大錢囉！

但梅鐸需要一個適合出面的負責人；報業鉅子不太可能像個改革美國教育的人。因此克萊恩出現了。每年只要付他兩百萬美元的薪水，實在划算。梅鐸透過把無線世代品牌再造為 Amplify 與雇用克萊恩，找到了他所需要、可以吸引高度關注的「教育專家」來兜售他那以平板電腦為基礎的教育公司。

這個公司分為三個部門：「Amplify 學習」負責開發並提供以共同核心標準為

基礎、從幼兒園到高中的課程；「Amplify 洞察」負責資料分析和數據評估；還有「Amplify 取用」，負責販售附有十吋大猩猩玻璃螢幕的客製化 Android 平板電腦。

但克萊恩掌舵之後，一開始就不順利。

可憐的紐約市教育局被占了便宜後終於受夠了，決定認賠殺出，放棄整整價值九千五百萬美元的 ARIS 災難。教育局發言人表示，「由於 ARIS 系統的極高成本和有限的功能，以及家長和教職員欠缺這樣的需求，教育局決定中止與 Amplify 的合約。」

一封來自紐約州主計長迪拿坡里（Thomas P. DiNapoli）的信，也把擺脫 Amplify 的理由指向梅鐸和電話竊聽醜聞，「鑒於新聞集團（News Corporation）相關的重大調查正在進行中，也持續披露相關消息，我們撤回與無線世代的合約。」

「他們丟掉那東西了，真是個好消息。」皇后區法蘭西斯—路易斯高中的英文老師高斯坦（Arthur Goldstein）在接受《紐約每日新聞》採訪時說，「他們花了九千五百萬美元在那東西上，而我的小孩住在拖車裡。他們用那筆錢做的事根本是犯罪。」當然，小孩、老師和納稅人得遭受衝擊，但克萊恩仍保住他兩百萬美元的年薪，並把目光轉向更大的目標：人手一部平板電腦。

Amplify 雇用數百位最優秀的二十世代年輕人來開發平板電腦和軟體。別忘了，除了電玩，小孩無法專注在任何事上，所以幾百位電玩設計師受雇來把教育性軟體「遊戲化」，讓人人都能從遊戲得分！同時，他們雇用數十個青少年擔任「產品測試員」（每週支付一百美元的亞馬遜網站禮物卡），試用新的教育遊戲。

Amplify 的使命宣言是：「重新想像老師與學生學習的方式。」他們確實如此。但並非所有人都對電玩教室狂熱。

國內頂尖的教育學院范德堡大學畢保德學院的助理教授克拉克（Douglas Clark）就很擔憂這種遊戲取向，就像他對《馬沙布爾》（*Mashable*）網站部落格上說的，「得分是一種外在動機，當〔小孩〕覺得外在動機很無聊，就會停下來。」

如同前文所探討的，更嚴重的問題是，電玩可能活化多巴胺並且使人成癮，就像《奧勒岡小徑》之類的教育工具，小孩傾向關注的是得分，而非內容。但除此之外，這些東西到底有沒有效？有研究證明這些昂貴的新興螢幕裝置具備教育方面的益處嗎？有些支持者指出，研究顯示使用 iPad 和平板電腦可以增進圖形辨識和空間覺知，以及稍微增進孩子的字詞記憶。但也有教育研究者相信，這些正面效果都被誇大了。然而，就算我們承認科技裝置可能有增進圖形辨識或字詞記憶的好處，那麼這些效應就會導向較佳的教育成果，讓學生變成更好的學習者嗎？

全面性的研究並未證實這點。

事實上，科技研究結果非常清楚：二〇一〇年有一項全面性的後設分析，系統性地回顧了四十八項研究，這些研究都在檢視科技對學習的影響，結果發現，和研究中的其他介入或方法比起來，以科技為基礎的介入，往往只造成稍微**少一點**的進步。

無論研究顯示出哪些微小益處，都無法證明它和使用科技間的因果關係。反之，若由本來就具有效能的學校和老師來使用，科技可以是有用的工具——但科技不是教育的萬靈丹。

「差別不在於有沒有使用科技，而是在運用科技來輔助教學與學習的時候，可以發揮得多好。」研究者總結說，「關於數位科技對學習成果的整體影響，相關性研究與實驗結果並未提供具有說服力的說法。」

《超越教育戰爭》（*Beyond the Education Wars*）一書作者安瑞格（Greg Anrig）呼應道，「這些研究中沒有一個確認科技具有決定性作用。」安瑞格也指出，好老師與學生及行政人員的合作，才是學生得到學習成果的關鍵。

密西根大學資訊學院副教授與麻省理工學院「達賴喇嘛倫理與變革價值中心」（Dalai Lama Center of Ethics and Transformation Values）研究員外山健太郎博士也得到

類似結論。他可不是盧德份子，他在耶魯大學取得資訊科學博士學位，二〇〇四年遷居印度協助微軟創立一個研究實驗室。他住在印度時，開始對電腦、手機等科技產品如何對印度十多億人口的教育提供幫助及輔助感到興趣。

雖然他期待證明科技能解決教育問題，但後來他逐漸明白，他以為的科技「擴增法則」和克萊恩的 Amplify 不同，他的確看到科技造成教育效果的「擴增」，但並不總是正面的影響。當教育運作良好時，科技**可以有所幫助**，但在沒那麼好的教育體系中，科技卻幫助不大，更糟的是，在功能不彰的學校，還可能造成實質傷害。

外山博士認為，主要問題在於科技並未解決學生動機的根本問題。缺少了這個關鍵，閃亮的科技毫無意義。就像外山博士於二〇一五年發表在《高等教育紀事報》（*Chronicle of Higher Education*）的評論〈為什麼科技永遠無法修補教育〉中所言，「人們抱著一種廣泛的印象，認為矽谷的創新科技對社會是好的。我們把商業成就和社會價值混為一談，儘管這兩者往往並不相同。」「認為增加科技本身就能解決社會毛病的這類想法，顯然是有瑕疵的。科技解藥並不存在，而且那或許是關於擴增最艱難的一課。科技的增長只會擴大社經地位差距，而避免那種結果的唯一方法，就是去科技化。」

早在一九八三年，教育者就已經明白教學比媒介更重要。克拉克（Richard Clark）的研究可說是顯示出與麥克魯漢「媒介就是訊息」相反的結果，證明教學法——而非傳遞教學的方法——才是最重要的。他說，傳遞教育內容的教學媒介只是教學的手段，對學生成就的影響不會超過運送食物的貨車影響我們吸收營養的程度。

備受尊敬的「兒童聯盟」由國內頂尖教育者和教授組成，他們在二〇〇〇年發表一份報告〈愚人金：針對於童年使用電腦的批判看法〉，同樣對教室中的科技使用抱持懷疑的觀點。他們認為，「學校改革是社會難題而非科技問題。給孩子一份高科技方案似乎可能腐蝕我們最寶貴的長期智能資源，也就是孩子的心靈。」

加州大學洛杉磯分校心理學系教授格林菲爾（Patricia Greenfield）同意這個看法。在《UCLA 新聞室》二〇〇九年的一篇文章〈科技是否造成批判性思考與分析的衰退？〉中，格林菲爾分析了五十項關於學習的研究，結論是，「科技不是教育的萬靈丹，因為使用科技時會錯失某些技能。」她指出，近幾十年來年輕人越來越少為了樂趣而閱讀，這是個大問題，因為閱讀有助於想像、歸納、反思和批判性思考的發展，還有字彙……而其發展方式是視覺媒體和電玩、電視所無法達成的。」

她也反對教室內有網路連線，她引用一項研究，顯示當學生在課堂中可以上網，而且被鼓勵在老師講課時使用網路，對講者所說內容的吸收程度，將遜於沒有上網的學生。而且在那堂課之後，可以上網的學生在測驗的表現上確實較差。格林菲爾博士明白主張「在教室使用網路，無法促進學習。」

若干研究結果令人意外地反駁了孩童偏好數位學習勝過傳統教育的說法。加拿大高等教育策略協會執行了一項針對一千兩百八十九位大學生的研究，發現學生其實偏好傳統的真實課程，而非數位學習或使用科技。這讓研究者感到驚訝，「和我們預期的不同，我們以為學生會樂於接受較高科技的東西。沒想到正好相反，他們似乎喜歡與真人互動，喜歡有個聰明人站在教室前方。」

很難想像吧！有沒有可能，我們其實把自己對閃亮科技和電子裝置的迷戀投射了出去，假設在數位國度出生長大的小孩會偏好那樣的學習方式，但他們其實渴望與人接觸和真人教學？

除了教學偏好，還有一個教育界共識是，高科技教室並未導致較佳的學習成果。提倡小班教學的非營利組織「班級大小有關係」（Class Size Matters）的執行長海姆森（Leonie Haimson）直言不諱，「沒有任何證據顯示線上學習有效，尤其是從幼兒園到高中的階段。」

事實上，她認為線上學習是有害的，「這種趨勢很可能漸漸對教育造成損害。不知怎地，大家相信把小孩放在平板電腦和電腦前，並讓他們運用軟體，代表個別化的學習，而非去個別化。」她把矛頭指向營利的動機：「梅鐸想利用公共教育來賺錢，毫無意外地，Amplify 在沒有證據支持有效的情況下就向前推進。我擔心這會排擠到已證實有效的改革措施的經費。」

關於梅鐸的公司企圖創造整個世代的學生都必須使用的教育內容，還有另外一個重要考量：他的政治意識型態會不會塑造或影響了這些教學課程？梅鐸經營福斯新聞等保守媒體，他的政治傾向也是他有名的原因之一。科技評論員凱（Roger Kay）在《富比士》雜誌一篇以〈新聞集團平板電腦背後的利益衝突〉為標題的文章中，猜測梅鐸可能利用教育科技作為另一個媒體市場，來對小孩傳播他的政治福音，「從我的觀點看來，〔梅鐸的〕新聞集團參與這門生意的問題在於，一個擁有極端政治立場和倫理引人質疑的人，針對最年幼脆弱的心靈，創造了一個頻道。」

是的，課程必須符合共同核心標準的綱領，但新聞觀眾都知道，「客觀的」新聞並非總是公平而平衡的報導，學術內容也是如此，它們會受到編輯者的偏見而產生不同的樣貌。凱的結論是，「我不知道你怎麼想，但我不希望這些人靠近輸送『學習教材』的管道。對於從這個來源購買任何東西，學校體系應該非常謹慎。」以上觀點表達了教育研究者、教育者、教育專家，甚至科技專家的憂慮。

但這些都阻止不了梅鐸聘請的律師克萊恩。他就像現代巴納姆[2]在媒體上到處宣傳，彷彿在嘉年華招攬客人般高喊著他的神奇平板電腦將改革崩壞的教育體系。克萊恩在《紐約時報》一篇名為〈不讓孩子沒有平板電腦〉的訪談中反覆這句咒語，熱情洋溢地談論Amplify的平板電腦多麼不可思議，還說教育「被瓦解的時機已經成熟了」。同時，這篇文章的作者羅特拉（Carlo Rotella）諷刺地談到：「創業家在談到要瓦解一個產業時，聽起來大膽而突破傳統，但也很像他們願意破壞某個東西，是為了修補它——或只為從中獲利。」

克萊恩針對美國教育的危急狀態提出籠統的主張，他必須強而有力地表明立場，才能說服大眾購買他的解方。就像《紐約時報》專欄作家羅斯坦（Richard Rothstein）在一篇反駁克萊恩的文章中所言，「這些學校改革者斷言，他們的治療是必要的，因為病人性命垂危。那對那些相信公共教育必須透過他所販售的科技來改革的人來說，極為重

2 譯注：巴納姆（P. T. Barnum，1810-1891）是美國的馬戲團經紀人。

要。」

所以，第一步是說服所有人，教育正依靠維生系統生存。第二步則是：我提供的解方可以**發揮效用**。不過，克萊恩在這兩點都失算了。我不是說公共教育無法進步，而是公共教育沒有像克萊恩宣稱的那麼崩壞。此外，這個解方就像許多實驗中的「解藥」一樣，可能殺死病人。至少它會擴大成就差距，因為當令人分心的科技獲准進入教室，邊緣化學生和貧窮的學校會受到最嚴重的影響。

所以，這個病人真的性命垂危嗎？

克萊恩在《紐約時報雜誌》二〇一三年的訪談中說道，「K-12 教育成效不彰，我們必須改變教育方式。從一九七〇到二〇一〇年，我們花在教育上的錢和教職員人數已經成長到兩倍，但結果不如預期。如果有任何體系投入這麼多的資金，進展卻如此微小，那麼一定有問題。我們用同樣的方法來修補這個體系，只能造成一點改變與進步。但是，這個〔以平板電腦為基礎的教學〕將造成巨大的改變與進步。先前我們已經在無效的東西上花太多錢了。」他列出一串過去的無效解決方法，包括電腦使用不足、過時的教科書、無用的層層官僚和小班教學，來強化他的論點。

理查．羅斯坦在《華盛頓郵報》反駁了這些誇大而誤導的說法。的確，一九七〇年以來，花在教育上的經費已經增加到兩倍，但其中有一半都用在提供教育服務給身心障礙或有特殊需求的學生，這些小孩在一九七〇年以前還不被承認有權享有免費的公共教育。羅斯坦聲明，「宣稱因為花這麼多錢在身心障礙學生的身上，而這些花費並未提高一般學生的成就，所以學校政策是失敗的，簡直是愚蠢的說法。」

更重要的是，羅斯坦聲明，關於學生的成就自一九七〇年以來沒有進步這一點，克萊恩錯了，「我們得知學業成就趨勢的唯一資訊來源，是兩個由聯邦政府贊助的抽樣測驗，也就是國家教育進展評測。其中一個顯示了黑人兒童的學業成就已大有進步，現在全國黑人四年級學生的數學基礎技能熟練度，已經高於一九七〇年的白人四年級學生。」「另一個需要計算和書寫答案的測驗，則顯示黑人四年級生的平均學業成就高於一九九〇年的白人四年級學生。閱讀能力及八年級學生也有可觀的進步。白人學生也進步了，所以黑人和白人之間的測驗分數差距並沒有很大的改變，差距只有縮小到黑人學生學業成就進步得比白人學生更快。」

羅斯坦也指出，高中階段的學生也出現了進步。過去四十年來，畢業於高中和大學的青年比例已達兩倍。至於小班教學等「失敗」的介入措施，羅斯坦認為「這只是世俗的誤解，與研究結果不符。關於縮小班級規模，唯一在科學上可信的研究是田納西州一項二十年前的實驗，發現較小的班級對於低年級的弱勢學生有特定的益處。」

他以此作為結，「公共教育和其他體制一樣應該有所改善。我們有能力做得比現在更好。但或許許多美國學校所做的事，其實就結果來說頗為成功。這些改革者籠統地指控教育體系失敗，提議顛覆整個組織，不管他們支持的方式是以平板電腦為基礎的教學、特許學校或私立學校發放教育券等，都可能讓未經考驗的短暫狂熱破壞了本來有效的方法。」

有趣的是，克萊恩經常誇耀他的生平，也就是，「因為有很棒的老師，像我這種出身自皇后區公共住宅的窮小孩，最後成功了」用這點來進一步「證明」紐約市公立學校的崩壞。克萊恩說，優秀的公立學校老師對於他的成功之路居功厥偉。他暗指今日弱勢小孩會失敗，是因為已經沒有那些機會，好像公立教育體系曾經充滿很棒的老師，如今卻分崩離析，往日榮光只存在於記憶中。

解決方法是什麼？每個鍋裡一台平板電腦。

有些人聲稱克萊恩誇大了他本質上為中產階級的出身背景（我在他小時候住的地方相隔不到十個街區長大，可以同意這種說法），好到讓他可以先後進入哥倫比亞大學、哈佛大學就讀，因此紐約市公共教育體系並未發生那麼劇烈的改變。

我晚了他十八年，也從紐約市公立學校進入常春藤校園。三十年後，每年都有數以千計的小孩獲得相同的成就。是的，那當然不是個完美的體系，還需要很多努力。但克萊恩得讓我們相信整個體系已經崩壞到無法修復，才有辦法販售他的數位解藥。

Amplify 的故事並未就此結束——還有個有趣的結尾。

Amplify 失敗了。這個公司沒能賣出它預想的平板電腦數量，後來花錢如流水。單是二〇一五年就損失超過三億七千一百萬美元，更別提從二〇一〇年起，梅鐸已經投資了十億美元。他決定認賠殺出，賣掉整個公司。最後，這個苟延殘喘的公司在裁掉三分之二的員工（約八百位雇員）之後，於二〇一五年賣給十一位 Amplify 的高階主管，包括克萊恩在內。這筆交易並未公開。

但是經過有趣的人事重組，原為無線世代創辦人的伯格接手公司擔任執行長，克萊恩被明升暗降到董事會。他們重新回到基本作法，保留課程（「Amplify 學習」）和資料分析和數據評估（「Amplify 洞察」）部門。至於平板電腦，丟到垃圾桶了。失敗的「Amplify 取用」遭到終止。

就像教育科技顧問列文（Doug Levin）在《教育週刊》（*Education Week*）所言，「梅鐸和克萊恩涉足 **K-12** 的教育市場，可以作為教育創業家漫長史的例子，這些人都因為這個市場和他們想像的不同而失敗碰壁。」

現在，我要揭開《教育界的貪婪之心》第二幕——〈西岸版本〉。

洛杉磯學區與十三億元的 iPad 慘劇

雖然美國最大學區盡全力抵擋克萊恩、梅鐸和發光螢幕的入侵，但第二大學區的際遇就沒有這麼好了。它屈服於螢光——屈服於總計十三億被浪費了的資金。《教育界的貪婪之心》的西岸版本可作為一個提供給全國各地參考的警世故事。這個故事甚至變成《馬沙布爾》的精彩頭條：〈「洛杉磯每個學生都有 iPad 計畫」完全是齣爛戲碼〉。

該從哪兒說起？

洛杉磯聯合學區教育長迪希（John Deasy）認為，讓學區內共六十五萬學生每人都有一台下載了培生（國內最大教育出版社之一）優良教育軟體的 iPad，是個好主意。全部加起來只需花少少的十三億美元。

推動政策的校方與科技提倡者可惡地將相關辯論塑造為一個民權議題：「我的目標是提供貧窮青年過去只有有錢小孩才有的工具。」迪希教育長在他於二〇一一年為蘋果公司（真有趣）錄製的宣傳影片中說道。

美國黑人民權運動者派克（Rosa Parks）請挪一下位置——有台 iPad 要坐在你旁邊。懷著這股救世主熱忱，迪希懷主張平板電腦將讓學生擁有的可能性巨幅增加，而且將奇蹟般地改變教育場景。迪希並非唯一一個擁抱這個受誤導的想法的人，不知怎地，學生可以上網，變得跟生命、自由和追求幸福一樣，是一種不可剝奪的權利。二〇一〇年六月，《波士頓環球報》的一篇文章中，作者杜布羅（Rebecca Tuhus-Dubrow）不只討論了上網是基本人權，甚至建議政府應該扮演保障這種權利的角色：「社會運動者、分析師和政府官員越來越多的論述表示，上網對社會參與來說是多麼不可或缺——包括找工作和房子、公民參與、甚至健康都是如此，應被視為一種權利，所有公民都該享有的基本權。在人們無法上網的情況下，不管是負擔不起或者基礎建設不足，政府都有權力（或許還有責任）要解決這個問題。」

不難預料，對於媒體高階主管而言，聲明上網是一種人權，可能會帶來經濟利益，因此他們很快同意，「上網在二十一世紀就類似民權議題。網路讓貧窮地區的人能平等取得有品質的教育、健康照護和工作機會。」這是康卡斯特（Comcast）公司資深副總裁柯恩（David Cohen）高尚的社會正義觀點。

但是，有個人不認為上網是種民權，那就是發明這個東西的人。不，我不是在說高爾（Al Gore），我說的是溫瑟夫（Vinton G. Cerf），這位傳奇的工程先驅被稱為「網路之父」。溫瑟夫是傳輸控制／網際網路協定與網際網路架構的共同設計者；一九九七年十二月，柯林頓總統頒發給他美國國家科技獎章，二〇〇五年，他因為網路創造的成果而獲頒總統自由勳章。

二〇一二年一月四日，在《紐約時報》的社論版一篇標題為〈上網不是一種人權〉的文章中，對於連上他研發的成果——他的發明——是否真是一種權利，溫瑟夫有話要說，「不管立意多麼良善，那種論點都搞錯了一個重點：科技使權利的實現成為可能，但科技本身不是一種權利。一個東西要被視為權利，有很高的門檻。以不太嚴謹的方式來說，權利必須是人類為了過上健康有意義生活所需的東西，例如免於虐待或保有良心。把任何科技放在這麼重要的類別，都是個錯誤，這樣會導致我們在日後建立錯誤的價值判斷。舉例來說，有一段時間裡，沒有馬的人很難謀生，因此重要的是謀生的權利，而非擁有馬匹的權利。」

他的論點很具說服力。平板電腦、車子或他以諷刺語氣提及的馬匹之類的「東西」，都不是人權或民權。任何科技都不是。

但迪希教育長對於擁有 iPad 的「權利」滿懷熱忱，並將熱情散播給隨和的學校董事會，他們投票通過讓每位學生擁有一台 iPad 的計畫。這個學區估計，他們要花五億元來取得超過六十萬台平板電腦與附加軟體，另外再花上八億美元，在超過一千所學校和辦公室安裝無線網路及其他基礎建設。不幸的是，這個學區資金不足，沒那麼多閒錢——所以必須販售公債來籌錢。

董事會成員事後認為，他們的票可能投得太過倉促了。二〇一四年九月，《洛杉磯時報》的一篇文章引述幾位董事會成員的話，說他們應該早點提出強硬的質疑，而且後悔太快順從「熱衷改革的教育長」及他們強烈相信的任務——消除洛杉磯窮學生與富學生在科技上的差距。

「疾呼不平等的警鐘響個不停」，這激起了人人都要有一台 iPad 的狂熱，學校董事會成員齊默（Steve Zimmer）說，「我的工作是在急迫性與仔細審查間取得平衡。我從未如此嚴重地失衡。」

這個故事最後怎麼結束？

聯邦調查局介入調查，並在一場毫無功能的災難上花費了十三億美元。培生的平台上有一份未完工的課程，那份課程基本上沒有價值，平板電腦則在幾週內被學生輕易駭入，他們避開了功能不佳的安全性限制，任意瀏覽網路——人人都享有電玩和色情影片！

這筆交易在二〇一四年遭到腰斬，就在聯邦調查局從學區辦公室扣押二十箱文件，以調查他們與蘋果公司的合約之後。這項交易的招標過程及教育長迪希及他與蘋果、培生高階主管——這個龐大合約的受益人——之間的密切關係，都受到仔細的調查。聯邦大陪審團也介入調查。

這一切哪裡出了錯？讓我們回到起始點回答這個問題。

迪希於二〇一一年受聘為教育長，決心改革。多數人都同意他滿懷熱情，想讓洛杉磯學區變得更好，而且他看到了學生的成就差距，希望讓競爭更公平。可以肯定的是，他接手的學區正處於危機之中：幾千位教師、諮商員和圖書館員在經濟不景氣時失業，不到一半的學生閱讀能力達到年級水準，而且每年有超過一萬名學生從高中輟學。

作為一個改革者，為了改善學生的狀況，迪希要解決一個複雜的爛攤子，他不認為自己有錯，也因而得罪了一些人。「我不願意看著三年級學生說，『抱歉，今年你不能學習閱讀』，或對高二生說，『你不能畢業』。」他在二〇一二年在洛杉磯公共廣播電台 KPCC 表示，「我們必須腳步加快，而且不必為此道歉。」

他顯然身負重任。只可惜，他選錯了任務。

我的朋友佩德羅（Pedro Noguera）認識迪希，我問他怎麼看待這些事。佩德羅是美國教育界最受敬重的代言人之一，他已在柏克萊、哈佛和紐約大學獲得終身職，現任加州大學洛杉磯分校教育系特聘教授。他比你見過的任何人都思維縝密又充滿愛心。佩德羅告訴我，「迪希是個好人，他試著促成正向的改變；教師工會見到他上任，並不是很開心，因為他對工會沒什麼耐性。但他試著去做他認為對孩子最好的事。」

迪希和克萊恩及 Amplify 不同，他沒有把自己出賣給企業霸主。不過，檢視迪希、培生和蘋果之間互通的電子郵件，明顯可以看出迪希十分著迷於和科技巨擘合作的前景；結果對方似乎只想利用他的熱忱獲得經濟利益。

並沒有人指控或影射迪希從這筆交易中獲利。顯而易見的是，迪希狂熱相信科技就是解藥，以及他就是改革洛杉磯崩壞公立學校體系的「那個人」，他願意用盡方法來實現他的願景。

聯邦調查局調查中的重點在於，洛杉磯聯合學區正式招標近一年之前，與培生和蘋果有數十次會面、談話及電子郵件的往來。最後另有十九家公司投標。蘋果和培生原本不是出價最低者（他們在最後階段重新調整，降低出價），但在二〇一三年六月贏得這份利潤豐厚的合約。

結局是什麼？

近兩年之後，這個計畫中止，迪希在醜聞中辭職。聯邦調查局和證券交易委員會都介入調查，對學區官員進行盤問，非正式地調查他們是否將販售公債所得資金正確使用在那災難性的十三億元計畫中。

可悲的事實在於，像蘋果和培生這樣追求盈利的實體，他們的使命就是要提高利潤。我們都明白，在美國，理應允許公司營利，但他們不該以兒童的福祉作為代價。學校在和追求利潤的公司攪和在一起之前，應該更仔細審查，因為這些公司並沒有把小孩的最佳利益放在心上。

一個例子如下：哈考特（教育出版的三巨頭之一）的兩位高階主管最近被「真理計畫」（Project Veritas）的保守派運動人士歐契夫（James O’Keefe）用隱藏攝影機拍下了畫面。真理計畫是個專門調查公私部門失職與舞弊的非營利組織。在這支隱藏攝影機拍下的影片中，見利忘義的高階主管被逮到正在討論共同核心標準，以及「什麼對小孩最好」的議題。

「你該不會認為，教育出版公司存在的目的是教育吧？才不是，它的目的是錢。」哈考特的西岸客戶經理巴羅（Dianne Barrow）被攝影機逮到這麼說。巴羅在解釋完共同核心標準徹底受利潤驅使之後繼續道，「我討厭小孩。我做這個只為了賣書，千萬別自欺欺人。」她歇斯底里地笑了起來。

另一個霍頓．米夫林見利忘義的高階主管——策略客戶經理佩蒂斯（Amelia Petties）則對著隱藏攝影機這樣評論共同核心標準，「共同核心標準不是什麼新東西。我們稱之為共同核心標準，呀！稱之為共同核心標準，是因為小孩子很棒，所以永遠都可以用共同核心標準賺錢。但共同核心標準的重點並非總是小孩。」她停頓了一下說，「共同核心標準的重點，從來都不是小孩。」她放聲大笑。

佩蒂斯甚至提議共同核心標準應該改名，因為那樣可以帶來更多銷量與商機：「給個新名字，就我的立場，我希望他們這麼做。那我就能賣出一大堆相關訓練，讓小孩練習那些管他叫什麼名字的東西。」

不管你覺得這些評論令人震驚，或覺得這是正常現象，你會希望自己孩子的學習經驗在表現出輕蔑孩童教育、追逐利潤的公司手中受到操弄嗎？

同一時間，我們回頭看看洛杉磯的情況，他們希望討回那些錢。洛杉磯聯合學區的法務長霍姆魁斯特（David Holmquist）寄了一封信到蘋果，要求對方停止遞送培生的軟體，並承諾退還學生無法使用的數學與閱讀教材。霍姆魁斯特說，大部分學生依然無法在 iPad 上使用培生的教材。

啊，但那些小淘氣可以在他們避開安全防護的 iPad 上玩《決勝時刻》和《俠盜獵車手》，永無止盡——「平板電腦是民權」運動正如火如荼地展開。

批評者表示，當初朝平板電腦和科技發展的步調應該放慢點，每次只前進一小步。或許吧。與此同時，在矽谷，Google 和蘋果的工程師繼續把他們的小孩送到當地不用科技、不用平板電腦的華德福學校。

我們可以好好想想這件事。

來自澳洲的教育經驗

雪梨文法學校是澳洲表現最好的學校之一。這所學校成立於一八五四年，有超過一千一百位從幼兒園到高中的男學生就讀，他們都是商業人士或政治菁英之子，而且每年大學入學分數排名都在澳洲學生的前百分之一。這所學校歷史悠久，校友包括三位前總理，學校資金充裕，每年學費超過三萬四千澳幣，而且擁有全澳洲最好的教師與行政人員。

驚人的是，這個菁英教育的標竿已經決定拋棄科技，擺脫教室裡的筆記型電腦。據校長瓦蘭斯（John Vallance）說，這些裝置使人從教學過程中「分心」，而且他形容，過去七年澳洲學校花在電腦上的數十億元，是一種「浪費錢到誇張的程度」。

瓦蘭斯博士可不是教育傻瓜；他是劍橋學者、新南威爾斯州立圖書館基金會受託人、國立藝術學院主任，擔任雪梨文法學校校長已經有十八年。二〇一四年，執政聯盟任命他擔任國家藝術課程的特別審核人。

這位經驗老到的教育家對教室裡的科技採取了明顯負面的觀點，「我看過許多預算有限的學校，把不成比例的錢花在科技上，而並未帶來任何看得到或看不到的益處。」「學校在互動式白板、數位投影機上花了好幾億，現在這些東西都被扔掉了。」

瓦蘭斯博士在《澳洲人報》訪問中說，澳洲政府花了二十四億元在「數位教育革命」，用納稅人的錢為高中生買筆記型電腦，結果只讓微軟、惠普和蘋果獲利。因此，雪梨文法學校禁止學生攜帶筆記型電腦上學，並要求學生在十年級之前手寫作業和作文。學生在電腦教室可以使用電腦，但在一般教室不行。這位校長說，「我們發現教室裡有筆記型電腦或 iPad 會阻礙對話，令人分心。」

瓦蘭斯博士相信，「如果你很幸運能遇到好老師和激發學習動機的同儕，那麼引入使人分心的東西、讓你錯失社會脈絡帶來的好處，都是一種浪費。」「教學在根本上是種社交活動，重點在於人與人間的互動、在於討論、在於對話。」他認為教室的電腦剝奪了孩子們與老師辯論及討論想法的機會。他也覺得筆記型電腦使教室紀律鬆散、老師不再備課，在教學中注入懶散氣氛。而且，老師若要營造自己有備課的假象，也變得容易許多。

此外，他相信學習手寫具備教育性的益處，「讓孩子失去用書寫表達自己的能力，是件危險的事。」雪梨文法學校曾研究三年級和五年級男孩在手寫和電腦打字上的差異，發現在完成創意寫作的作業時，將想法用筆寫在一張紙上，比用鍵盤打字簡單許多。

瓦蘭斯博士知道他會被批評為跟不上時代和反科技，大家會叫他「老古板」。但他這麼回應：「我絕不反對科技。我愛電子產品。會有這些規則，就是因為我們如此熱愛電子產品，否則我們大可隨便應付一下。科技是僕人，不是主人。你不能讓尾巴去搖狗，但我認為目前狀況就是這樣。」

瓦蘭斯博士說，「澳洲花在教育上的錢比以往都來得多，結果越來越糟，真是丟臉。」他寧可把錢花在教員、而非科技上。「這些東西佔了學校大筆預算，但最後搞得學校廁所和天花板漏水，建築物搖搖欲墜。如果我可以選擇在教室裡堆滿筆記型電腦，或者是多雇用一位老師，不管問我多少次，我都會選後者。」

享譽國際的經濟合作暨發展組織附和這個說法，質疑學校對科技日漸依賴的做法。該組織在二〇一五年的報告中說，學校在引入電腦前，必須為學生打下閱讀、寫作與數學的堅實基礎。他們發現教室中的電腦重度使用者「多數學習成果比他人落後許多。」因此下了結論，「到頭來，科技可以使原本就出色的教學效果提升，但出色的科技卻無法取代差勁的教學。」

瓦蘭斯博士甚至採取更偏激的觀點，「我想，當人們回顧這個時期的教育史，在教室的科技投資這方面，會被視為一場大騙局！」

閱讀效應：螢幕VS.紙張

關於教育與教室中的螢幕，有個議題是，在發光螢幕和紙張閱讀所造成的理解差異。

二〇一三年，〈比較紙上與電腦螢幕閱讀線性文本：對閱讀理解的影響〉一文發表於《國際教育研究期刊》（*International Journal of Educational Research*），研究者為挪威斯塔萬格大學的曼根（Anne Mangen）教授。她發現，在電腦上讀文本的學生，在理解測驗的表現上不如用紙本閱讀的學生。

曼根請七十二位閱讀能力相當的十年級學生研讀一份敘事文與說明文，長度各約一千五百字。一半的學生在紙上閱讀，另一半學生用電腦螢幕看PDF檔案。之後，他們進行選擇題和簡答題的閱讀理解測驗，測驗期間可以參考文本。

教育先驅皮爾斯認為，螢幕造成理解程度下降的原因是大腦難以處理輻射光，但曼根認為，學生在電腦螢幕上看文本時，要找尋特定的資訊比較困難，因為他們只能在PDF檔案上捲動或點擊某個段落。反之，在紙上閱讀的學生可以拿著整份文本，隨時翻到不同的頁面。

曼根推測：「當你可以輕易找到開頭、結尾和中間的內容，並持續連結到你走的途徑、在文本中的進展，或許能以某種方式減輕認知負擔，並且得以空出更多的心力來理解內容。」

這個概念指出，閱讀絕非一種靜態活動，而是一趟文字風景的遊歷旅程。二〇一三年刊載在《科學人》的文章〈數位時代的閱讀腦：比較紙張與螢幕的科學〉，也對此論點做了呼應。

「閱讀有其實體性，」身為發展心理學家和認知科學家的作者沃夫（Maryanne Wolf）說，「甚至高於我們在跌跌撞撞進入數位閱讀時願意相信的程度——在我們開始往前走，卻反思得太少的時候。」

從演化觀點來看，寫作是個相對新鮮的現象。因此，就大腦而言，文本是我們物質世界可感知的一部分。的確，早期書寫始於圖畫的表徵，如楔形文字或象形文字的形狀，就像其所代表的物體。甚至在現代字母中也可以靠一些蛛絲馬跡看到字母與圖畫的淵源：C像一彎新月，S則像一條蛇。

這篇文章指出，人類大腦不只把字母當成實物，也視文本整體為一種實際景觀。這麼說來，紙本書所呈現出的景觀較為清楚，其「地貌」比螢幕上的文本明確許多。

打開一本書，會出現有兩塊界定清晰區塊——左邊和右邊頁面——而且共有八個角落，讀者可以為自己定向。此外，書中旅人可以實際見到一本書的開始與結束之處，以及某一頁在全書中的位置。最後，讀者可以透過厚度判斷目前已經閱讀／遊歷了多少，未完的旅程還有多長。這些令人放心的實體標記可以幫助讀者形成條理分明的心智地圖。

相較之下，多數螢幕缺乏這些資訊，讓人無法在心裡描繪旅程。螢幕的讀者可能捲動一串文字，但很難看到整篇文本脈絡中的任一段。儘管運用 Kindle 或 iPad 等平板電腦的讀者可以改用分頁方式呈現，但螢幕一次只會顯示一頁，其他文字地景仍不在視線中，無法直接觸及。

這點很重要。

「閱讀實體書的內隱感受，比我們以為的更加重要。」英國微軟劍橋研究院及《無紙化辦公室的迷思》（*The Myth of the Paperless Office*）一書作者塞倫（Abigail Sellen）說：「只有當你拿到電子書，才會開始懷念紙本的感覺。我不認為電子書廠商對於將內容脈絡的位置視覺化，已經做了足夠的思考。」

更多的螢幕，更少的眼神接觸

除了螢幕與閱讀缺陷，教育專家也指出潛在的負面社會作用，「主要的顧慮，聚焦在電腦對兒童社會與情緒發展的衝擊。」

根據柯爾德（Colleen Cordes）與米勒（Edward Miller）的報告表示，「現今十到十七歲孩子因為學校和家裡越來越強的電子文化，一生經驗到的面對面互動機會，將少掉三分之一。」請記得，這個三分之一的估計是來自十六年前，那麼現在是多少？

眼神接觸的情況又是如何？因為螢幕文化盛行，數量直線下滑。二〇一三年五月刊登在《華爾街日報》的文章〈現在就看著我的眼睛〉檢視了使用科技如何影響眼神接觸，並對人際關係產生負面效應。

根據一家總部設於德州的溝通分析公司「量化印象」（Quantified Impressions）顯示，現在的成人在普通對話中，只有百分之三十到六十的時間進行眼神接觸。但是，人類在對話中，必須至少有百分之六十到七十的時間透過眼神的交流，才能建立情感連結。換句話說，眼神接觸得越少，形成的連結就越少。

我們的螢幕文化把對話中極少或缺乏眼神接觸的狀況給正常化了。大人如此，小孩也是一樣。我們正在失去屬於人類固有的重要優勢。

「雖然進行眼神接觸的兩人隔了幾碼遠的距離，但它卻有實際助益。」精神科醫師路易斯（Thomas Lewis）在《愛在大腦深處》（*A General Theory of Love*）一書寫道：「當我們的眼睛對上別人的視線，兩個人的神經系統就會展開明顯而親密的接觸。」

大人對於與小孩的互動中不再產生眼神接觸感到惋惜，但也經常因為給小孩提供了這種行為的示範，而懷有罪惡感，這稱為「分心家長症候群」。就像二〇一三年葛雷高爾（Carolyn Gregoire）在《赫芬頓郵報》專欄〈科技如何殺掉眼神接觸〉寫道，「許多家長擔心自己在數位裝置上同時處理多重任務及缺少眼神接觸的行為，會讓孩子有樣學樣。」

部落客馬丁（Rachel Marie Martin）在文章〈我後悔沒有和小孩一起做的二十件事〉寫道，「我希望小孩記得母親曾看著他們的眼睛微笑。對我來說，這常表示我要關掉筆記型電腦、放下手機、停止完成待辦清單，把時間留給他們。」

教室出現螢幕？思考優先——螢幕其次

就像外山博士和他針對科技提出的擴增法則，科技**可以**為本來就品質良好的教育帶來幫助，但對不夠好的教育體系或失去功能的學校，則可能只會造成傷害。我和教育專家對談時發現，這似乎已成為共識，只是有個但書：只有當孩子或學生發展到足以應付強而有力、催眠人心的螢幕時，科技才能對他們產生助益。

只有在受到支持又經過周詳規劃的高中課程，科技才能在其中發揮效益益。以此論點為前提，或許在國中階段有限制地接觸電腦學習，也多少有點幫助。但把一個發光螢幕黏在幼兒園小孩或小學生手上，不只對教育完全無益，還可能在神經與臨床上造成傷害——對本來就脆弱的兒童尤其如此。

甚至連克萊恩都支持這種觀點。他在二〇一三年九月發行的《紐約時報雜誌》中，回應了麻省理工學院教授、《孤獨在一起》（*Alone Together*）一書作者特克（Sherry Turkle）對於教室使用科技的批評。他說，他不會讓四年級學生選修大規模開放式線上課程，而且他在幼兒園教室引入科技時，會實行嚴格的限制。真感謝他略施小惠。

也許我們該追隨科技工程師和華德福學校的腳步，等小孩三、四年級（有些人建議至少十歲）之後，再採用互動性平板電腦。

皮爾斯有次在柏克萊出席了為期四天的論壇，二十一位來自世界各地的教育專家在會中共同討論教育中的電腦角色。「那場論壇的結論是，一切取決於適齡。一位麻省理工學院教授熱切說明，務必鼓勵孩子先發展思考能力，再給他們電腦。如果在孩子的思考歷程尚未發展完全之前就給他們電腦，可能是一場災難。就像皮亞傑（Piaget）所指出的，因為生命頭十二年是用來發展出讓年輕人掌握抽象、隱喻、象徵訊息的知識結構，這時使用電腦，將干擾發展的過程。」

發表於《教育》期刊的〈將電腦整合進童年早期課程〉一文中，作者蒙娜與海燕・穆罕默德（Mona and Heyam Mohammad）也用相關詞彙來框架這個議題，「皮亞傑的理論認為，學習者從具體經驗或動手實作的活動中獲益最多，那可以讓學習者操縱環境，根據與世界的互動建構起知識。」

我將這個理論舉例如下：玩樂高，不要玩《我的世界》。

皮爾斯把螢幕對幼童的負面影響，很大部分歸因於輻射光，以及兒童在螢幕前可能變得「僵直」，「這和大腦回應輻射光和反射光的方式有關，而輻射光就是電視和電腦螢幕的光源，反射光則帶給我們別的視覺經驗。大腦在回應輻射光源時傾向關機。我們都看過孩子長時間看電視之後是什麼樣子。」

皮爾斯在訪談中描述電視產業如何把「驚嚇效應」置入兒童節目，好讓他們跳出迷幻狀態，才能再次專注。但就像安眠藥一樣，隨著時間過去，就會出現減敏感作用，驚嚇效應必須越來越強，才能抓住注意力。

皮爾斯解釋，雖然大腦的新皮質可能理解這些強烈的驚嚇影像不是真的，但「爬蟲腦」卻不懂，於是孩子進入持續釋放皮質醇的戰或逃反應。這種劇烈的過度刺激造成腦部產生過去以為不可能發生的適應不良，破壞了神經發展。皮爾斯預言了電子螢幕症候群研究中所觸及的某些神經和臨床議題。

把螢幕留在教室外——至少在小學階段這麼做——不是比較好？就像皮爾斯說的，「先鼓勵孩子發展思考的能力，再給他們電腦。然後就可以不加限制。」

不幸的是，在現在的時代，這種作法說起來容易，做起來難。在嶄新的數位地景中，要把一個處於關鍵發展期的孩子隔絕於美麗E化新世界的進步之外，難如登天。我們確實活在這樣的奇怪時代。當社會中有越來越多虛擬實境，真實與數位之間的界線就越來越模糊。發人深省的電影《駭客任務》暗示的離奇世界，可能正在等著我們。

13 歡迎來到E世界

《星艦迷航記》的寓言

《星艦迷航記》系列影集中，〈動物園〉（*The Menagerie*）這一集的內容講述遭到嚴重燒傷、坐在輪椅上的派克艦長有機會到一個名叫塔洛斯四號的星球居住。

塔洛斯人能操縱現實，創造出令人愉悅的幻象——事實上，整個世界都充滿刺激而誘人的虛擬實境。在那個星球上，艦上組員遇到了一位年輕貌美的地球女性，名叫維娜。他們發現維娜是自願待在那裡。她曾是個老人，在一場太空船失事中存活下來，卻受了重傷，塔洛斯人讓她活在年輕健康的幻象中。若換成今日術語，我們會說這位虛幻的維娜是個化身。

有趣的是，這個擁有控制幻象力量的物種瀕臨滅絕。他們拒絕接受企業號提供的援助，因為他們害怕地球人得知幻象的力量之後也會受害，變得像塔洛斯文明那樣癡迷於幻象。最後，派克艦長可以選擇當個四肢癱瘓、無法說話的燒傷患者，過著悲慘的生活，或者回復年輕享受夢想中的生活。沒錯，選項二不是真的——但**感覺**是真的。

你會怎麼選？

派克選擇成為年輕又健康的派克化身，和經過幻象美化的維娜一起活在虛擬實境。在這集試播的尾聲，塔洛斯的領袖提到維娜和她美麗的化身時，充滿哲理意味地告訴即將離開的地球人，「她擁有幻象，你們擁有現實。願你們旅途愉快。」

今日，數十萬人擁抱「幻象比現實更愉快也更好」的想法，使得以此為基礎的「合成社群」（synthetic communities）有如雨後春筍般大量激增。

化身與《第二人生》

假設你痛恨自己的人生；也許你的人生沒有像派克艦長那麼糟，但你不喜歡自己或生活的方式。如果可以逃離人生，你會這麼做嗎？

很多人已經這麼做了。

《第二人生》有一百萬個活躍的使用者，這個繁盛發展的虛擬社群中有商店、貨幣、音樂會、人際關係，以及，嗯，其他真實世界會有的東西。嚴格說起來，應該十八歲以上才能加入，但如果你已經十三歲，就可以有限制地使用《第二人生》。如果你的年齡是十六到十七歲，你可以接觸「一般」成人等級的區域及搜尋結果。

約從二〇〇三年開始，《第二人生》因為整合了身歷其境的虛擬實境科技而獲得新一波的成長。當時這種科技還在研發中，正進行試用版測試，很快地，《第二人生》的居民再也不限於2D；他們可以透過虛擬的Project Sansar平台在身歷其境且逼真的3D虛擬實境中大笑、談話、彈奏音樂，以及享有性愛。毫無疑問，這一切都朝向身歷其境的虛擬實境發展。據估計，到了二〇二〇年，虛擬實境和擴增實境將成為價值一千五百億美元的市場。

等等，我們可以在《第二人生》裡實際發生性行為？確實如此。以下是一位《第二人生》使用者張貼的實用指南，提供給對性愛好奇的新手，內容包括如何搜尋虛擬性器官：

社交步驟如下：

一、找一位有意願的伴侶。

二、找一個隱密地點或者可以發生性愛的區域。不要公開發生性行為，尤其是輔導級（PG）區域。

三、敬告男士：你需要一個配件。搜尋「陰莖」，會有些免費的供你使用。不要公開穿戴！它會從褲子裡露出來。

技術步驟如下：

有很多方法可以讓你的化身開始動作。一種是用「擁抱者」這種配件來親吻與擁抱。你可以免費取得擁抱者。很多家具（尤其是床）可以提供給你和你的伴侶，並附有動作選單。點一下家具欄，可以叫出選單。一對粉紅色和藍色的「姿勢球」將出現在床上。坐在上面……女孩坐在粉紅色的球上、男方坐在藍色的球上。再次點擊那張床，叫出選單，然後改變姿勢。

或者，你可以找到隨處放置的姿勢球；也可以用那些球。想盡情享受網路性愛，你必須能用「聊天表情」填補動畫無法提供的細節。下次你進入這個虛擬世界，試著打出以下文字：「我緊靠著你，親吻你的唇。」大部分的性愛對話都是透過私密的即時訊息進行，而非公開的聊天——並不是你周遭的人都想「聽到」你的呻吟和喘息。

就像我說的，我們就活在一個奇怪的時代。

現在的未來科技

未來，這個數位世界將進化到超越螢幕。

那個未來，就是現在。

根據麻省理工學院媒體實驗室科學家羅斯（David Rose）的說法，從會說話的叉子到智慧衣，新科技把電腦變得更加個人化。羅斯在著作《被施以魔法的物體：設計、人類欲望與物聯網》（*Enchanted Objects: Design, Human Desire and the Internet of Things*）中論述，人們渴望與科技直接互動，「螢幕未能滿足期望，因為它無法增進我們與電腦間的關係。」「這些裝置是被動的，沒有個性。機器會閒置在那兒等待你的命令。」

但穿戴式裝置如 Google 眼鏡和 iWatch，並未像他們所寄望的那樣大紅與熱銷。另一方面，虛擬實境科技則似乎爆紅了起來。從 Oculus Rift 到自己動手做的低價 Google Cardboard，虛擬實境正在起飛。

現在，下一波模糊現實的就是全像和「擴增實境」。虛擬實境讓我們沉浸在新的現實，全像則不同，它在我們的真實世界創造出 3D 物體。現在，微軟 HoloLens 結合了兩者，在沉浸式的全像經驗中，同時享有虛擬實境和擴增實境，這個裝置先進到讓 2D 的 Google 眼鏡看起來就像 View-Master 那樣過時而原始。

根據科技評論家阿比吉特（Abhijit）在部落格「資訊酷玩意」（Informatic Cool Stuff）上說的，「微軟 HoloLens 帶你進入禁忌世界。當你在空間（如客廳）中移動，全像應用程式就和你一起移動。意思是，你可以在走動時打一通跟著你移動的 Skype 通話，也可以把最愛的應用程式釘在空間裡實際的牆上或放在桌上，那麼你每次走進那間房間，應用程式就會出現在 HoloLens 上。如果應用程式被釘在牆上，你可以說聲『跟我來』，把它拆下來，讓它再次跟著你走。你也可以調整應用程式的大小、製作佔滿整面牆的影片、或者縮小網站。」

當然，無所不在的色情影片產業也充分利用了新科技獲利。在《馬沙布爾》上一篇標題為〈虛擬實境色情影片來了，它逼真得嚇人〉的報導中，記者誇張地說，「我發現自己被運往一間臥室。一位女性色情影星跪在我面前，對我說著充滿誘惑的煽情話語。我往下看到某個傢伙肌肉發達的身體。我想著，嗯，那不是我的身體。我很困惑，這是誰的身體？然後我明白了，現在**我**就是那傢伙。」

現實的終結

先進的 HoloLens 由齊普曼（Alex Kipman）研發。這位有著一頭細髮的微軟設計師看起來像個文青預言家，他二〇一六年在溫哥華發表了一場令人驚奇的 TED 演講。不修邊幅的齊普曼堅決反對使用螢幕，因為螢幕是古老的 2D 世界，而且受到限制，他展示了讓人目瞪口呆的 HoloLens，包含了身歷其境與創造現實的 3D 及全像的可能性。

齊普曼在演講中針對我們受困螢幕而提出批判，並形容未來的世界將充滿體驗式的互動科技。「今日，我們花費絕大多數時間輕觸螢幕和盯著螢幕。」他對於我們受螢幕奴役所付出的社會成本表示惋惜，「那麼我們彼此之間的互動呢？我不知道你怎麼樣，但我覺得自己受限於這個由螢幕和像素組成的2D世界。與人連結的渴望，啟發我成為一個創造者。簡單來說，我希望創造出一種新現實，科技在其中使我們無比靠近。在那種現實中，人——而非裝置——是一切的中心。」

聽起來很美好，這是一種可以讓人與人建立社會連結的科技。口若懸河的齊普曼有能力推銷這個具有說服力的新「人類連結」，作為未來科技的願景。在TED演講中，觀眾似乎深受他的烏托邦吸引，彷彿只要他揮揮手，就能創造出一個3D冰洞，再加上懸在空中的鐘乳石和正在長高的石筍，好像要直接從TED舞台上的紅點上冒出來。

齊普曼試圖創造出聽起來像數位超人的東西，他談到量子宇宙的無限可能性，以及電腦可以帶給人類的「超級力量」。同時他再次強調，我們現在已經擁有「數位力量」可以創造現實，卻還卡在2D螢幕世界裡深受限制。

後來，他在演講中揮了揮手，然後出現了魔法花園，裡面有彩色的超大蝴蝶和四呎高的迷幻彩色蘑菇，好像出自格林兄弟——或是提摩西．賴瑞[1]——的想像。

他的話就如同提摩西．賴瑞的理念。我在他過世前曾有機會和他共處一段時間，他在晚年致力於探討迷幻的心靈世界，熱切地談論到虛擬實境造成的心靈擴展。這些東西讓人不太確定到底是在聽預言家還是一個瘋子講話，或許兩者都有吧。

齊普曼像個優秀的表演家，把最棒的伎倆留到最後：人類瞬間移動。當火星地景的真實3D影像出現在舞台上圍繞著他，他看著觀眾說，「我邀請你在這個TED舞台上體驗世上首次進行的真實全像瞬間移動，就發生在我和來自美國太空總署噴射推進實驗室的朋友諾里斯（Jeffrey Norris）博士之間。」

接著，面帶微笑、穿著休閒的諾里斯——他也戴著HoloLens——出現在台上的虛擬火星景色中。這種效果讓我感覺好像在看克里斯・安吉兒（Chris Angel）的幻術。全像投影出來的諾里斯有著堅實的外觀，他解釋他其實身處幾個地方，「我站在對街的房間裡，也站在你們面前的舞台，同時也在一億英里以外的火星上。」

雖然看起來很不可思議，但請記住，撇開花言巧語不談，生物學博士諾里斯其實只身在一個地方，也就是TED演講場地對街的房間裡；另外兩個全像諾里斯本質上是電腦合成影像的特效，疊加在虛擬地景之上。不過這樣的技藝肯定令人驚豔又敬佩。

齊普曼用滿溢的人道關懷結束演講，「我每天都在夢想著這樣的未來。我的靈感來自與我們溝通、互動，並一起工作的祖先。我們打造帶人類重返人性的科技，而正是人性引領我們來到今日所在。科技讓我們不再活在充滿螢幕和像素的 2D 世界，讓我們記得活在 3D 世界是什麼感覺。」

真是怪異的願景：當我們實際**活在**根本不需要 HoloLens 就可以體驗的 3D 世界時，卻得用科技來讓我們「記得」活在這裡的感覺。而且，諷刺的是，正是科技讓我們沉浸在令奇普曼感到痛惜的可怕 2D 螢幕世界中。我們也應該知道，儘管可能是高明的科技加上驚人的視覺特效，HoloLens 所創造出來的，依然是偽裝成現實的電腦合成影像。

看完奇普曼的演講，我懷疑我是不是看著一個預言家或瘋子，正用他的虛擬實境運動來毀掉人性的核心。我忍不住想起可憐的派克艦長和塔洛斯人。我們應該渴望創造和生活在奇普曼的幻象世界嗎？或者，那個世界會不會使我們這個物種衰敗，就像塔洛斯人一樣？我的恐懼是，太多人會像聽到海妖的歌聲般，受到虛擬實境幻象的引誘而迷失其中，而他們存在於 3D 星球上的生命就這樣枯萎死去。

歡迎來到母體。那個未來就是現在。

1 譯注：提摩西．賴瑞（Timothy Leary）是美國心理學家，以研究迷幻藥而聞名。

電競選手

這個場景看來像典型的大學賽前動員會：熱情的啦啦隊員跳上跳下，帶領聚集的學生歡呼喝彩；當大會宣布校隊名稱，他們走進體育館，學生尖叫著擠進露天看台，掌聲雷動。

但這場賽前動員會和過去出現在大學校園裡的不太一樣。主角是世界上第一支這種項目的校隊，也就是第一支電競選手大學校隊。沒錯，他們是電玩玩家，全部都靠運動員獎學金上大學。

芝加哥一所小型學校羅伯莫里斯大學決定在這個「電子競技」不斷增長的世界引領潮流，電子競技是個正在成長的現象，專業的電競選手會在洛杉磯史坦波中心（Staples Center）之類的擁擠競技場，當著數千名熱情遊戲迷的面打電玩，賺取六位數的高額獎金。

沒錯，真的有人參加電玩比賽，靠此賺進數十萬美元。

在羅伯莫里斯大學的賽前動員會上，在曲棍球隊和美式足球隊奔跑著進入狂熱的會場並互相擊掌後，大會宣布電競隊入場，同時響起熱烈掌聲。這時有三十個樣貌各異的年輕人出場，扭捏尷尬地就像參加《菜鳥大反攻》（*Revenge of the Nerds*）續集的試鏡。

羅伯莫里斯大學的體育室副主任梅契（Kurt Melcher）拿起麥克風，指向電競隊，驕傲地向觀眾席誇耀，「我們招募了非常、非常優秀的選手。這些頂尖選手中，有人排名在北美所有選手的前百分之零點零二。」他沿著電競選手的隊伍，和這些看來不自在且不習慣體育儀式的年輕人擊掌。

電子競技運動已經成為一筆很大的生意。二〇一五年，超級數據研究估計，全球電競產業在該年度已經創造了七點四八八億美元的收益，預期到了二〇一八年就會達到十九億美元。各種遊戲都會舉辦提供超過一百萬美元現金的高額獎金錦標賽，其中的霸主是奇幻遊戲《英雄聯盟》和《遺蹟保衛戰》，在這些神話戰略遊戲中，不同的隊伍要彼此競爭。

《英雄聯盟》有一群狂熱的遊戲迷，因此二〇一三年在史坦波中心舉辦的世界冠軍賽門票迅速銷售一空。在這些錦標賽現場，數萬名大聲尖叫的遊戲愛好者付錢觀看幾個選手在升高的舞台上競技，選手的螢幕被投影到大螢幕，可以看清他們的一舉一動。選手們享有搖滾巨星般的待遇，不只可以得到大筆金錢，還接下產品代言。

電子競技在過去五年全球爆紅但這不是新現象。這個現象的根源可以追溯到一九九〇年代的南韓，在一九九七年的亞洲金融危機後，寬頻網路的大規模建造影響了電競的成長。

金融危機帶來非常高的失業率，許多韓國人在沒有工作時想找點事來做。韓國文化體育觀光部的分支機構「韓國電競協會」於二〇〇〇年創立，目的是推廣和管控這項充滿爭議、常在巨型網咖進行的新興運動。

接著，在二十一世紀的第二個十年，不管是收視率或獎金，電子競技經歷了全球性的耀眼成長；儘管過去舉辦過大型錦標賽，但進入二十一世紀以後，錦標賽的數量和規模顯著成長，從二〇〇〇年的十場錦標賽提高到二〇一〇年的兩百六十場。

真正的職業電玩巡迴賽崛起，對於普通青少年玩家的生活造成了影響。根據我過去十年來治療青少年玩家的經驗，我可以說，這個產業讓青少年懷抱希望，期待加入有錢賺的職業玩家菁英階級，激勵他們持續打電玩。才不到五年前，如果某個青少年說「我想成為職業電玩玩家」，你會以為那是純粹的幻想，現在這件事已經成為可能。所以這些入迷的小孩連續幾小時打著電玩，他們自覺在「進行訓練」。

幾年前，當我與充滿挫折的家長和癡迷於遊戲的小孩晤談，疲憊不堪的家長經常喊出這種話，「如果你整天都在打電玩，最後成績不好而被退學，那你將來要做什麼！」小孩通常用聳聳肩來回應，而比較有企圖心的小孩會說，「我要去遊戲公司當遊戲測試員！」父母總是在絕望中感到挫折。

我覺得這就好像在過去有人夢想成為職業運動員、音樂家或演員時會發生的情節，不管那些夢想的成功機率在統計上來說實不實際。多年來，家長經常鼓勵小孩勇於作夢，但同時也要腳踏實地、認真學習，才能有個備案——只是以防萬一。

現在，電玩玩家也像渴望成為職業運動員，他們心中有個賺大錢的英雄，那些人是E世界的麥可．喬登，是他們可以告訴父母自己想要仿效的對象。除了「我想成為麥可」或「像貝克漢那樣踢出香蕉球」外，現在還有「我想要像丹迪那麼厲害！」（丹迪[Danil "Dendi" Ishutin]是個很紅的烏克蘭玩家，二十六歲就透過打電玩遊戲，賺了超過五十萬美元）。

除了在門票銷售一空的錦標賽中競技，富有創業精神的玩家現在也有Twitch這個線上串流網站，可以擁有自己的頻道，並號召願意每個月付四點九九美元看他們打電玩的訂閱者。

Twitch在二〇一一年基於一個簡單的前提啟用：電玩的娛樂價值（及其轉化為金

錢的能力）不只來自於打電玩本身，也來自於看別人打電玩及談論遊戲。Twitch 很快成為最成功的電玩串流網站，網路流量高於傳統的體育類競爭對手，例如 ESPN、職棒大聯盟和世界摔角娛樂（WWE）。

Twitch 每個月的瀏覽人次有六千萬，每個瀏覽人次每天在網站花近兩個小時，對於渴望和 Twitch 觀眾（多數為不讀報紙也不看電視的 Y 世代男性）連結的廣告商來說，Twitch 極具吸引力。亞馬遜網站肯定同意這一點，他們在二〇一四年花了近十億美元買下那個網站。

雖然有些在 Twitch 上擁有頻道的玩家，很辛苦才能賺到足夠買每週要喝的激浪汽水的錢，但有些玩家則年收入幾十萬元，達成了夢想：有人付費觀賞自己坐在家裡打電玩。根據我的玩家個案說，在 Twitch 上成功的關鍵在於，打電玩時要表現出有趣的個性，或者當個知名策略家，讓觀眾可以從中學習。

還有些人在利用遊戲賺錢方面打出了大滿貫。拿二十六歲的瑞典玩家 PewDiePie 為例。PewDiePie 的本名是菲利克斯．阿爾維德．烏爾夫．謝爾貝格（Felix Arvid Ulf Kjellberg），他在二〇一一年決定為信念放手一搏，他拋下工業經濟與科技的學位，投入發展迅速的 YouTube 頻道。他的 YouTube 影片是所謂的「來玩吧」（*Let's Play*）講評，那是針對越來越受歡迎的電玩，提供觀眾娛樂性的遊戲攻略。但是他父母對於他生涯的轉折可是一點也不興奮；他們為他放棄學業而感到生氣，不再提供經濟支持。於是他在一個熱狗攤工作，為自己的影片籌資。

PewDiePie很快就在線上聚集了一批追蹤者，頻道訂閱數在二〇一二年超過一百萬人。現在他的訂閱人數超過四千萬，觀看次數達一百億，估計他每年從廣告和代言賺取四百萬美元。

當小孩說，「爸、媽，我想成為下個PewDiePie」時，家長可以說些什麼？在這個數位時代嶄新又瞬息萬變的媒體景象中，比起當個……好比說，書籍編輯，在YouTube上成名可能是更好的機會。

我有一位沉迷於電玩的個案艾瑞克，他希望先不去念大學，而把時間拿來做電玩訓練，拚拚看能不能成為一名職業玩家。他父親不知所措，希望說服他別這麼做，但這個年輕人指出，他爸爸也曾有一個夢——成為職棒選手——而且也是放棄念大學來追夢。事實上，他的父親曾經在小聯盟打球。這有什麼不同？艾瑞克問我。

經過那次對話，他父親換了個角度來看待兒子的情況，變得比較支持艾瑞克成為職業玩家的夢想。不幸的是，因為打電玩，艾瑞克大部分科目成績都不及格。此外，雖然人也可能沉迷於運動，但通常不會因為打棒球而衍生出一大堆臨床疾患。

不過，艾瑞克能言善道，非常擁護電玩體驗對他這一代青年所代表的意義。他建議我去看《玩免費》（*Free to Play*）這部紀錄片，希望我能更了解新興的職業電競文化。這部片子製作精良，職業籃球選手及電玩愛好者林書豪在片中以特別來賓的身分露面，內容追蹤了三位頂尖玩家想贏得《遺蹟保衛戰2》冠軍的追夢過程。這部電影有力地為玩家和遊戲文化描繪出一幅能引起共鳴又富有吸引力的圖像。

但有趣之處在於，當我仔細檢視電影的工作人員名單，我看到這部電影由維爾福公司（Valve Corporation）製作——這是家電玩公司，也是《遺蹟保衛戰2》的製作者。

14／解決之道——逃離柏拉圖的洞穴

柏拉圖的洞穴

我們來談談所謂的真實世界。

柏拉圖最有名的寓言是「洞穴之喻」，它提供一種觀點，幫助我們思考活在幻象和現實中的差異。柏拉圖透過蘇格拉底請讀者想像一個洞穴，裡面關著一些囚犯。這些囚犯從小待在洞穴裡，身上因為拴著鎖鏈，腿和脖子都動彈不得，而且被迫看著前方的一道牆。這就是他們所知的全部。

囚犯後方有一團火，火和囚犯之間是一條升高的走道。有人在走道上拿著不同的物體，讓影子投射到囚犯前面的牆上。可憐的囚犯因為頭都動不了，只能看到閃動的影像，所以他們假定那些影像是真實的，而非只是事物的影子。

請問，如果一個囚犯掙脫束縛，轉過頭來看到火焰，會發生什麼事？當然，閃亮的光線可能刺傷他的眼睛，因為他已經習慣只看影子了。但接著他會明白，他本以為的真實東西其實一點兒也不真實，只是身後真實物件投射的影子。

接著，如果囚犯走出洞穴外，沐浴在陽光下，又會發生什麼事？耀眼的陽光比火焰還要炫目，令人看不清方向。但當眼睛適應之後，他就可以看到世界真實的樣子，包括真正的樹木、真正的草地。得知世界真實樣貌後，這個囚犯將明白他過去在洞穴裡的牢友是多麼可悲與盲目。但如果他回到洞穴告訴其他人他所見到的景象和新發現，他們會覺得他瘋了；因為其他人無法相信影子背後有另一個現實。事實上，他們或許希望留在洞穴的幻象中。但那個已見過光芒及真正現實的囚犯，從此將擺脫幻象，並且終將覺醒。

換句話說，這個囚犯就是駭客任務的尼歐，他吞下紅藥丸，從母體的幻象中醒了過來。

不管我們談的是古希臘哲學或當代科幻片，根本問題及解決方法都一樣：主角一直活在幻象中，終於逃離了那個夢境／夢魘。

某種程度來說，我們都嚼著維持幻象的藍藥丸，模糊並混淆了數位世界與徹底清醒、真實存在之間的界線。你可能會反駁，「我當然知道螢幕上的東西不是真的！」──或許沒錯。但你的電子裝置是不是催眠了你，以至於讓你有血有肉的真實生活充滿了痛苦？你的螢幕是否已不再是一種工具，而變成了牢籠？

既然本書焦點是螢幕對兒童的影響，我只對成人讀者提出以下建議：如果你對以上情況──你的生活因為強迫性使用螢幕而充滿痛苦，或感覺被電子裝置給困住──的答案為「是」，試著想像一個七歲小孩活在使人成癮的螢幕和遊戲圍繞的世界，會是多麼艱難。

螢幕成癮的小孩等同於困在柏拉圖的洞穴，或尼歐吞下藍藥丸後的母體之中。在這個失去人性、感官超載又充滿科技的世界，數百萬人選擇用藍藥丸來逃避現狀，就像飛蛾撲火。

虛構的派克艦長選擇了藍藥丸，因為他所處的現實令人難以忍受。很不幸地，我們已經因為數位藍藥丸而失去了許多孩童和青少年。他們比較喜歡富有娛樂效果的發光螢幕製造出來的幻象，這其中經常包括讓他們可以投入冒險的原型神話與奇幻故事，勝過必須面對數學作業和日常雜務的現實。誰不喜歡呢？拜託，數位藍藥丸可以帶來龍和騎士和刺激和志同道合的感情；棲居在螢幕中可以過著百分之百的奇幻生活……而且毫無限制。

但回到現實生活的臥室，媽媽和爸爸還在為貸款吵架；某個你喜歡的男孩或女孩剛在臉書上貼了羞辱人的嘲弄內容。功課不好，又討厭自己的外表。真實生活不只是無聊而已——簡直爛透了！

拜託給我藍藥丸。

所以，面對這些墮入母體、年幼脆弱的孩子，解決方案是什麼？怎樣才能把他們拉出來？

科技成癮的治療

如果我們檢視科技成癮和其他成癮的相似性，可以從八十年來的成癮研究與治療中學到一些心得。就像前文討論過亞歷山大的老鼠樂園，可悲之處在於當一個人感到疏離、失去連結或者被困住，他會尋求逃脫，然後受困於比之前更糟、更令人畏懼的成癮牢籠。

當孩童感覺失去連結，他會在螢幕中找到一種連結與逃離的感覺，結果就是被困在母體裡。那是種逃避現實的傾向。

所以，解決方法是什麼？

我有兩點建議。老鼠樂園教導我們，老鼠的生活越是快樂充實，就越不會去喝嗎啡水或上癮。所以從預防的觀點，當小孩擁有健康的人際連結、嗜好與情緒出口，就比較不會陷入母體的陷阱。

但我們也知道，約有百分之十的人（包括孩童）具有成癮傾向。那百分之十的孩子就算得到最好最關愛的支持，一旦嘗到過度刺激的電玩等數位藥物、體驗到令人成癮的多巴胺效應，就可能比他人更容易進入母體。

我們該拿這些例子怎麼辦？某個孩子可能從未意識到家族有成癮史，但突然就對電玩上了癮、對傳簡訊上癮，或對使用臉書成癮。然後呢？

掙脫與科技的不健康的關係類似掙脫飲食疾患的困境，人可以戒毒和戒酒，但牽涉到食物和科技，恐怕就很棘手。除非完全切斷水電供應，否則我們無法避免與科技互動。關鍵在於，如何透過平衡真實生活的經驗，和科技建立健康的關係。

如果一個人在E洞穴陷得太深，第一步絕對是科技斷食（又稱「數位解毒」）。這種處方在這個人能夠健康適度使用科技前，是必要的。我們從成癮治療的領域得知，成癮者（藥物成癮、數位成癮或其他種類）都必須先解毒，療法才有機會生效。我的意思是，**全面性**的數位解毒，也就是不使用電腦、智慧型手機、平板電腦等——全都不碰。極端的數位解毒甚至連電視都不看。這個治療處方為期四到六週，這是一般來說被過度刺激的神經系統進行重新設定所需的時間。

但治療必須循序漸進，才不會引發成癮者突然中斷後出現劇烈行為。例如，一個孩子每天有七小時待在線上，就需要以每天減少一小時的速度來進行解毒。到了那週結束，他的上網時間已經減到零小時，完全戒絕。一旦完全戒絕，就要繼續維持治療處方規定的無螢幕生活四到六星期。

有時候，如果孩童或青少年了解到問題的嚴重性，就會願意這麼做。我遇過某青少年個案希望有人可以幫助他展開不插電生活，他完全願意捨棄螢幕。有些人則表現出挑釁的姿態，徹底抗拒這種作法。他們會發脾氣或放聲尖叫，甚至提出威脅。但如果因為他們發脾氣你就讓步，保證之後更有得你受。所以請務必堅強，好好當個盡責的父母。就像我們說的，插頭是你在控制。跟孩子商量，在一個星期左右慢慢減少螢幕的使用，應該可以降低反彈。

就像戒毒，數位解毒也有一段戒斷期。進行數位解毒的小孩會有一段時間比較易怒、焦慮、憂鬱，甚至出現頭痛或胃痛等症狀。這些都是自然現象。

在傳統的戒毒或戒酒復健機構，我們需要花點時間遠離觸發因子和成癮行為，以便學習健康的新生活方式，包括作息規律、飲食習慣、做家務、找到情緒出口等，這些都有助於建立成癮者常缺乏的結構感和自信。戒除螢幕成癮也一樣。

還有一件事至關重要，就是對待進行數位解毒的小孩，不能只讓他們坐在那裡無所事事。他們需要忙於好玩的事物，用新東西來取代原本的螢幕行為。也許這個孩子可以重拾過去喜歡的運動，或者演奏樂器。也許這個孩子願意投入創造性活動，例如畫畫或創作音樂。或許這個孩子開始當志工。無論如何，一定要找到新的嗜好，重新喚起過去的熱情。

另一個關鍵是，這些孩子要和他人產生連結。成癮來自於孤立，但就算他們和別人一起打電動，也和真正的人際連結不一樣。理想上，和其他康復中的科技成癮者接觸互動，是最好的慰籍。在支持團體中，他們可以感受到理解、同理與互相連結。目前研究證實，在科技斷食期間沉浸在大自然的環境，能有效讓人保持清醒，重新連結自己和現實。大自然有著無與倫比的療癒效果。

禪宗所謂的「禪觀」，指的是未經過濾、直接經驗的現實。心理健康領域證實「經驗性治療」（沉浸式的荒野治療方案也包括在內）對受苦於成癮、焦慮與憂鬱等疾患的人有幫助。我在實務工作中結合了超越主義者的智慧——愛默生、梭羅與惠特曼——運用大自然的力量，來幫助案主替換他們的精神官能模式。

透過威爾森的研究及他的親生命性運動，以及拋出「大自然缺失症」一詞的洛夫，我們得知人類天生傾向與大自然建立真實的連結。根據洛夫的說法，這些小孩強烈的情緒和心理問題，都和沉浸在數位世界而削弱與大自然的連結有關。

這就是為什麼針對困在成癮性E世界、受到過度刺激的小孩，解決方法是真正身處瓦爾登湖畔，而非《瓦爾登湖》遊戲。拔掉插頭，走進大自然，感受陽光照在肌膚上。約莫十五年前我在希臘那個昏暗骯髒地下室首次遇到的螢光小孩，其實他們只需要拔掉插頭，走入陽光，直接接觸自然就行了。

我在臨床工作遇到不少一般人無法想像的嚴重成癮者，包括冰毒和海洛因成癮者，似乎什麼都幫不了他們。有個個案因為冰毒成癮造成不算慢性的自殺，結果某次她到海邊緩慢而專注地散步，純粹體驗壯觀的夕陽時，獲得了不可思議又具轉化性的經驗。

我喜歡稱之為「轉變」的狀態就發生在此時，從孤立、自毀、強迫性成癮者轉變為感受到和宇宙及內在有著更深的連結。談話治療很好，但當失去連結的小孩和自然產生連結，可以創造非常神奇的效果。多年來，已有不少方案成功將荒野治療運用在成癮或行為議題、陷入困境的青少年身上。平均而言，這些方案的成功率比傳統提供給年輕人的復健方式更高。

近十七年前，提姆．德瑞克（Tim Drake）在紐約伊薩卡與「康乃爾農業推廣系統」合作，啟動一個以大自然為基礎的非營利方案「原始消遣」。他們教導小孩——從學前到高中——與野外、領導、社群生活和大自然有關的技能。他們也有成人和長者方案，參與者將學習生火、辨認植物生態、製作弓箭和徜徉在大自然中。

這個方案甚至演變成一門伊薩卡學院環境科學的課程，名為「環境守門人」。提姆告訴我，當他發現連環境科學專家**身處**大自然也經常感到不自在，他覺得很有趣。「我見到許多迷失的靈魂。就連那些選擇環境研究為職業的學生，都在走進森林時陷入一陣迷茫。」

我請提姆說明孩童接觸大自然最大的好處。他說：「我們都來自大自然。大自然帶我們走到今天所在之處。人類這個物種之所以這麼成功，就是因為我們和大自然能維持關係。」「讓孩子暴露在生而為人與大自然之間的本能聯繫，他們就會活起來。」

諷刺的是，提姆的父親是名電腦程式設計師，但他們家住鄉下，父母總是鼓勵他從早到晚都待在戶外。提姆理解螢幕對小孩的吸引力，因為他的兒子已經開始打電玩。

提姆相信重獲平衡的關鍵在於建立社群意識和歸屬感，同時創造引發孩子興趣的經驗：「如果你要求小孩不要打電玩，卻只讓他坐在家裡什麼也不幹——他會很難買單。我在兒子身上看到這一點。但如果你創造出一個有吸引力的選項，就掌握了關鍵。」提姆談到他讓兒子邀朋友一起參與活動，展開戶外冒險，例如架設營火、健行、划獨木舟和探勘新步道。

對於困在母體中的小孩來說，體驗真正的喜悅和樂趣非常重要。《有目的的玩耍》（*Purposeful Play*）一書作者瑪耶茲（Kristine Mraz）引用了有趣的統計數字，來說明玩耍對兒童生活的益處：

- 獲得麥克阿瑟基金會「天才獎助金」的得主，如果花比較多的時間玩耍，得獎機率是別人的兩倍。
- 應徵美國太空總署時，會被問到你童年時都玩些什麼。
- 據統計，謀殺犯在童年時欠缺玩樂經驗。在童年時期大量投入玩樂的人，出現暴力行為的可能性較低。

・會玩耍的動物比較長壽。

她引用來自Upworthy.com的統計數字，關於小孩社會能力的分析，包括分享、合作及幫助別的小孩等特質，「若孩子的社會能力高，獲得高中文憑的機率會提高百分之五十四，大學畢業的機率提高到兩倍，而且在二十五歲時擁有穩定全職工作的機率，將提高百分之四十五。」

由頂尖教育界人士和心理健康專家組成的「兒童聯盟」針對如何對抗科技侵蝕健康平衡的童年，提出幾點建議。除了接觸大自然和無特定結構的玩耍時間，他們建議兒童和成人保持充滿關愛的關係，同時從事音樂、戲劇、繪畫和其他藝術活動。此外，他們建議小孩參與手作工藝活動，或從事包含創造性語言表達的活動，如寫詩或說故事。

科技成癮治療最早的先驅之一凱許（Hilarie Cash）博士在治療這類疾患時，也很重視大自然及玩耍的角色。她於一九九四年在西雅圖擔任私人執業治療師，開始接觸到明顯呈現網路或遊戲成癮跡象的個案。眼看這些科技成癮的個案的事業或婚姻就要因強迫行為而分崩離析，她決定開辦治療團體。

她明白當科技持續進步，這個問題將越形嚴重。她在二〇〇三年開設reSTART，是國內第一家專為治療科技成癮而設的復健機構。歷經十三個年頭和數百位案主，擁有自然環境並打著「與生活—而非電子裝置——連結」座右銘的reSTART，至今依然幫助青少年和年輕成人克服科技成癮的困境。

凱許博士也幫助個案發展自己的「重拾科技計畫」。她解釋，這個計畫背後的假設是，這些個案終究得再次與科技及螢幕產生交集。但那不代表成癮的電玩玩家將重新開始打電動，而是這個人可以為了健康目的（如為回家作業做研究）使用電腦。他們區分出「數位蔬菜」和「數位糖果」，前者是具有正向成分的科技，而與之相反的後者，則純為消遣的科技，除了使多巴胺激增之外，沒有任何功能。

我也發展出一個以經驗為基礎的青少年方案，名為「漢普頓探索」（Hamptons Discovery）。那些掙扎於科技成癮、物質及情緒或行為問題的年輕人將有機會在漢普頓核心區的恬靜環境中，以門診為基礎，處理自己的問題並投入個人成長和治療性活動。

這個方案結合了傳統的心理治療與馬術治療、正念冥想、武術、音樂與創造性表達等經驗性治療，案主可以在大自然中盡情冒險，探索數百英畝的松林、沙丘、海灣、河口，或在海上衝浪。藉由這些活動，他們得以在探索真實自我時逃離科技成癮的陷阱。參加「漢普頓探索」的小孩有機會參與我所發展的新治療模式，名為「海洋復健」（Seahab）。當他們泡在水裡，讓海水噴濺髮上，透過合力釣魚、保養船隻和投入治療，可以體驗到真實生活是多麼好玩。他們會意識到《魔獸世界》就是母體，同時肯定真實世界比數位幻象更令人滿足。

我親眼見證螢光小孩要康復是可能的。本書前文的臨床快照所描述的年輕人──拿屠刀追殺母親的個案──就是絕佳的例子。他本來不再上學，迷失在電玩成癮中。但在佛蒙特州參與荒野治療幾週後，他找回了自己。他母親開心向我回報，她和丈夫找回兒子了。他現在使用智慧型手機，也看電視，但不再玩Xbox。

他甚至重新開始踢足球。

在一個充滿科技的世界，健康幸福確實可能，我們需要的只是了解情況，以及小心潛伏在E洞穴裡的陷阱，以免我們──和我們的孩子──陷得太深。

提高意識並創造社會改變

我們在社會層面怠忽職守。原因或許是身為成人，我們受到科技華而不實的外表誘惑，刻意對螢幕對小小腦袋所造成的衝擊視而不見。

就像柏拉圖洞穴中的居民或《駭客任務》裡的尼歐，需要覺醒的不只是科技成癮的小孩，我們這些沉睡的大人也需要張開眼睛，清醒過來。在一般民眾與大眾媒體層次，提高對螢幕科技的危險意識是關鍵，這場虛擬瘟疫已經因為人們和媒體缺乏意識而廣為散布，而我們社會也對那些「使用科技與過量接觸螢幕會造成傷害」的研究毫無所覺。

兒童聯盟的宣言〈愚人金：針對於童年使用電腦的批判看法〉在二〇〇〇年出版。兒童聯盟是個令人欽佩的組織，成員包含國內最受敬重的精神科醫師、教授、小兒科醫師和教育界人士，這份名單就好像兒童與兒童福利領域的名人錄。他們的建議如下：

一、重新聚焦於家庭與學校教育中對健康童年不可或缺的部分：與關心孩子的成人強烈連結；自發與創造性的玩耍時間；音樂和其他藝術課程；大聲朗讀書本內容；講故事與詩歌；節奏與律動；烹飪、打造東西和手工藝；以及增加園藝活動及接觸大自然和實體世界的手作經驗。

二、廣泛進行公共對話，關注電腦如何嚴重影響孩子的真實需求，尤其是低收入家庭的孩子。

三、美國公共衛生署長應發表全面性報告，披露電腦對兒童身體、情緒及其他發展方面的危害。

四、資訊科技公司應全面揭露兒童使用其產品對身體健康的危害。

五、停止商業炒作針對兒童的有害或無用科技。

六、教導年紀較長的學生有關「科技對個人或社會的影響」時，強調倫理、責任與批判性思考。

七、除了身心障礙生的特殊案例，立即中止在幼年和初等教育階段引進電腦。為了創造讓上述建議能付諸實現的風氣，這種暫停非常必要。

各位，我們已經錯失良機。如果我們在幾年前就採納這些建議，就可以避免這場螢光小孩臨床疾患的瘟疫。但我仍然相信，此刻開始為時未晚。

每個家長都可以決定限制與控制孩子對螢幕的使用。在家裡肯定沒問題，但我希望擔憂的家長也可以在孩子白天待得最久的地方，也就是學校，掌控孩子對螢幕的接觸。

即便在那些認同「科技很棒」、擁抱「給所有人螢幕」說詞的學校，這也是可以辦到的。身為家長的我們有權利選擇拒絕，不讓小孩接觸平板電腦。就像在疫苗接種運動中那樣，我們可以向孩子的學校提交「退出螢幕棄權聲明書」（見附錄）。我已經在我孩子的公立小學這麼做了。我要求學校不要讓我的孩子接觸平板電腦。在我的督促之下，他們同意了。

令人難過的是，不只學校如此，就連心理健康和醫療社群對於「螢幕對孩童有負面影響」的研究都所知甚少。為了提高公眾意識，我經常為教育工作者和心理健康工作者進行演講。其中有人明白問題的嚴重性，但也有人似乎一直焦慮地查看智慧型手機，毫無所覺。讓媒體和教育領域及臨床社群提高意識，可以真正帶來幫助。

最後，或許也是最重要的建議，就是推動立法。

兒童聯盟第四項建議就是，「資訊科技公司應全面揭露兒童使用其產品對身體健康的危害。」我們可以實現這一點——我們**必須**實現這一點。

這就是我在 Change.org 提出請願書的原因。我要求立法規定電子螢幕貼上警告標籤，就像香菸的包裝那樣。警告標語是「警告：兒童過量使用可能導致臨床疾患。」我曾和媒體界談過，希望發起運動，將訊息傳到華盛頓哥倫比亞特區。這或許無法完全解決問題，但就像我們看到的，在反菸媒體宣導和採用警告標語之後，問題的嚴重性已大幅下降。「無菸孩童運動」表示，「美國公共衛生署長於二〇一二年的報告《青少年與青年菸草使用防治》中做出具體明確的結論：大眾媒體的宣導，可以防止年輕人使用菸草及降低盛行率。」

我希望本書可以催化類似的無螢幕孩童運動。對此感興趣者，請到我的網站 www.drkardaras.com 或 www.Glowkids.com 獲取更多訊息。

附錄

我的孩子有螢幕成癮或科技成癮的問題嗎？

確認以下跡象：

- 你的孩子是否因為待在電腦前而越來越晚睡？
- 你的孩子會不會因為電子裝置不在手邊，而變得坐立不安、焦慮或生氣？
- 你的孩子使用科技的方式，是否對學業、家庭生活或其他活動產生負面的影響？
- 你的孩子有沒有表示，他很難將虛擬影像趕出腦海？
- 你的孩子是否夢到虛擬的影像？
- 你的孩子是否藉由躲在螢幕或電子裝置中，以逃避和你的接觸？

．你的孩子是不是比較難以控制情緒（也稱「情緒失調」）？
．你的孩子是否看起來對什麼事都漠不關心，而且容易感到無聊？
．你的孩子是否總是很疲累，卻依然亢奮（「亢奮但疲倦」）？
．老師有沒有提醒過你，你的孩子在學校打瞌睡？

以上列出的症狀或行為，都是螢幕成癮或科技成癮的危險信號。請跟你的孩子談一談，關於他使用螢幕的方式和你的擔憂。你不妨給孩子看一些可以顯示出「螢幕接觸過量會產生臨床與神經方面的負面影響」的研究，我發現這個方法很有效。如果情況惡化，請尋求接受過螢幕成癮訓練的治療師的專業協助。

走上數位解毒之路前，可以考慮以下策略：

．如果你認為你的孩子需要一支手機，請給他們掀蓋式手機，而非有如迷你電腦般的智慧型手機。
．用家庭時光取代電玩時間。包括家人一起烹飪、玩桌上遊戲、從事園藝、聽音樂、一起散步或一起騎腳踏車。

・要求孩子進行身體活動（做家事、運動等），時間至少要和上網時間相當。你可以建立規則，例如上網一個小時，就要在院子裡工作一個小時。
・讓小孩無聊！這正是創造力出現的時候。讓孩子從中找到自己的才華。

漢普頓探索與海洋復健

全面而徹底轉化的科技成癮治療 www.drkardaras.com

這個方案結合傳統的心理治療與經驗性治療，藉由活動的進行，探索真實的自我，同時逃離科技成癮的陷阱。

參與方案的孩子也有機會參與一種新的療法「海洋復健」。該治療模式由尼可拉斯・卡爾達拉斯博士建立，孩子和治療師、資深水手和年輕的海童軍乘漁船出航，透過海洋形成深刻的自然與靈性療癒連結。在團隊合作中，那些受到孤立、科技成癮的年輕人不但可以更理解自己的成癮狀態，也更了解自己。

在這種治療過程中，海洋之美可以令人徹底轉化。這個經驗性靜修行程可以安排為好幾次的一日遊，或從兩天到十四天不等的短程旅行，旅途中沿著長島、康乃狄克州和麻薩諸塞州沿岸停泊各個港口；在冬季較冷的幾個月，海洋復健的航線則改為佛羅里達州沿岸。

漢普頓探索療程的最後，學生必須和治療師合作完成在漢普頓探索結束之後的康復計畫。整個過程中包含了完整的後續治療，以及和案主及家人一起實踐安全而個別化的「數位蔬菜」計畫，藉此在生活中重新納入健康的科技使用。

漢普頓探索與海洋復健納入了荒野治療風格方案的理念，目前證明這種介入對年輕人特別有效。這種方案又稱「戶外行為健康照護」。一九五〇年代，戶外鍛煉活動方案從歐洲傳到美國之後，過去幾十年間已經快速成長。

荒野治療確實奏效。楊百翰大學（Brigham Young University）的研究者阿爾達納（Steve Aldana）博士表示，參與者中有百分之九十一點四在臨床上有顯著改善，而且從初步晤談到完成治療後的六個月，平均而言都有顯著進步。

同樣的，二〇〇三年由愛達荷大學的羅素（Keith Russell）博士發表的一項研究發現，參與者從初步晤談到結束治療，功能顯著提升，而且在結束治療後維持了一年。

羅素博士在二〇〇五年的追蹤性研究中檢視了完成荒野治療之後兩年的案主情況，發現超過百分之八十的家長認為有效，百分之八十三的青少年有進步。接獲聯繫的青少年中，有超過百分之九十覺得荒野治療有效，而且百分之八十六的參與者正就讀於高中或大學，或從高中畢業，已經在工作。

漢普頓探索與海洋復健是唯一一個跨越海陸的成癮治療模式，也是東岸唯一一個專精於科技成癮的成癮治療方案，由本書作者創辦與發展。

健康的科技菜單——數位蔬菜 VS. 數位糖果

目前，科技成癮治療領域已經找出哪些使用螢幕的方式比較健康，以及怎樣接觸螢幕會有問題。純粹為了刺激或腎上腺素激增而接觸螢幕的方式，被視為「數位糖果」。數位糖果包括電玩、網路色情影片、不需動腦的 YouTube 影片，以及強迫性使用數位媒體和傳簡訊等。

而健康使用科技的方式，也稱「數位蔬菜」，則例如用網路做研究、寄發電郵、用

Skype 面對面視訊談話等。

數位糖果	數位蔬菜
電玩	為了研究某主題而上網
瀏覽不需動腦的 YouTube 影片	電子郵件
觀看網路色情影片	教育性 YouTube 影片
傳簡訊過度	用 Skype 聯繫朋友
社群媒體使用過度	創作音樂或追蹤運動賽事

只要已經達到科技成癮的程度，在剛開始以**任何**方式接觸螢幕——不管是蔬菜或糖果——都可能導致復發，這正是成癮者必須進行四到六週「科技斷食」的原因。這可以讓孩子的腎上腺和中樞神經系統重新設定，不再處於經常伴隨著螢幕成癮而來的戰或逃、過度刺激的失調狀態。

慢慢重新納入數位蔬菜，是一種個別化的歷程。經過科技斷食，有些人比較快就再次以健康的方式使用電腦，而有些人則可能需要長達一年或更久的時間。

請求學校撤除科技產品的信件

親愛的老師及學校行政人員：

懇請讓我的孩子在受教育的過程中不使用電子裝置，以及不以電子裝置呈現教育內容。包括平板電腦、Chromebook、筆記型電腦或桌上型電腦。

我們希望儘可能培養和支持孩子在教育、社會、心理與情緒各方面的完善發展，我們越來越憂心螢幕科技對幼童造成的潛在危害。

我們理解校方有責任導入並提供政府核可的教育內容及課程，我們完全贊同。但身為家長，我們有權確保呈現教育內容的媒介是安全的，而且不會造成臨床或發展上的問題。

已有非常多的研究顯示，如果兒童年紀太小就接觸電子螢幕，對注意力、認知與社會發展都會有負面影響。請參考 www.Glowkids.com 網站資訊，也可以參考經專業審查的完整研究列表。

——————的家長敬上

致謝

本書是我結合多年臨床工作、研究與文化觀察的成果，並非憑空杜撰。寫作過程中，我的妻子露茲（Luz）慷慨賦予我愛與智慧。她是一名小學老師，不僅是本書寫作參考的寶貴資源，也一直是我的支持者、朋友與靈感來源。

我明白這個議題有多重要，最初是因為臨床工作的接觸，後來則因為我成為了一名父親，我有兩個不可思議的男孩——阿瑞和亞歷克西。我不敢說自己是個完美父親，但我盡力教導他們生命中的重要事物，包括愛、對世界抱持敬意、對人有慈悲心，以及獨立自主。我也試圖讓他們知道，臉上映著螢光的小孩會失去上述事物。

某天深夜，我在電腦前寫作這本書，我的兒子走進書房，問我在寫什麼。「我在寫發光的螢幕可能會帶來的壞處。」然後他聰明地反問，「那麼你為什麼在螢幕前面寫書呢？」

我明白這其中的諷刺。

不過我承認，撰寫本書是個重要任務，收集所有重要資訊和研究，好讓我們阻止螢光小孩的瘟疫繼續蔓延，這是非常重要的事。

感謝我的作家經紀人克羅米（Adam Chromy），他看到了本書的願景，幫助我完成本書最終的樣貌，讓我的編輯凱倫（Karen Wolny）覺得這份提案很具說服力。凱倫從我們第一次通電話就清楚重點所在，我很榮幸跟這麼棒的團隊合作。

謝謝我的父母，雖然我不是螢光小孩，但我也不是個好帶的孩子。他們的韌性與無條件的愛深深形塑了我的性格和成長。

最後，我要誠摯感謝所有我沒提到、但在我打這場正義之戰時曾幫助過我的人。謝謝你們每一個人。

注釋

第一章：螢光小孩入侵

1. Angelica B. Ortiz de Gortari and Mark D. Griffiths, "Altered Visual Perception in Game Transfer Phenomena: An Empirical Self-Report Study," *International Journal of Human-Computer Interaction* 30, no. 2 (2014): 95–105.
2. Kristin Leutwyler, "Tetris Dreams: How and When People See Pieces from the Computer Game in Their Sleep Tells of the Role Dreaming Plays in Learning," *Scientific American,* October 16, 2000.
3. A. Leach, "Teen Net Addicts Pee in Bottles to Stay Glued to WoW," *Register* (UK), January 19, 2012.
4. Amanda Lenhart et al., "Teens, Video Games and Civics," *Pew Research Center: Internet, Science and Tech,* September 16, 2008.
5. Carl Jung, *The Collected Works of C.G. Jung* (Princeton, NJ: Princeton University Press, 1970), 598, 28.
6. Joseph Campbell, *The Hero with a Thousand Faces* (Novato, CA: New World Library, 1949).《千面英雄》繁中版由立緒文化出版，1997 年。
7. Guangheng Dong, Yanbo Hu, and Xiao Lin, "Reward/Punishment Sensitivities Among Internet Addicts: Implications for Their Addictive Behaviors," *Progress in Neuro-Psychopharmacology & Biological Psychiatry* 46 (October 2013): 139–145, doi:10.1016/j.pnpbp.2013.07.007. See also

S. Kühn, et al. “The Neural Basis of Video Gaming,” *Translational Psychiatry* 1 (2011): e53, doi:10.1038/tp.2011.53.

8. M. J. Koepp et al., “Evidence for Striatal Dopamine Release During a Video Game,” *Nature* 393, no. 6682 (May 21, 1998): 266–268. 另見 Guangheng Dong, Elise E Devito, Xiaoxia Du, and Zhuoya Cui, “Impaired Inhibitory Control in 'Internet Addiction Disorder': A Functional Magnetic Resonance Imaging Study,” *Psychiatry Research* 203, nos. 2–3 (September 2012): 153–158, doi:10.1016/j.pscychresns.2012.02.001.
9. Angelica B. Ortiz de Gortari and Mark D. Griffiths, “Game Transfer Phenomena and Its Associated Factors: An Explanatory Empirical Online Survey Study,” *Computers in Human Behavior* 51 (2015): 195–202.
10. Angelica B. Ortiz de Gortari and Mark D. Griffiths, “Automatic Mental Processes, Automatic Actions and Behaviours in Game Transfer Phenomena: An Empirical Self-Report Study Using Online Forum Data,” *International Journal of Mental Health and Addiction* 12, no. 4 (August 2014): 432–445.
11. U. Nitzan, E. Shoshan, S. Lev-Ran, and S. Fennig, “Internet-RELATED Psychosis—a Sign of the Times,” *Israeli Journal of Psychiatry and Related Sciences* 48, no. 3 (2011): 207–211.
12. Joel Gold and Ian Gold, *Suspicious Minds: How Culture Shapes Madness* (New York: Free Press, 2014).
13. Tony Dokoupil, “Is the Internet Making Us Crazy? What the New Research Says,” *Newsweek,* July 9, 2012.
14. H. Takeuchi et al., “Impact of Videogame Play on the Brain's Microstructural Properties: Cross-Sectional and Longitudinal Analyses,” *Molecular Psychiatry,* advance online publication (January 5,

2016), http:/dx.doi.org/10.1038/mp.2015.193 (accessed February 29, 2016).

15. Perry Klass, "Fixated by Screens, but Seemingly Nothing Else," *New York Times,* May 9, 2011.
16. American Academy of Pediatrics, Council on Communications and Media, "Media Violence," *Pediatrics* 124 (November 2009): 5.
17. Andrew Careaga, "Internet Usage May Signify Depression," *Missouri University of Science & Technology,* May 22, 2012.
18. Eddie Makuch, "Minecraft Passes 100 Million Registered Users, 14.3 Million Sales on PC," *Gamespot,* February 26, 2014.
19. Mary Fischer, "Manic Nation: Dr. Peter Whybrow says We're Addicted to Stress," *Pacific Standard,* June 19, 2012.
20. Lisa Guernsey, "An 'Educational' Video Game Has Taken Over My House," *Slate,* August 6, 2012.
21. Victoria Dunckley, "Electronic Screen Syndrome: An Unrecognized Disorder?" *Psychology Today,* July 23, 2012.
22. Leslie Alderman, "Does Technology Cause ADHD?" *Everyday Health,* August 3, 2010.
23. Carlo Rotella, "No Child Left Untableted," *New York Times,* September 12, 2013.
24. Michele Molnar, "News Corp. Sells Amplify to Joel Klein, Other Executives," *Education Week,* October 7, 2015.
25. Jason Russell, "How Video Games Can Transform Education," *Washington Examiner,* April 30, 2015.
26. Richard Louv, *Last Child in the Woods* (New York: Workman Publishing, 2005).
27. Edward O. Wilson, *Biophilia* (Cambridge, MA: Harvard University Press, 1986).

28. Susan Lang, "A Room With a View Helps Rural Children Deal With Stresses, Cornell Researchers Report," *Cornell Chronicle,* April 24, 2003.
29. David Mitchell, "Nature Deficit Disorder," *Waldorf Library: Research Bulletin* 11, no. 2 (Spring 2006).
30. 同上。
31. Lowell Monke, "Video Games: A Critical Analysis," *ENCOUNTER: Education for Meaning and Social Justice* 22, no. 3 (Autumn 2009): 1–13, www.allianceforchildhood.org/sites/allianceforchildhood.org/files/file/MONKE223.pdf.
32. NickelsandCrimes, "The Oregon Trail," YouTube video, 4:45, September 2, 2007, https://www.youtube.com/watch?v=ht8GWOwdc30.
33. Michael Kneissle, "Research into Changes in Brain Formation," Waldorf Library, http://www.waldorflibrary.org/images/stories/Journal_Articles/RB2206.pdf.
34. Tim Carmody, " 'What's Wrong with Education Cannot Be Fixed by Technology'—The Other Steve Jobs," *Wired,* January, 17, 2012.
35. Amy Fleming, "Screen Time v Play Time: What Tech Leaders Won't Let Their Own Kids Do," *Guardian,* May 23, 2015.
36. Lori Woellhaf, "Do Young Children Need Computers?" *The Montessori Society,* http://www.montessorisociety.org.uk/article/do-young-children-need-computers.
37. 同上。
38. Marcia Mikulak, *The Children of A Bambara Village,* 1991.
39. Elisabeth Grunelius et al., "The Sensible Child," *Online Waldorf Library* no. 56 (Spring/Summer

2009).
40. 同上。

第二章：美麗E化新世界

1. Neil Postman, *Amusing Ourselves to Death* (New York: Penguin, 1985).
2. Neil Postman, *The Disappearance of Childhood* (New York: Random House, 1982).《娛樂至死》繁中版由貓頭鷹出版，2016 年
3. Gary Cross, *Men to Boys* (New York: Columbia University Press, 2010).
4. Mark Banschick, "Our Avoidant Boys," *Psycholog y Today,* September 7, 2012.
5. Plato, *Phaedrus.*
6. Doug Hyun Han, Sun Mi Kim, Sujin Bae, Perry F. Renshaw, Jeffrey S. Anderson, "Brain Connectivity and Psychiatric Comorbidity in Adolescents with Internet Gaming Disorder," *Addiction Biology* (2015), doi: 10.1111/adb.12347.
7. Matthew Ebbatson, "The Loss of Manual Flying Skills in Pilots of Highly Automated Airliners," doctoral thesis, Cranfield University, 2009.
8. Katherine Woolett and Eleanor Maguire, "Aquiring 'the Knowledge' of London's Layout Drives Structural Brain Changes," *Current Biology* 21, no. 24-2 (December 20, 2011): 2109–2114.

第三章：數位毒品與大腦

1. Hunter Hoffman et al., "Virtual Reality as an Adjunctive Non-Pharmacologic Analgesic for Acute Burn Pain During Medical Procedures," *Annals of Behavioral Medicine,* January 25, 2011,

doi:10.1007/s12160-010-9248-7.

2. M. J. Koepp et al., “Evidence for Striatal Dopamine Release during a Video Game,” *Nature* 393, no. 6682 (May 21, 1998): 266–268.
3. “The Genetics of Addiction,” Addictions and Recovery.org, http://www.addictionsandrecovery.org/is-addiction-a-disease.htm.
4. Merriel Mandell, “Etiology of Addiction: Addiction as a Disorder of Attachment,” 2011, http://etiologyofaddiction.com/attachment-theory/.
5. Howard Shaffer et al., “Toward a Syndrome Model of Addiction: Multiple Expressions, Common Etiology,” *Harvard Review of Psychiatry* 12 (2004): 367–374.
6. “The Addicted Brain,” Harvard Mental Health Letter, Harvard Health Publications, Harvard Medical School, June 9, 2009.
7. Daniel Goleman, “Scientists Pinpoint Brain Irregularities In Drug Addicts,” *New York Times,* June 26, 1990.
8. Koepp et al., “Evidence for Striatal Dopamine Release during a Video Game.”
9. James Delahunty, “Call of Duty Played for 25 Billion Hours, with 32.3 Quadrillion Shots Fired,” *AfterDawn,* August 14, 2013.
10. Mark Wheeler, “In memoriam: Dr. George Bartzokis, Neuroscientist Who Developed the 'Myelin Model' of Brain Disease,” *UCLA Newsroom,* September 10, 2014.
11. Anonymous, “Researchers: Does Brain 'Fat' Dictate Risky Behavior?” *Paramus Post,* March 13, 2006.
12. George Bartzokis et al., “Brain Maturation May be Arrested in Chronic Cocaine Addicts,” *Biological*

Psychiatry 51, no. 8 (April 15, 2002): 605–611.

13. Fuchun Lin, Yan Zhou, Yasong Du, Lindi Qin, Zhimin Zhao, Jianrong Xu, and Hao Lei, "Abnormal White Matter Integrity in Adolescents with Internet Addiction Disorder: A Tract-Based Spatial Statistics Study," *PloS ONE* 7, no. 1 (2012): e30253, doi:10.1371/journal.pone.0030253.
14. Soon-Beom Hong, Andrew Zalesky, Luca Cocchi, Alex Fornito, Eun-Jung Choi, Ho-Hyun Kim, Jeong-Eun Suh, Chang-Dai Kim, Jae-Won Kim, and Soon-Hyung Yi, "Decreased Functional Brain Connectivity in Adolescents with Internet Addiction," *PLoS ONE* 8, no. 2 (February 25, 2013): e57831, doi:10.1371/journal.pone.0057831.
15. C. Y. Wee, Z. Zhao, P-T Yap, G. Wu, F. Shi, T. Price, Y. Du, J. Xu, Y. Zhou, "Disrupted Brain Functional Network in Internet Addiction Disorder: A Resting-State Functional Magnetic Resonance Imaging Study," *PLoS ONE* 9, no. 9 (2014): e107306, doi:10.1371/journal.pone.010730.
16. Y. Wang, T. Hummer, W. Kronenberger, K. Mosier, V. Mathews, "One Week of Violent Video Game Play Alters Prefrontal Activity," *Radiological Society of North America,* Scientific Assembly and Annual Meeting, Chicago, Illinois, November 26–December 2, 2011, http://archive.rsna.org/2011/11004116.html (accessed March 24, 2016).
17. Indiana University School of Medicine, "Violent Video Games Alter Brain Function in Young Men," *ScienceDaily,* December 1, 2011, www.sciencedaily.com/releases/2011/11/111130095251.htm.
18. Sadie Whitelocks, "Computer Games Leave Children with 'Dementia' Warns Top Neurologist," *Daily Mail,* October 14, 2011.
19. Bruce Alexander, "Addiction: The View from Rat Park," www.Brucekalexander.com, 2010, http://www.brucekalexander.com/articles-speeches/rat-park/148-addiction-the-view-from-rat-park.

第四章：神經科學家及戒癮成功的電玩玩家

1. Kevin Johnson, Rick Jervis, and Richard Wolf, “Aaron Alexis, Navy Yard Shooting Supsect: Who is He?” *USA Today,* September 16, 2013.
2. E. Eickhoff, K. Yung, D. L. Davis, F. Bishop, W. P. Klam, A. P. Doan, “Excessive Video Game Use, Sleep Deprivation, and Poor Work Performance Among U.S. Marines Treated in a Military Mental Health Clinic: A Case Series,” *Mil Med.* 180, no. 7 (July 2015): e839-843, doi:10.7205/MILMED-D-14-00597, PMID: 26126258. 也 請 見 A. Voss, H. Cash, S. Hurdiss, F. Bishop, W. P. Klam, A. P. Doan, “Case Report: Internet Gaming Disorder Associated With Pornography Use,” *Yale J Biol Med.* 88, no. 3 (September 3, 2015): 319-324, eCollection 2015.

第五章：嚴重斷線——簡訊與社群媒體

1. Johann Hari, “Everything You Think You Know about Addiction Is Wrong,” TED GlobalLondon, 14:42, June 2015, https://www.ted.com/talks/johann_hari_everything_you_think_you_know_about_addiction_is_wrong?language=en.
2. Internet Live Stats, website, www.internetlivestats.com.
3. “19 Text Messaging Stats that Will Blow You Away,” www.teckst.com, https://teckst.com/19-text-messaging-stats-that-will-blow-your-mind/.
4 .Aaron Smith, “Americans and Text Messaging,” *Pew Research Center,* September 19, 2011.
5. Jean M. Twenge, “Time Period and Birth Cohort Differences in Depressive Symptoms in the U.S., 1982–2013,” *Social Indicators Research* 121, no. 2 (June 2014): 437–454.
6. Thalia Farchian, “Depression: Our Modern Epidemic,” *Marina Times,* April 2016.

7. Holly Swartz and Bruce Rollman, “Managing the Global Burden of Depression: Lessons from the Developing World,” *World Psychiatry* 2, no. 3 (October 2003): 162–163.
8. Tara Parker-Pope, “Suicide Rates Rise Sharply in U.S.,” *New York Times,* May 2, 2013.
9. Michael Bond, “How Extreme Isolation Warps the Mind,” *BBC Future,* May 14, 2014.
10. Michael Mechanic, “What Extreme Isolation Does to Your Mind,” *Mother Jones,* October 18, 2012.
11. Andy Worthington, “BBC Torture Experiment Replicates Guantanamo and Secret Prisons: How to Lose Your Mind in 48 Hours,” *Andy Worthington Blog,* January 27, 2008.
12. Boris Kozlow, “The Adoption History Project,” University of Oregon, February 24, 2012, http://pages.uoregon.edu/adoption/studies/HarlowMLE.htm.
13. Saul McLeod, “Attachment Theory,” *Simply Psycholog y,* 2009.
14. Winifred Gallagher, *New: Understanding Our Need for Novelty and Change* (New York: Penguin, 2011).
15. Mary Fischer, “Manic Nation: Dr. Peter Whybrow Says We're Addicted to Stress,” *Pacific Standard,* June 19, 2012.
16. Mike Segar, “U.S. Students Suffering from Internet Addiction: Study,” *Reuters,* April 23, 2010.
17. Kelly M. Lister-Landman et al., “The Role of Compulsive Texting in Adolescents' Academic Functioning,” *Psycholog y of Popular Media Culture,* advance online publication, October 5, 2015, http://dx.doi.org/10.1037/ppm0000100 (accessed February 29, 2016).
18. Samantha Murphy Kelly, “Is Too Much Texting Giving You 'Text Neck'? *Mashable,* January 20, 2012.
19. Tracy Pederson, “Hyper-Texting Associated with Health Risks for Teens,” *Psych-Central,* October 6,

2015.

20. Maria Konnikova, “The Limits of Friendship,” *New Yorker,* October 7, 2014.
21. B. Gonçalves, N. Perra, and A.Vespignani, “Modeling Users' Activity on Twitter Networks: Validation of Dunbar's Number,” *PLoS ONE* 6, no. 8 (2011): e22656, doi:10.1371/journal.pone.0022656.
22. Mellissa Carroll, “UH Study Links Facebook Usage to Depressive Symptoms,” University of Houston, April 6, 2015, http://www.uh.edu/news-events/stories/2015/April/040415FaceookStudy.php.
23. Sagliogou Christina and Tobias Greitemeyer, “Facebook's Emotional Consequences: Why Facebook Causes a Decrease in Mood and Why People Still Use It,” *Computers in Human Behavior* 35 (June 2014): 359–363.
24. Julia Hormes, Brianna Kearns, and C. Alix Timko, “Craving Facebook? Behavioral Addiction to Online Social Networking and Its Association with Emotional Regulation Deficits,” *Addiction* 109, no. 12 (December 2014): 2079–2088.
25. Charlotte Blease, “Too Many 'Friends,' Too Few 'Likes'? Evolutionary Psychology and 'Facebook Depression,'” *Review of General Psychiatry* 19, no. 1 (2015): 1–13.
26. John Suler, “The Online Disinhibition Effect,” *Cyber Psycholog y and Behavior* 7, no. 3 (2004).
27. Alex Whiting, “Tech Savvy Sex Traffickers Stay Ahead of Authorities as Lure Teens Online,” *Reuters,* November 15, 2015.
28. Phil McGraw, “How a Social Media Post Led a Teen into Sex Trafficking,” *Huffington Post,* May 1, 2015.
29. Louis Phillippe Beland and Richard Murphy, “Ill Communication: Technology, Distraction and

Student Performance," *Center for Economic Performance, London School of Economics,* May 2015.

30. Jamie Doward, "Schools that Ban Mobile Phones See Better Academic Results," *Guardian,* May 16, 2015.
31. Greg Graham, "Cell Phones in Classrooms? No! Students Need to Pay Attention," *Mediashift,* September 21, 2011.

第六章：臨床疾患與螢光小孩效應

1. Victoria Dunckley, "Electronic Screen Syndrome: An Unrecognized Disorder?" *Psychology Today,* July 23, 2012.
2. Victoria Dunckley, "Screentime is Making Kids Moody, Crazy and Lazy," *Psychology Today,* August 18, 2015.
3. Victoria Dunckley, "Video Game Rage," *Psycholog y Today,* December 1, 2012.
4. Amy Krain Roy, Vasco Lopes, and Rachel Klein, "Disruptive Mood Dysregulation Disorder: A New Diagnostic Approach to Chronic Irritability in Youth," *American Journal of Psychiatry* 171 (2014): 918–924.
5. Edward L. Swing, Douglas A. Gentile, Craig A. Anderson, and David A. Walsh, "Television and Video Game Exposure and the Development of Attention Problems," *Pediatrics,* published online July 5, 2010.
6. Meagen Voss, "More Screen Time Means More Attention Problems in Kids," NPR, July 7, 2010.
7. Indiana University School of Medicine, "Violent Video Games Alter Brain Function in Young Men,"

ScienceDaily, December 1, 2011, www.sciencedaily.com/releases/2011/11/111130095251.htm.

8. Margaret Rock, "A Nation of Kids with Gadgets and ADHD," *Time,* July 12, 2013.
9. John Eisenberg, "Son Aims to Make a Name for Himself," *Baltimore Sun,* April 16, 2003.
10. Marguerite Reardon, "WHO: Cell Phones May Cause Cancer," *C/NET,* May 31, 2011.
11 .Danielle Dellorto, "WHO: Cell Phone Use Can Increase Possible Cancer Risk," CNN, May 31, 2011.
12. John Cole, "EMF Readings from Various Devices We Use Every Day," *Natural News,* May 26, 2008.
13. Josh Harkinson, "Scores of Scientists Raise Alarm about the Long Term Effects of Cell Phones," *Mother Jones,* May 11, 2015.
14. "Damaging Effects of EMF Exposure on a Cell," *Cancer, EMF Protection and Safety,* February 27, 2016.

第七章：有樣學樣——大眾媒體效應

1. Goerge Comstock and Haejung Paik, "The Effects of Television Violence on Antisocial Behavior: A Meta-Analysis," *Communication Research* 21, no. 4 (August 1994): 516–46.
2. Kevin Browne and Catherine Hamilton-Giachristis, "The Influence of Violent Media on Children and Adolescents: A Public-Health Approach," *Lancet* 365, no. 9460 (February 19, 2005): 702–710.
3. American Academy of Pediatrics, American Academy of Child and Adolescent Psychiatry, American Psychological Association, American Medical Association, American Academy of Family Physicians, American Psychiatric Association, "Joint Statement on the Impact of Entertainment Violence on

Children: Congressional Public Health Summit—July 26, 2000," www.aap.org/advocacy/releases/jstmtevc.htm (accessed February 29, 2016).

4. M. E. O'Toole, *The School Shooter: A Threat Assessment Perspective* (Quantico, VA: Federal Bureau of Investigation, U.S. Department of Justice; 2000).
5. C. Anderson et al., "The Influence of Media Violence on Youth," *Psychological Science in the Public Interest* 4, no. 3 (2003): 81–110.
6. Federal Communications Commission, "In the Matter of Violent Television Programming and Its Impact on Children: Statement of Commissioner Deborah Taylor Tate," MB docket No. 04–261, April 25, 2007, http://hraunfoss.fcc.gov/edocs_public/attachmatch/FCC-07-50A1.pdf (accessed February 29, 2016).
7. American Academy of Pediatrics, Council on Communications and Media, "Media Violence," *Pediatrics* 124 (November 2009): 5.
8. C. Barlett, R. Harris, and R. Baldassaro, "Longer You Play, The More Hostile You Feel: Examination of First Person Shooter Video Games and Aggression during Video Game Play," *Aggressive Behavior* 33, no. 6 (June 27, 2007): 486–497.
9. Joseph Dominick, "Videogames, Television Violence, and Aggression in Teenagers," *Journal of Communication* 34, no. 2 (1984): 136–147.\

第八章：電玩與攻擊性研究

1. Craig Anderson et al., "Longitudinal Effects of Violent Video Games on Aggression in Japan and the United States," *Pediatrics* 122, no. 5 (November 2008).

2. Jack Hollingdale and Tobias Greitemeyer, "The Effect of Online Violent Video Games on Levels of Aggression," *PLoS ONE* 9, no. 11 (2014): e111790, doi:10.1371/journal.pone.0111790.
3. C. Barlett, R. Harris, and R. Baldassaro, "Longer You Play, The More Hostile You Feel: Examination of First Person Shooter Video Games and Aggression During Video Game Play," *Aggressive Behavior* 33, no. 6 (June 27, 2007): 486–497.
4. M. E. Ballard and J. R. Wiest, "Mortal Kombat: The Effect of Violent Videogame Play on Males' Hostility and Cardiovascular Responding," *Journal of Applied Social Psycholog y* 26, no. 8 (April 1996): 717–730, doi:10.1111/j.1559-1816.1996.tb02740.x.
5. Tobias Greitemeyer and Neil McLatchie, "Denying Humanness to Others: A Newly Discovered Mechanism by Which Violent Video Games Increase Aggressive Behavior," *Psychological Science* 22, no. 5 (May 2011): 659–665.
6. Jack Hollingdale and Tobias Greitemeyer, "The Changing Face of Aggression: The Effect of Personalized Avatars in a Violent Video Game on Levels of Aggressive Behavior," *Journal of Applied Social Psycholog y* 43, no. 9 (September 2013): 1862–1868.
7. Indiana University School of Medicine, "Violent Video Games Alter Brain Function in Young Men," *ScienceDaily* December 1, 2011, www.sciencedaily.com/releases/2011/11/111130095251.htm.
8. Craig Anderson, Akiko Shibuya, Nobuko Ihori, Edward Swing, Brad Bushman, Akira Sakamoto, Hannah Rothstein, and Muniba Saleem, "Violent Video Game Effects on Aggression, Empathy, and Prosocial Behavior in Eastern and Western Countries: A Meta-Analytic Review," *Psychological Bulletin* 136, no. 2 (March 2010): 151–173.
9. Chris Ferguson, "Does Media Violence Predict Societal Violence? It Depends on What You Look At

and When," *Journal of Communication* 65 (2014): e1–e22, doi:10.1111/jcom.12129.

10. Jason Ryan, "Gangs Blamed for 80% of U.S. Crimes," *ABC News,* January 30, 2009.
11. Tracy Miller, "Video Game Addiction and Other Internet Compulsive Disorders Mask Depresssion, Anxiety, Learning Disabilities," *New York Daily News,* March 25, 2013.

第九章：電玩影響的暴力真實案件

1. "Daniel Petric Killed Mother, Shot Father Because They Took Halo 3 Video Game, Prosecutors Say," *Cleveland Plain Dealer,* December 15, 2008, http://blog.cleveland.com/metro/2008/12/boy_killed_mom_and_shot_dad_ov.html.
2. Meredith Bennett-Smith, "Nathon Brooks, Teen Who Allegedly Shot Parents Over Video Games, Charged With Attempted Murder," *Huffington Post,* March 13, 2013, http://www.huffingtonpost.com/2013/03/13/nathon-brooks-teen-shot-parents-video-games_n_2868805.html.
3. Tony Smith, " 'Grand Theft Auto' Cop Killer Found Guilty," *Register* (UK), August 11, 2005, http://www.theregister.co.uk/2005/08/11/gta_not_guilty/.
4. Martha Irvine, "A Troubled Gaming Addict Takes His Life," Associated Press, May 25, 2002, http://www.freerepublic.com/focus/news/689637/posts.
5. Lauren Russell, "Police: 8-Year-Old Shoots, Kills Elderly Caregiver after Playing Video Game," CNN Monday, August 26, 2013, http://www.cnn.com/2013/08/25/us/louisiana-boy-kills-grandmother/.
6. Abigail Jones, "The Girls Who Tried to Kill for Slender Man," *Newsweek,* August 13, 2014, http://www.newsweek.com/2014/08/22/girls-who-tried-kill-slender-man-264218.html.

第十章：青少年校園屠殺案——電玩精神病

1. Tom McCarthy, "Shooting in Newtown, Connecticut School Leaves 28 Dead," *Guardian,* December 14, 2012, http://www.theguardian.com/world/us-news-blog/2012/dec/14/newtown-connecticut-school-shooting-live; Daniel Bates and Helen Pow, "Lanza's Descent to Madness and Murder: Sandy Hook Shooter Notched Up 83,000 Online Kills Including 22,000 'Head Shots' Using Violent Games to Train Himself for His Massacre," *Daily Mail,* December 1, 2013, http://www.dailymail.co.uk/news/article-2516427/Sandy-Hook-shooter-Adam-Lanza-83k-online-kills-massacre.html.
2. Matthew Lysiak, *Newtown: An American Tragedy* (New York: Gallery, 2013).
3. Office of the Child Advocate, State of Connecticut, "Shooting at Sandy Hook Elementary School," Report of the Office of the Child Advocate, November 21, 2014, http://www.ct.gov/oca/lib/oca/sandyhook11212014.pdf.
4. Office of the State's Attorney Judicial District of Danbury, "Report of the State's Attorney for the Judicial District of Danbury on the Shootings at Sandy Hook Elementary School and 36 Yogananda Street, Newtown, Connecticut," December 14, 2012, http://www.ct.gov/csao/lib/csao/Sandy_Hook_Final_Report.pdf.
5. Mike Lupica, "Morbid Find Suggests Murder-Obsessed Gunman Adam Lanza Plotted Newtown, Conn.'s Sandy Hook Massacre for Years," *New York Daily News,* March 25, 2013.

第十一章：純真的終結

1. Project Jason: Guidance for Families of the Missing, http://projectjason.org/forums/topic/126-missing-children-issues-general-news/.
2. Hanna Rosin, "The Overprotected Kid," *Atlantic Monthly,* April 2014.
3. Michael Wilson, "The Legacy of Etan Patz: Wary Children Who Became Watchful Parents," *New York Times,* May 8, 2015.
4. Lenore Skenazy, *Free Range Kids: How to Raise Safe, Self-Reliant Children* (New York: Jossey-Bass, 2010).《學會放手，孩子更獨立》繁中版由木馬出版，2013 年。

第十二章：追查金錢流向——螢幕與教育產業複合體

1. "Education Technology Worth 59.9 Billion by 2018," Wattpad, January 31, 2014, https://www.wattpad.com/story/12102629-education-technology-ed-tech-market-worth-59-90.
2. Richard Rothstein, "Joel Klein's Misleading Autobiography," *American Prospect,* October 11, 2012.
3. Diane Ravitch, "*New York Post* Reveals Another Part of the 'Bloomberg-Klein' Failure Factory Legacy," *Diane Ravitch's Blog: A Site to Discuss Better Education For All,* February 23, 2014.
4. Bob Herbert, "The Plot Against Public Education: How Millionaires and Billionaires are Ruining Our Schools," *Politico,* October 6, 2014.
5. Georg Szalai, "Former NYC School Chancellor to Earn $2 Million a Year as News Corp. Exec," *Hollywood Reporter,* January 4, 2011.
6. "The Impact of Digital Technology on Learning: A Summary for the Education Endowment Foundation," Durham University, November 2012, https://v1.educationendowmentfoundation.org.

uk/uploads/pdf/The_Impact_of_Digital_Technologies_on_Learning_(2012).pdf.

7. Richard Clark, "Reconsidering Research on Learning from Media," *Review of Educational Research* 53(1983): 445–459.

8. Jason Rogers, Alex Usher, and Edyta Kaznowska, *The State of e-Learning in Canadian Universities, 2011: If Students are Digital Natives, Why Don't They Like e-Learning?* (Toronto, ON: Higher Education Strategy Associates, 2011), higheredstrategy.com/wp-content/uploads/2011/09/InsightBrief42.pdf.

9. Michele Molnar, "News Corp. Sells Amplify to Joel Klein, Other Executives," *Education Week,* October 7, 2015.

10. Howard Blume, "Federal Grand Jury Subpoenaed Documents from L.A. Unified," *Los Angeles Times,* December 2, 2014.

11. Annie Gilbertson, "The LA School iPad Scandal: What You Need to Know," NPR/Ed, August 27, 2014.

12. "Another Publishing Exec Caught Dishing Dirt on Common Core," ProjectVeritas.com, January 13, 2016.

13. Natasha Bita, "Computers in Class a 'Scandalous Waste': Sydney Grammar Head," *Australian,* March 26, 2016.

14. Anne Mangen et al., "Reading Linear Texts on Paper versus Computer Screen: Effects on Reading Comprehension," *International Journal of Educational Research* 58(2013): 61–68.

15. Ferris Jabr, "The Reading Brain in the Digital Age: The Science of Paper vs. Screens," *Scientific American,* April 11, 2013.

16. Colleen Cordes and Edward Miller, *Fool's Gold: A Critical Look at Computers in Childhood* (New York: Alliance for Childhood, 2000).
17. Carlo Rotella, "No Child Left Untableted," *New York Times,* September 12, 2013.
18. Chris Mercogliano and Kim Debus, "An Interview with Joseph Chilton Pearce," *Journal of Family Life* 5, no. 1 (1999).
19. Mona Mohammad and Heyam Mohammad, "Computer Integration into the Early Childhood Curriculum," *Education* 133, no. 1 (Fall 2012) .

第十三章：歡迎來到E世界

1. David Rose, *Enchanted Objects* (New York: Scribner, 2015).
2. Abhijit, "Microsoft Hologram' This is the Future of Computing. Mind blowing Combination of Virtual reality and Augmented reality," *Infomatic Cool Stuff,* April 30, 2015.
3. Alex Kipman, "A Futuristic Vision of the Age of Holograms," TED Talk, 19:05, Vancouver, February 2016, https://www.ted.com/talks/alex_kipman_the_dawn_of_the_age_of_holograms?language=en.
4. Jerry Bonner, "Esports Phenomenon to Be Examined Further on HBO's 'Real Sports with Bryant Gumbel," *HNGN: Headline & Global News,* October 19, 2014.
5. Jeff Grubb, "e-Sports Already Worth $748M but It Will Reach 1.9 B by 2018," *Venture Beat,* October 28, 2015.
6. Cecillia Kang, "He Wants to Make It Playing Video Games on Twitch. But Will People Pay to Watch?" *Washington Post,* December 31, 2014.

第十四章：解決之道——逃離柏拉圖的洞穴

1. Plato, *The Republic.*
2. Bruce Alexander, "Addiction: The View from Rat Park," www. Brucekalexander.com, 2010, http://www.brucekalexander.com/articles-speeches/rat-park/148-addiction-the-view-from-rat-park.
3. Edward O. Wilson, *Biophilia* (Cambridge, MA: Harvard University Press, 1986)
4. Richard Louv, *Last Child in the Woods* (New York: Workman Publishing, 2005)（《失去山林的孩子》繁中版由野人出版，2014 年。）
5. Tori DeAngelis, "Therapy Gone Wild," *American Psychological Association* 44, no. 8 (September 2013): 48.
6. Colleen Cordes and Edward Miller, *Fool's Gold: A Critical Look at Computers in Childhood* (New York: Alliance for Childhood, 2000).
7. Campaign for Tobacco-Free Kids, website, http://www.tobaccofreekids.org/.

參考文獻

- Alderman, Leslie. "Does Technology Cause ADHD?" *Everyday Health,* August 3, 2010.
- Alexander, Bruce. "Addiction: The View from Rat Park." www.Brucekalexander.com, 2010.
- American Academy of Pediatrics, American Academy of Child and Adolescent Psychiatry, American Psychological Association, American Medical Association, American Academy of Family Physicians, and American Psychiatric Association. "Joint Statement on the Impact of Entertainment Violence on Children: Congressional Public Health Summit—July 26, 2000."
- American Academy of Pediatrics, Council on Communications and Media. "Media Violence." *Pediatrics* 124 (November 2009): 5.
- Anderson, C., L. Berkowitz, E. Donnerstein, et al. "The Influence of Media Violence on Youth." *Psychological Science in the Public Interest* 4, no. 3 (2003): 81–110.
- Anderson, Craig et al. "Longitudinal Effects of Violent Video Games on Aggression in Japan and the United States." *Pediatrics* 122, no. 5 (November 2008).
- Anderson, Craig, Akiko Shibuya, Nobuko Ihori, Edward Swing, Brad Bushman, Akira Sakamoto, Hannah Rothstein, and Muniba Saleem. "Violent Video Game Effects on Aggression, Empathy, and Prosocial Behavior in Eastern and Western Countries: A Meta-Analytic Review." *Psychological Bulletin* 136, no. 2 (March 2010): 151–173.
- Ballard, M. E., and J. R. Wiest. "Mortal Kombat: The Effect of Violent Videogame Play on Males' Hostility and Cardiovascular Responding." *Journal of Applied Social Psycholog y* 26, no. 8 (April

1996): 717–730.

- Banschick, Mark. “Our Avoidant Boys.” *Psycholog y Today,* September 7, 2012.
- Barlett, C., R. Harris, and R. Baldassaro. “Longer You Play, The More Hostile You
- Feel: Examination of First Person Shooter Video Games and Aggression during
- Video Game Play.” *Aggressive Behavior* 33, no. 6 (June 27, 2007): 486–497.
- Bartzokis, George, et al. “Brain Maturation May be Arrested in Chronic Cocaine Addicts.” *Biological Psychiatry* 51, no. 8 (April 15, 2002): 605–611.
- Beland, Louis Phillippe, and Richard Murphy. “Ill Communication: Technology, Distraction and Student Performance.” *Center for Economic Performance, London School of Economics* (May 2015).
- Bita, Natasha. “Computers in Class a 'Scandalous Waste': Sydney Grammar Head.” *Australian,* March 26, 2016.
- Blease, Charlotte. “Too Many 'Friends,' Too Few 'Likes'? Evolutionary Psychology and 'Facebook Depression.'” *Review of General Psychiatry* 19, no. 1 (2015): 1–13.
- Bond, Michael. “How Extreme Isolation Warps the Mind.” *BBC Future,* May 14, 2014.
- Bonner, Jerry. “E-sports Phenomenon to Be Examined Further on HBO's 'Real Sports with Bryant Gumbel.” *HNGN: Headline & Global News,* October 19, 2014.
- Browne, Kevin, and Catherine Hamilton-Giachristis. “The Influence of Violent Media on Children and Adolescents: A Public-Health Approach.” *Lancet* 365, no. 9460 (February 19, 2005): 702–710.
- Campbell, Joseph. *The Hero with a Thousand Faces* (Novato, CA: New World Library, 1949).
- Careaga, Andrew. “Internet Usage May Signify Depression.” Missouri University of Science and

Technology, May 22, 2012.
- Carmody, Tim. "'What's Wrong with Education Cannot Be Fixed by Technology'—The Other Steve Jobs." *Wired,* January, 17, 2012.
- Carroll, Mellissa. "UH Study Links Facebook Usage to Depressive Symptoms." University of Houston, April 6, 2015.
- Clark, Richard. "Reconsidering Research on Learning from Media." *Review of Educational Research* 53(1983): 445–459.
- Cole, John. "EMF Readings from Various Devices We Use Every Day." *Natural News,* May 26, 2008.
- Comstock, George, and Haejung Paik. "The Effects of Television Violence on Antisocial Behavior: A Meta-Analysis." *Communication Research* 21, no. 4 (August 1994): 516–46.
- Cordes, Colleen, and Edward Miller. *Fool's Gold: A Critical Look at Computers in Childhood* (New York: Alliance for Childhood, 2000).
- Cross, Gary. *Men to Boys* (New York: Columbia University Press, 2010).
- DeAngelis, Tori. "Therapy Gone Wild." *American Psychological Association* 44, no. 8 (September 2013): 48.
- de Gortari, Angelica B. Ortiz, and Mark D. Griffiths. "Game Transfer Phenomena and Its Associated Factors: An Explanatory Empirical Online Survey Study." *Computers in Human Behavior* 51 (2015): 195–202.
- ———. "Altered Visual Perception in Game Transfer Phenomena: An Empirical Self-Report Study." *International Journal of Human-Computer Interaction* 30, no. 2 (2014): 95–105.

- ———. “Automatic Mental Processes, Automatic Actions and Behaviours in Game Transfer Phenomena: An Empirical Self-Report Study Using Online Forum Data.” *International Journal of Mental Health and Addiction* 12, no. 4 (August 2014): 432–45.
- Dellorto, Danielle. “WHO: Cell Phone Use Can Increase Possible Cancer Risk.” CNN, May 31, 2011.
- Dokoupil, Tony. “Is the Internet making us Crazy? What the New Research Says.” *Newsweek,* July 9, 2012.
- Dominick, Joseph. “Videogames, Television Violence, and Aggression in Teenagers.” *Journal of Communication* 34, no. 2 (1984): 136–147.
- Dong, Guangheng, Yanbo Hu, and Xiao Lin. “Reward/Punishment Sensitivities among Internet Addicts: Implications for Their Addictive Behaviors.” *Progress in Neuro-Psychopharmacology & Biological Psychiatry* 46 (October 2013): 139–145.
- Dong, Guangheng, Elise E. Devito, Xiaoxia Du, and Zhuoya Cui. “Impaired Inhibitory Control in 'Internet Addiction Disorder': A Functional Magnetic Resonance Imaging Study.” *Psychiatry Research* 203, nos. 2–3 (September 2012): 153–158.
- Doward, Jamie. “Schools that Ban Mobile Phones See Better Academic Results.” *Guardian,* May 16, 2015.
- Duncan, D., A. Hoekstra, and B. Wilcox. “Digital Devices, Distraction, and Student Performance: Does In-Class Cell Phone Use Reduce Learning?” *Astronomy Education Review* 11 (2012).
- Dunckley, Victoria. “Screentime Is Making Kids Moody, Crazy and Lazy.” *Psychology Today,* August 18, 2015.

- ———. "Video Game Rage." *Psycholog y Today,* December 1, 2012.
- ———. "Electronic Screen Syndrome: An Unrecognized Disorder?" *Psychology Today,* July 23, 2012.
- Ebbatson, Matthew. "The Loss of Manual Flying Skills in Pilots of Highly Automated Airliners." Doctoral thesis, Cranfield University, 2009.
- Farchian, Thalia. "Depression: Our Modern Epidemic." *Marina Times,* April 2016.
- Federal Communications Commission. "In the Matter of Violent Television Programming and Its Impact on Children: Statement of Commissioner Deborah Taylor Tate," MB docket No. 04–261, April 25, 2007.
- Ferguson, Chris. "Does Media Violence Predict Societal Violence? It Depends on What You Look At and When." *Journal of Communication* 65 (2014): e1–e22.
- Fischer, Mary. "Manic Nation: Dr. Peter Whybrow Says We're Addicted to Stress." *Pacific Standard,* June 19, 2012.
- Fleming, Amy. "Screen Time v Play Time: What Tech Leaders Won't Let Their Own Kids Do." *Guardian,* May 23, 2015.
- Gallagher, Winifred. *New: Understanding Our Need for Novelty and Change* (New York: Penguin, 2011).
- Gold, Joel, and Ian Gold. *Suspicious Minds: How Culture Shapes Madness* (New York: Free Press, 2014).
- Goleman, Daniel. "Scientists Pinpoint Brain Irregularities In Drug Addicts." *New York Times,* June 26, 1990.

- Gonçalves, B., N. Perra, and A. Vespignani. “Modeling Users' Activity on Twitter Networks: Validation of Dunbar's Number.” *PLoS ONE* 6, no. 8 (2011): e22656.
- Graham, Greg. “Cell Phones in Classrooms? No! Students Need to Pay Attention.” *Mediashift,* September 21, 2011.
- Greitemeyer, Tobias, and Neil McLatchie. “Denying Humanness to Others: A Newly Discovered Mechanism by Which Violent Video Games Increase Aggressive Behavior.” *Psychological Science* 22, no. 5 (May 2011): 659–665.
- Grunelius, Elisabeth, et al. “The Sensible Child.” *Online Waldorf Library* 56 (Spring/Summer 2009).
- Haifeng Hou, Shaowe Jia, Shu Hu, Rong Fan, Wen Sun, Taotao Sun, and Hong Zhang. “Reduced Striatal Dopamine Transporters in People with Internet Addiction Disorder.” *Journal of Biomedicine & Biotechnolog y* (2012): 854524.
- Han, Doug Hyun, Sun Mi Kim, Sujin Bae, Perry F. Renshaw, and Jeffrey S. Anderson. “Brain Connectivity and Psychiatric Comorbidity in Adolescents with Internet Gaming Disorder.” *Addiction Biology* (2015).
- Han, Doug Hyun, Nicolas Bolo, Melissa A. Daniels, Lynn Arenella, In Kyoon Lyoo, and Perry F. Renshaw. “Brain Activity and Desire for Internet Video Game Play.” *Comprehensive Psychiatry* 52, no. 1 (January 2011): 88–95.
- Harkinson, Josh. “Scores of Scientists Raise Alarm about the Long Term Effects of Cell Phones.” *Mother Jones,* May 11, 2015.
- Herbert, Bob. “The Plot against Public Education: How Millionaires and Billionaires are Ruining Our Schools.” *Politico,* October 6, 2014.

- Hoffman, Hunter, et al. "Virtual Reality as an Adjunctive Non-Pharmacologic Analgesic for Acute Burn Pain during Medical Procedures." *Annals of Behavioral Medicine,* January 25, 2011.
- Hollingdale, Jack, and Tobias Greitemeyer. "The Effect of Online Violent Video Games on Levels of Aggression." *PLoS ONE* 9, no. 11 (2014): e111790.
- ———. "The Changing Face of Aggression: The Effect of Personalized Avatars in a Violent Video Game on Levels of Aggressive Behavior." *Journal of Applied Social Psychology* 43, no. 9 (September 2013): 1862–1868.
- Hong, Soon-Beom, Jae-Won Kim, Eun-Jung Choi, Ho-Hyun Kim, Jeong-Eun Suh, Chang-Dai Kim, Paul Klauser, et al. "Reduced Orbitofrontal Cortical Thickness in Male Adolescents with Internet Addiction." *Behavioral and Brain Functions* 9, no. 1 (2013): 11.
- Hong, Soon-Beom, Andrew Zalesky, Luca Cocchi, Alex Fornito, Eun-Jung Choi, Ho-Hyun Kim, Jeong-Eun Suh, Chang-Dai Kim, Jae-Won Kim, and Soon-Hyung Yi. "Decreased Functional Brain Connectivity in Adolescents with Internet Addiction." *PLoS ONE* 8, no. 2 (February 25, 2013): e57831.
- Hormes, Julia, Brianna Kearns, and C. Alix Timko. "Craving Facebook? Behavioral Addiction to Online Social Networking and Its Association with Emotional Regulation Deficits." *Addiction* 109, no. 12 (December 2014): 2079–2088.
- "The Impact of Digital Technology on Learning: A Summary for the Education Endowment Foundation." Durham University, November 2012.
- Indiana University School of Medicine. "Violent Video Games Alter Brain Function in Young Men." *ScienceDaily,* December 1, 2011.

- Jabr, Ferris. “The Reading Brain in the Digital Age: The Science of Paper vs. Screens.” *Scientific American,* April 11, 2013.
- Jung, Carl. *The Collected Works of C.G. Jung* (Princeton, NJ: Princeton University Press, 1970), 598, 28.
- Kang, Cecillia. “He Wants to Make It Playing Video Games on Twitch. But Will People Pay to Watch?” *Washington Post,* December 31, 2014.
- Kelly, Samantha Murphy. “Is Too Much Texting Giving You 'Text Neck?'” *Mashable,* January 20, 2012.
- Kim, Sang Hee, Sang-Hyun Baik, Chang Soo Park, Su Jin Kim, Sung Won Choi, and Sang Eun Kim. “Reduced Striatal Dopamine D2 Receptors in People with Internet Addiction.” *Neuroreport* 22, no. 8 (June 11, 2011): 407–411.
- Kipman, Alex. “A Futuristic Vision of the Age of Holograms.” TED Talk, 19:05, Vancouver, February 2016.
- Klass, Perry. “Fixated by Screens, but Seemingly Nothing Else.” *New York Times,* May 9, 2011.
- Kneissle, Michael. “Research into Changes in Brain Formation.” Waldorf Library. http://www.waldorflibrary.org/images/stories/Journal_Articles/RB2206.pdf.
- Ko, Chih-Hung, Gin-Chung Liu, Sigmund Hsiao, Ju-Yu Yen, Ming-Jen Yang, Wei-Chen Lin, Cheng-Fang Yen, and Cheng-Sheng Chen. “Brain Activities Associated with Gaming Urge of Online Gaming Addiction.” *Journal of Psychiatric Research* 43, no. 7 (April 2009): 739–747.
- Koepp, M. J., et al. “Evidence for Striatal Dopamine Release during a Video Game.” *Nature* 393, no. 6682 (May 21, 1998): 266–268.

- Konnikova, Maria. "The Limits of Friendship." *New Yorker,* October 7, 2014.
- Kühn, S., et al. "The Neural Basis of Video Gaming." *Translational Psychiatry* 1 (2011): e53.
- Lang, Susan. "A Room with a View Helps Rural Children Deal with Stresses, Cornell Researchers Report." *Cornell Chronicle,* April 24, 2003.
- Lenhart, Amanda, et al. "Teens, Video Games and Civics." *Pew Research Center: Internet, Science and Tech,* September 16, 2008.
- Leutwyler, Kristin. "Tetris Dreams: How and When People See Pieces from the Computer Game in Their Sleep Tells of the Role Dreaming Plays in Learning." *Scientific American,* October 16, 2000.
- Lin, Fuchun, Yan Zhou, Yasong Du, Lindi Qin, Zhimin Zhao, Jianrong Xu, and Hao Lei. "Abnormal White Matter Integrity in Adolescents with Internet Addiction Disorder: A Tract-Based Spatial Statistics Study." *PloS ONE* 7, no. 1 (2012): e30253.
- Lister-Landman, Kelly M., et al. "The Role of Compulsive Texting in Adolescents' Academic Functioning." *Psycholog y of Popular Media Culture.* Advance online publication, October 5, 2015.
- Louv, Richard. *Last Child in the Woods* (New York: Workman Publishing, 2005).
- Lupica, Mike. "Morbid Find Suggests Murder-Obsessed Gunman Adam Lanza Plotted Newtown, Conn.'s Sandy Hook Massacre for Years." *New York Daily News,* March 25 2013.
- Lysiak, Matthew. *Newtown: An American Tragedy* (New York: Gallery, 2013).
- Mandell, Merriel. "Etiology of Addiction: Addiction as a Disorder of Attachment." 2011.
- Mangen, Ann, et al. "Reading Linear Texts on Paper versus Computer Screen: Effects on Reading Comprehension." *International Journal of Educational Research* 58 (2013): 61–68.
- Mechanic, Michael. "What Extreme Isolation Does to Your Mind." *Mother Jones,* October 18, 2012.

- Mercogliano, Chris, and Kim Debus. "An Interview with Joseph Chilton Pearce." *Journal of Family Life* 5, no. 1 (1999).
- Mitchell, David. "Nature Deficit Disorder." *Waldorf Library: Research Bulletin* 11, no. 2 (Spring 2006).
- Mikulak, Marcia. *The Children of A Bambara Village,* 1991.
- Mohammad, Mona, and Heyam Mohammad. "Computer Integration into the Early Childhood Curriculum." *Education* 133, no. 1 (Fall 2012).
- Monke, Lowell. "Video Games: A Critical Analysis." *ENCOUNTER: Education for Meaning and Social Justice* 22, no. 3 (Autumn 2009): 1–13.
- Nitzan, U., E. Shoshan, S. Lev-Ran, and S. Fennig. "Internet-Related Psychosis—A Sign of the Times." *Israeli Journal of Psychiatry and Related Sciences* 48, no. 3 (2011): 207–11.
- Office of the Child Advocate, State of Connecticut. "Shooting at Sandy Hook Elementary School." Report of the Office of the Child Advocate, November 21, 2014.
- Office of the State's Attorney Judicial District of Danbury. "Report of the State's Attorney for the Judicial District of Danbury on the Shootings at Sandy Hook Elementary School and 36 Yogananda Street, Newtown, Connecticut." December 14, 2012.
- O'Toole, M. E. *The School Shooter: A Threat Assessment Perspective* (Quantico, VA: Federal Bureau of Investigation, U.S. Department of Justice; 2000).
- Pederson, Tracy. "Hyper-Texting Associated with Health Risks for Teens." *PsychCentral,* October 6, 2015.
- Postman, Neil. *Amusing Ourselves to Death* (New York: Penguin, 1985).

- ———. *The Disappearance of Childhood* (New York: Random House, 1982).
- Ravitch, Diane. “New York Post Reveals another Part of the 'Bloomberg-Klein' Failure Factory Legacy.” *Diane Ravitch’s Blog: A Site to Discuss Better Education for All,* February 23, 2014.
- Reardon, Marguerite. “WHO: Cell Phones May Cause Cancer.” *C/NET,* May 31, 2011.
- Rideout, Victoria J., Ulla G. Foehr, and Donald F. Roberts. “Generation M2: Media in the Lives of 8- to 18-Year Olds.” Kaiser Family Foundation Study. 2010.
- Rock, Margaret. “A Nation of Kids with Gadgets and ADHD.” *Time,* July 12, 2013.
- Rogers, Jason, Alex Usher and Edyta Kaznowska. *The State of e-Learning in Canadian Universities, 2011: If Students are Digital Natives, Why Don’t They Like e-Learning?* (Toronto, ON: Higher Education Strategy Associates, 2011).
- Rose, David. *Enchanted Objects* (New York: Scribner, 2015).
- Rosin, Hanna. “The Overprotected Kid.” *Atlantic Monthly,* April 2014.
- Rotella, Carlo. “No Child Left Untableted.” *New York Times,* September 12, 2013.
- Rothstein, Richard. “Joel Klein's Misleading Autobiography.” *American Prospect,* October 11, 2012.
- Roy, Amy Krain, Vasco Lopes, and Rachel Klein. “Disruptive Mood Dysregulation Disorder: A New Diagnostic Approach to Chronic Irritability in Youth.” *American Journal of Psychiatry* 171 (2014): 918–924.
- Russell, Jason, “How Video Games Can Transform Education.” *Washington Examiner,* April 30, 2015.
- Christina, Saglioglou, and Tobias Greitemeyer. “Facebook's Emotional Consequences: Why Facebook Causes a Decrease in Mood and Why People Still Use It.” *Computers in Human*

Behavior 35 (June 2014): 359–363.
- Segar, Mike. “U.S. Students Suffering from Internet Addiction: Study.” *Reuters,* April 23, 2010.
- Shaffer, Howard, et al. “Toward a Syndrome Model of Addiction: Multiple Expressions, Common Etiology.” *Harvard Review of Psychiatry* 12 (2004): 367–374.
- Skenazy, Lenore. *Free Range Kids: How to Raise Safe, Self-Reliant Children* (New York: Jossey-Bass, 2010).
- Suler, John. “The Online Disinhibition Effect.” *Cyber Psycholog y and Behavior* 7, no. 3 (2004).
- Swartz, Holly, and Bruce Rollman. “Managing the Global Burden of Depression: Lessons from the Developing World.” *World Psychiatry* 2, no. 3 (October 2003): 162–163.
- Swing, Edward L., Douglas A. Gentile, Craig A. Anderson, and David A. Walsh. “Television and Video Game Exposure and the Development of Attention Problems.” *Pediatrics,* published online July 5, 2010.
- Takeuchi, H., et al. “Impact of Videogame Play on the Brain's Microstructural Properties: Cross-Sectional and Longitudinal Analyses.” *Molecular Psychiatry,* advance online publication January 5, 2016.
- Tindell, D., and R. Bohlander. “The Use and Abuse of Cell Phones and Text Messaging in the Classroom: A Survey of College Students.” *College Teaching* 60 (2011): 1–9.
- Twenge, Jean M. “Time Period and Birth Cohort Differences in Depressive Symptoms in the U.S., 1982–2013.” *Social Indicators Research* 121, no. 2 (June 2014): 437–454.
- Voss, Meagen. “More Screen Time Means More Attention Problems in Kids.” NPR, July 7, 2010.
- Wee, C-Y, Z. Zhao, P-T Yap, G. Wu, F. Shi, T. Price, et al. “Disrupted Brain Functional Network in

Internet Addiction Disorder: A Resting-State Functional Magnetic Resonance Imaging Study." *PLoS ONE* 9, no. 9 (2014) : e107306.

- Wang, Y., T. Hummer, W. Kronenberger, K. Mosier, V. Mathews. "One Week of Violent Video Game Play Alters Prefrontal Activity." Radiological Society of North America, Scientific Assembly and Annual Meeting, Chicago, Illinois, November 26–December 2, 2011.
- Weng, Chuan-Bo, Ruo-Bing Qian, Xian-Ming Fu, Bin Lin, Xiao-Peng Han, Chao-Shi Niu, and Ye-Han Wang. "Gray Matter and White Matter Abnormalities in Online Game Addiction." *European Journal of Radiolog y* 82, no. 8 (August 2013): 1308–1312. doi:10.1016/j.ejrad.2013.01.031.
- Whitelocks, Sadie. "Computer Games Leave Children With 'Dementia' Warns Top Neurologist." *Daily Mail,* October 14, 2011.
- Whiting, Alex. "Tech Savvy Sex Traffickers Stay Ahead of Authorities as Lure Teens Online." *Reuters,* November 15, 2015.
- Wilson, Edward O. *Biophilia* (Cambridge, MA: Harvard University Press, 1986).
- Wilson, Michael. "The Legacy of Etan Patz: Wary Children Who Became Watchful Parents." *New York Times,* May 8, 2015.
- Woellhaf, Lori. "Do Young Children Need Computers?" *Montessori Society.* http://www.montessorisociety.org.uk/article/do-young-children-need-computers.
- Woolett, Katherine, and Eleanor Maguire. "Acquiring 'the Knowledge' of London's Layout Drives Structural Brain Changes." *Current Biolog y* 21, no. 24–2 (December 20, 2011): 2109–2114.
- Yuan, Kai, Wei Qin, Guihong Wang, Fang Zeng, Liyan Zhao, Xuejuan Yang, Peng Liu, et al. "Microstructure Abnormalities in Adolescents with Internet Addiction Disorder." *PLoS ONE* 6, no.

6 (June 3, 2011): e20708.

- Yuan, Kai, Chenwang Jin, Ping Cheng, Xuejuan Yang, Tao Dong, Yanzhi Bi, Lihong Xing, et al. "Amplitude of Low Frequency Fluctuation Abnormalities in Adolescents with Online Gaming Addiction." *PLoS ONE* 8, no. 11 (November 4, 2013): e78708.
- Yuan, Kai, Ping Cheng, Tao Dong, Yanzhi Bi, Lihong Xing, Dahua Yu, Limei Zhao, et al. "Cortical Thickness Abnormalities in Late Adolescence with Online Gaming Addiction." *PLoS ONE* 8, no. 1 (January 9, 2013): e53055.
- Zhou, Yan, Fu-Chun Lin, Ya-Song Du, Ling-di Qin, Zhi-Min Zhao, Jian-Rong Xu, and Hao Lei. "Gray Matter Abnormalities in Internet Addiction: A Voxel-Based Morphometry Study." *European Journal of Radiolog y* 79, no. 1 (July 2011): 92–95.

國家圖書館出版品預行編目

關掉螢幕，拯救青春期大腦 / 尼可拉斯．卡爾達拉斯 (Nicholas Kardaras) 著；吳芠譯．-- 初版．-- 新北市：木馬文化出版：遠足文化發行，2019.08
面； 公分
譯自：Glow kids : how screen addiction is hijacking our kids-- and how to break the trance
ISBN 978-986-359-706-3(平裝)

1. 網路行為 2. 網路沈迷 3. 青少年文化

312.014 108012386

關掉螢幕，拯救青春期大腦

Glow Kids: How Screen Addiction Is Hijacking Our Kids and How to Break the Trance

---

作　　者：尼可拉斯・卡爾達拉斯（Nicholas Kardaras）
譯　　者：吳芠
社　　長：陳蕙慧
責任編輯：李嘉琪
封面設計：比比司設計
內頁排版：陳佩君
行銷企劃：陳雅雯、余一霞、洪啟軒

讀書共和國集團社長：郭重興
發行人兼出版總監：曾大福
出　　版：木馬文化事業股份有限公司
發　　行：遠足文化事業股份有限公司
地　　址：231新北市新店區民權路108-2號9樓
電　　話：(02) 2218-1417
傳　　真：(02) 2218-1009
Email：service@bookrep.com.tw
郵撥帳號：19588272木馬文化事業股份有限公司
客服專線：0800221029
法律顧問：華洋國際專利商標事務所　蘇文生律師
印　　刷：呈靖彩藝有限公司
初　　版：2019年8月
初版二刷：2020年5月
定　　價：420元
ISBN：978-986-359-706-3
木馬臉書粉絲團：http://www.facebook.com/ecusbook
木馬部落格：http://blog.roodo.com/ecus2005